设计教学案例

朱钟炎　丁　毅　编著

江苏凤凰美术出版社

图书在版编目（CIP）数据

设计教学案例 / 朱钟炎，丁毅编著 . -- 南京 : 江苏凤凰美术出版社 , 2024.4

ISBN 978-7-5741-1776-1

Ⅰ . ①设… Ⅱ . ①朱… ②丁… Ⅲ . ①工业设计—教学研究—高等学校 Ⅳ . ① TB47

中国国家版本馆 CIP 数据核字（2024）第 084431 号

策　　划　方立松
责任编辑　唐　凡
封面设计　武　迪
责任校对　孙剑博
责任监印　唐　虎
责任设计编辑　赵　秘

书　　名　设计教学案例
编　　著　朱钟炎　丁　毅
出版发行　江苏凤凰美术出版社（南京市湖南路1号　邮编：210009）
制　　版　南京新华丰制版有限公司
印　　刷　盐城志坤印刷有限公司
开　　本　718mm × 1000mm　1/16
印　　张　14.25
版　　次　2024年4月第1版　2024年4月第1次印刷
标准书号　ISBN　978-7-5741-1776-1
定　　价　98.00元

营销部电话　025-68155675　营销部地址　南京市湖南路1号

前　言

设计教学必须以务实为导向。本书以“设计教学案例”为题，主要是在设计教学中，根据课题从设计概念出发，将学生有质量的练习实践案例展开对设计进行阐述，从而便于学生对设计理论进行验证和研究，归纳提升与发展。同时将事理学用实践案例加以扩展，并进行丰富内涵的演绎。本书的另一个特点是课题都与相应的创意思维方法有机结合进行展开，对于创意思维方法课程来说也是非常实用的参考教材。作为设计专业课程，必须根据课题案例进行展开教学，所以要搜集有质量的针对性强的教学案例，才能对学生的教学指导起到事半功倍的效果。

设计专业学科的特点是应用型，必须联系实践，而现有的教学中，教材一般都是基础理论，缺乏对学生设计实践进行指导的优秀案例，本书的价值在于系统地围绕事理学进行展开的教学一线的实践案例，亦是对事理学的拓展及丰富内涵的演绎。需要强调的是，本书提供的都是原汁原味的学生作业，除对个别不合适处进行调整以外一般不做统一格式的调整修改，保持原来的面目，从而更接地气，使阅读者特别是学生参阅后倍感亲切，能取得更好的效果。本书是设计教学不可多得的富有价值的参考书。

目录

前言

第一章　设计必须从系统出发

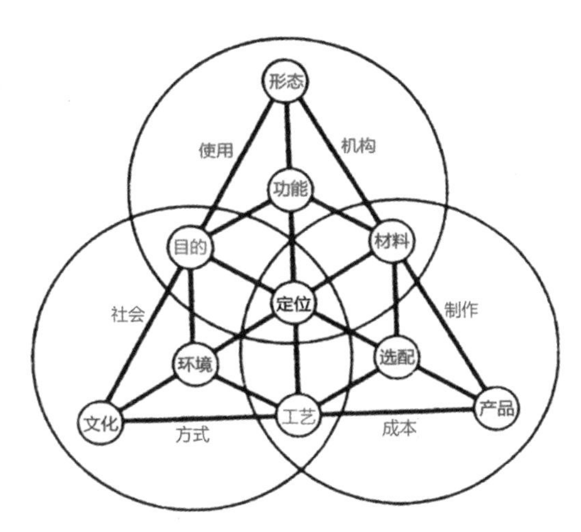

图 1-1　设计元素系统图

该系统图分三个部分：概念设计定位、产品制造设计定位、商品设计定位。这三部分设计的思维模式，分别为概念设计思维、产品设计思维、商品设计思维等从不同定位出发的思维，然而又是一个从抽象概念到设计作品、产品、商品、用品、废品生命周期全过程综合考虑的系统设计思维模式。

在综合设计基础训练时就认识到设计并不是一个简单的线性过程，而是一个综合性的有展开有反馈的过程。在设计的展开过程中，我们要将人们的需求和市场、现有的技术、材料、工艺等因素整合考虑，寻求最佳解决方案进行设计。设计过程中，则要考虑人们的需求和生态原则间的最佳平衡点。设计推入市场后，并不是设计的终点，还必须收集针对这个产品的市场信息、消费者意见，并反馈给设计部门。针对具体意见对产品进行改进，再投入市场检验。产品在这一综合过程中不断改进，螺旋上升适应时代变化，成为有生命力的产品。

教学的综合设计基础对于产品制造设计定位进行形态训练时，可结合 CMF 设计进行。其中的材料及加工因素，应根据不同的材料对应不同的加工手段和工艺，综合考虑形态的过渡、结构、功能及形态效果，加工的精度与感觉精度，以及材料的组合设计等，这些都可以体现在综合设计基础教学中。

但是，在开发性产品设计课程训练时，必须树立从实践出发进行全面的系统设计思维。设计的定位，也就是首先要考虑开发该产品的目的是为了解决什么问题，满足何种需求，是怎样的对象，在什么环境下使用，运用何种形式或方法去解决，可能会运用到哪些专业知识与技术，如此等等。在综合系统地考虑之后，才可能最终产生比较成熟的设计方案。

1.1 设计调查

1.1.1 设计定位

运用系统设计的程序，首先就是定位。而设计定位的核心是以人为中心。设计师的思维和观念决定了设计构想和概念的确立，而概念的确立决定了功能、形态、材料和结构等设计要素的处理。概念是由生活中的问题提炼并归纳出来的。对于我们生活的社会空间，人的自身和周边，每时每刻都在发生着“事情”，而这些“事情”就是“情况”“问题”或“需求”。针对这些“事情”，具体地说就是需要提出“要解决什么问题”“怎么去解决”“要满足什么样的功能”“对象是什么人群”等问题，然后再对上述问题进行分析并找出对应措施，如解决的方案。而且解决的方案常常需要将多领域、多学科的知识进行交叉渗透。设计的本源是解决问题。设计是解决问题的手段、过程与结果。设计的最终结果可以是一个硬件（人造物、产品、设施），也可以是一个软件（程序、方法、服务、制度）。从具体的设计内容来说，涵盖衣食住行玩工作等几乎所有的设计领域或可称作“大设计”，内容辐射至建筑、环境、产品、视传、AI 智能化等领域。设计的过程，便是设计师运用创新思维为人类服务、为人类造福的行为过程。

1.1.2 设计的调查分析方法

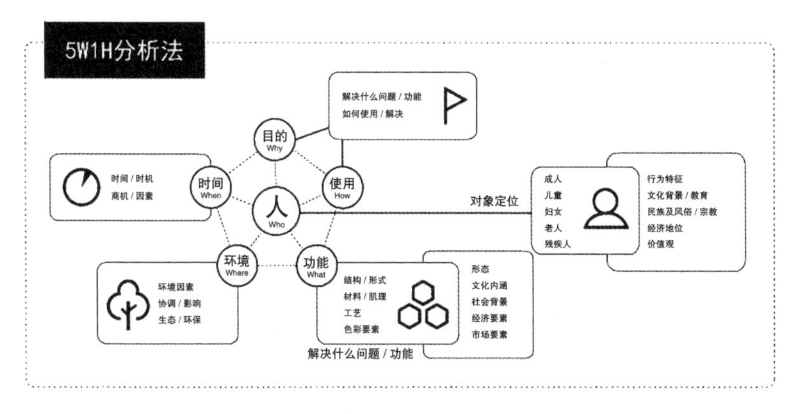

图 1-2 5W1H

所谓“5W1H”是六个常用的英语单词的首字母，它们分别是：Who（人），Where（环境），When（时间），Why（目的），What（功能），How（使用）。

1.1.3 设计调查归纳与提炼

Who（人）

在这六个基本因素中，Who（人）处于核心地位。这里的“人”指的是设计所服务的对象，即目标人群。产品首先要有明确的人群，根据目标人群的特点进行有针对性的具体设计。人，是设计的核心，是设计进程推进的前提。

人群一般可分为以下几类：成人、儿童、妇女、老人、残疾人等。这是比较粗略的分类，根据具体的设计需要，还可以更进一步细化。

例如，设计儿童用品，就将儿童这个目标人群按性别分为两组，再按照学龄前、小学等不同年龄段进行分类。围绕着各个年龄段儿童的不同生理、心理特点进行有针对性的设计。

对目标人群进行分类之后，需要从不同角度对目标人群的工作、生活情况，生理、心理特点等进行理性的分析和调研。一般我们会从以下角度来对目标人群进行调查：

行为特征、文化背景（受教育程度）、民族及风俗（宗教信仰）、经济地位、价值观等。

从这些角度，我们可以归纳出设计所针对的目标人群一些比较基本的特点和情况。再根据这些情况进行设计，就能比较准确地把握重点，引导后面的设计向正确的方向推进。

Where（环境）

设计时需要考虑的环境主要是指环境因素、协调 / 影响、生态 / 环保等因素。

环境因素指的是产品使用或放置的场所。不同的使用环境有着截然不同的要求。以椅子的设计为例，放置在公共场所的休息椅，对牢固性的要求比较高，希望椅子能够承受一定程度的风吹雨打。针对这一特殊要求可以从材料的选择和结构工艺等方面进行考虑，展开设计。同样是椅子，放在家中就更倾向对舒适、美观、便于收纳等方面的要求。针对这样的要求，又可以从其他要素进行设计。在其他特殊环境下，诸如医院，需要椅子方便老年人、残疾人、病人的使用等。只有将环境因素作为一个基本要素进行设计，才能得到令人满意的效果。

协调 / 影响是指产品并不仅仅只能被动地去适应环境，产品和环境也会有一个互相协调、互相影响的过程。例如，本来毫无特色的室内空间，会因摆放了一套斯堪的那维亚风格的家具而产生浓浓的北欧风情，并影响置身于该环境中的人。

生态 / 环保因素对产品的生态性提出了要求，即设计出的产品对自然环境、自然资源的影响。要做到这一点，必须在产品设计的每一个环节中都考虑到生态性因素，使产品在生产过程、使用过程、废弃后的回收处理过程中，都能尽量避免对环境造成危害，并有效减少对资源的浪费。

When（时间）

设计总是带有很强烈的时代性。综观国内外，没有哪个设计身上不会留下时代的烙印。任何超越时代的设计都是不现实的，只能是一种概念而不能成为真正的实体。设计总会被自身所处的时代所制约。人类自古飞上天的愿望，只能化为“嫦娥奔月”“牛郎织女”等浪漫的神话，在科技发展的今天，人类才能设计出载人航天飞机，真正地踏上了月球，从神话变成现实。

设计不应被时代所限制，一些超前意识的设计能推动科技的进步、时代的发展，引导消费并形成商机。

设计还需考虑使用的时刻，不同时间段使用的状况。

体现时代感的设计，推动技术更新发展的例子不胜枚举。例如，无线电技术盛行时，强调机电一体化；现在进入智能化时代，就需要考虑 AI（Artificial Intelligence）人工智能技术。

Why（目的）

Why 指的是设计的目标，即设计是为了满足怎样的需求或是为了解决什么问题。没有需求就不可能有设计。一个好的设计必定会有一个中心目标，围绕这个目标有针对性地从造型、材料、结构、工艺等方面进行一系列的思考和探讨，再选择比较优秀的方案进行发展，最终达到解决问题的目标。

即使是同类型的产品，由于设计的目的不同，最终也会得到截然不同的设计成果。例如同样是为老年人群设计的储物柜，出于为"解决老年人身体机能退化"问题而做的设计，可能会在柜门的结构上考虑比较多，譬如：

怎样才可以只需用最小的力就能打开柜门；

标识清晰，方便视力退化的老年人使用等。

而针对"方便使用轮椅的老年人的生活"的设计，则会调整储物柜的高度以适应轮椅使用者；考虑轮椅行进的路线并留出停放轮椅的位置等。这样设计出来的储物柜可能会与为"解决老年人身体机能退化"问题而设计的储物柜有不同的形态和功能。

What（功能）

对功能定位的考虑可以分为两个部分。首先可以结合设计的目标来考虑。为了满足目标人群怎样的需求或是为了解决什么问题而需要一些怎样的功能。

其次还可以从形态、结构形式、材料肌理、加工工艺、色彩等几个方面来筛选功能。这是从产品本身来考虑的。与此同时，还要将一些相关的外部背景因素结合起来考虑。比如，文化内涵、社会背景、经济要素、市场要素等。这些软性的因素虽然对功能的筛选不起决定作用，然而一旦将其结合到设计中去能使设计更容易博得目标人群的亲切感和认同感，很容易被接受，赢得市场，获得意想不到的效果。反之，则会使功能定位产生偏差，不利于新设计进入市场。

How（使用）

How 的含义很清楚，指的是怎样使用，即产品使用方式的要素。在展开一个设计时，我们不能不考虑到产品的使用方式。使用方式直接将产品和使用者联系起来，是决定一个设计能否受到市场欢迎的重要因素之一。

考虑使用方式首先可以和产品的功能定位相结合，怎样的功能决定了怎样的使用方式。在具体设计使用方式的时候，可以运用人机工程学知识和人机界面设计的要点，进而考虑运用什么技术，以及适合的交互方式，设计出既适应产品功能又符合人体特点的使用方式。

功能决定了使用方式。设计不同的使用方式都是为了能更好地实现产品的功能而服务的。

例如灯的开关，以前为了满足打开、关闭的功能，曾设置的是拉线开关，使用者通过

图 1-3

用手拉线的方式来操作开关。后来，为了便于确定开关的位置，设置了固定在墙上的按键式开关，使用者只需轻轻按一下便能操作。随着时代的发展，出现了可调节亮度的灯。与之相适应地，出现了分级调节的开关。后来更出现了旋转的操作方式，实现了对灯光亮度进行无级自由调节的需求。

由此我们可以看出，使用方式是随着产品的功能而改变的。一个好的使用方式不但能完美地实现功能，更保证了使用者使用的便利性、舒适性。

设计作为一个综合性的系统过程，不但包括设计师具体设计的实践部分，也要将市场调研、设计程序、设计管理等加以系统考虑，形成一个有条不紊的设计系统。

1.2 设计概念的产生

概念是人类在认识过程中，从感性认识上升到理性认识，把所感知的事物的共同本质特点抽象出来并加以概括形成的。概念是思维活动的结果和产物。心理学认为，概念是人脑对客观事物本质的反映，这种反映是以词来标示和记载的，表达概念的语言形式是词或词组。“概念”是对特征的独特组合而形成的知识单元；是“通过使用抽象化的方式从一群事物中提取出来的反映其共同特性的思维单位”（德国工业标准 2342）。但是，“设计概念”是要将这些抽象的概念形式具象化，提出具体的可以实施的设计方案。

通过设计定位、市场调查及 5W1H 分析，设计师需要将企业决策部门的定位目标、市场调查分析形成的意见信息加以综合、消化，转变为设计概念，并提出初步的概念设计，提交生产、市场等相关部门征求意见加以改进，反复若干次提出完整方案，再进行协调改进完善，最终形成设计方案。

1.3 不断发展的设计

进入网络时代，特别是工业 4.0 物联网的发展后，更需要强调设计教育的系统性。不管是实体的物件设计，还是虚拟的程式设计，或是对于设计专业，设计师或设计管理者的教育，都需要培养具有综合素质的专业人才。传统的设计教育分工细化，互不相干，今后的设计教育必须重视学科交叉，不仅是不同设计专业的交叉，还需不同学科的交叉。随着现代社会的变化，设计教育的特点与趋势也必须随之进行变化与调整。信息时代社会经济与生活方式的变迁，迫使设计教育的内容、形式做出相应的调整。老龄化社会的来临、环境能源问题的突出、未来的智慧城市与智能家居，生活与工作环境的变化等，使传统的设计教育模式内容已经不能适应社会快速发展。传统的产品设计中，交互设计、体验设计、通用设计等越来越凸显其主导性，甚至成为一个专门的研究学科。但是体验设计、交互设计是广义的，交互与体验的概念早就存在于产品设计的基本理念中。

交互设计（Interaction Design）是由 IDEO 创始人比尔・莫格里奇于 1984 年在一次设计会议上提出，并成为关注交互体验的一门新的学科。当初命名为“软面（Soft Face）”，后来更名为“Interaction Design”交互设计。交互设计就是考虑使用者使用产品如何更方便、更有效率，使用更舒适，更好地满足使用者的需求。为了达到预期的目的，就要对用户定位（即以用户为中心的设计，以用户的需求决定产品如何设计），并对定位对象进行调查解析了解他们的潜在需求，以及使用者使用产品，即与产品交互时彼此的行为及使用过程；调查解析使用者使用产品时的行为动态特点与体验心理因素；同时，还需要调查分析多种可能的交互方式，进行选择，定位与设计。所有这一切都是产品设计的前期程序内容，只是以前没有强调用“交互设计”“体验设计”这些词汇而已。传统的产品设计学科主要关注形态形式，后来则是重视结构内容和文化内涵因素。

现代交互设计需要多学科交叉，需要学科团队的协同，与多学科领域背景的人员进行协作沟通。通过对产品的界面和行为进行交互设计，让产品和使用者之间建立一种有机关系，从而可以有效达到使用者的目标，这就是交互设计的目的。交互设计的定义，简单地说，是人工制品、环境和系统的行为，以及传达这种行为的外形元素的设计与定位。

交互设计首先需要进行策划定位使用交互行为的方式，随后决定实行这种交互行为的最合适的形式。其实这和执行人体工学的过程相似。所以交互设计就是借鉴了传统的产品设计原理，是具有自己独特的方法与实践原理的系统设计方法，也是一门综合的工程学科。

现代设计教育的系统性包含两个层面：一是不同设计专业的融合；二是不同学科知识的综合。因此，在课程的安排与课题的训练方面，必须考虑不同设计专业与学科课程的合理安排。

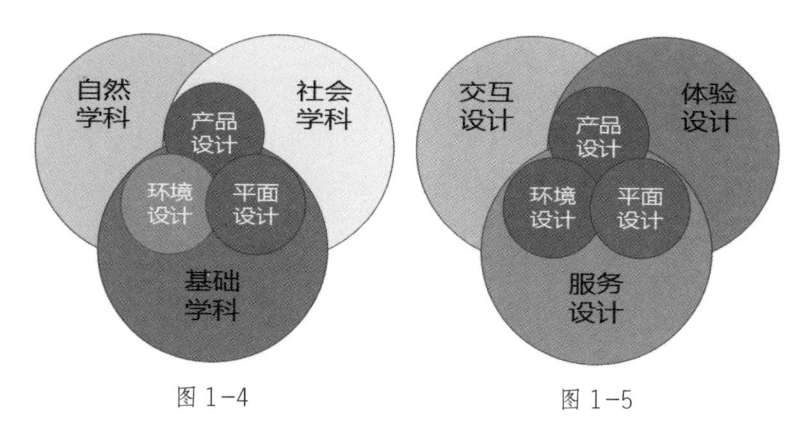

图 1-4　图 1-5

第二章 系统设计的理念

2.1 家居产品设计

家居产品设计，从系统设计理念出发，要考虑家居产品所处的环境，不同使用者的需求与特点等综合要素，绝非脱离一切将家居产品个体真空地凭设计者个人喜好去随便塑造一个造型那么简单。

家居产品设计的前提一般有：考虑不同的家居环境、空间大小、风格甚至居住人数、性质等要素。根据家居产品的性质可分为系列型及个性定制型。

家居空间环境的设计离不开家居产品，传统建筑环境设计只是着眼于空间的大小、采光、装修材料、色彩等形式，对于置身于其中的家居产品，室内设计师只是机械地考虑环境的摆放，最多根据空间的风格样式对家居产品作一选择，但如果现有市场没有合适的家居产品怎么办？所以，作为工业产品设计专业设计师来说，对于家居产品的设计不仅需要从空间环境来进行考虑，还需要根据使用者的情况，将功能要求结合起来整体系统地进行设计。

2.1.1 冰箱设计

在接受惠而浦家电设计冰箱任务时，厂方主要想对冰箱内容空间进行设计。一般做产品设计的对于这样的课题不感兴趣，因为不是做形态不知如何去做。这种想法说明对设计有误解，甚至可以说是不懂设计。从理学的角度看，首先要搞清楚“事”情的缘由：为什么使用冰箱、谁使用冰箱、使用冰箱的环境、使用者的情况、使用人数等，把用冰箱的“事”情搞清楚了，冰箱空间的问题也就随之解决了。在将设计“缘由”通过前期的调研分析搞清以后，最终再落实到具体的形态、材质、色彩、风格甚至开启使用方式等形式层面的设计。

设计组成员：王硕、郭一贤、苏澳、何写、陈珊珊、崔洁、林协、花敏、张韦。

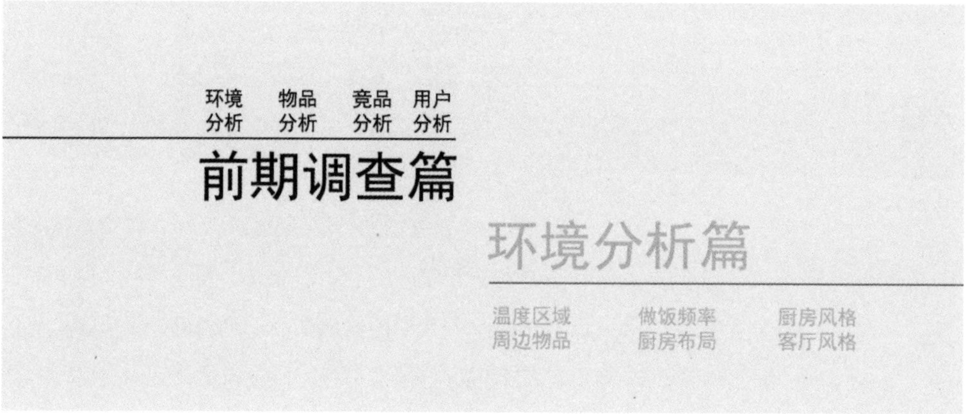

图 2-1

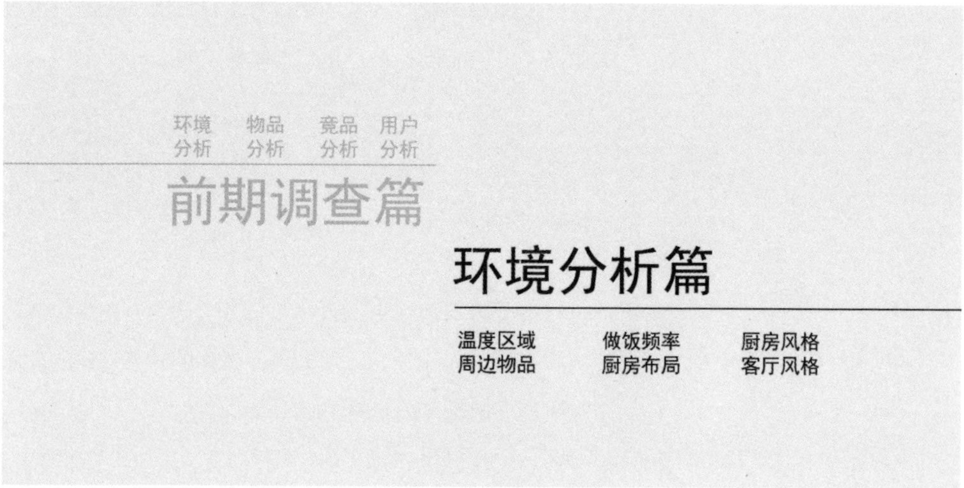

图 2-2

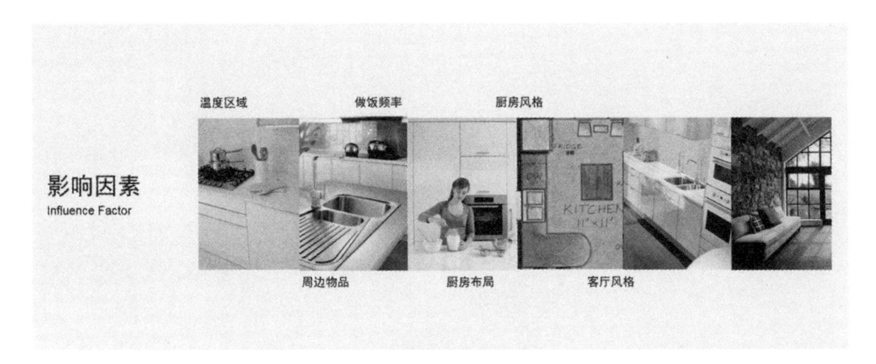
温度区域
做饭频率
厨房风格
影响因素
Influence Factor
周边物品
厨房布局
客厅风格

图 2-3

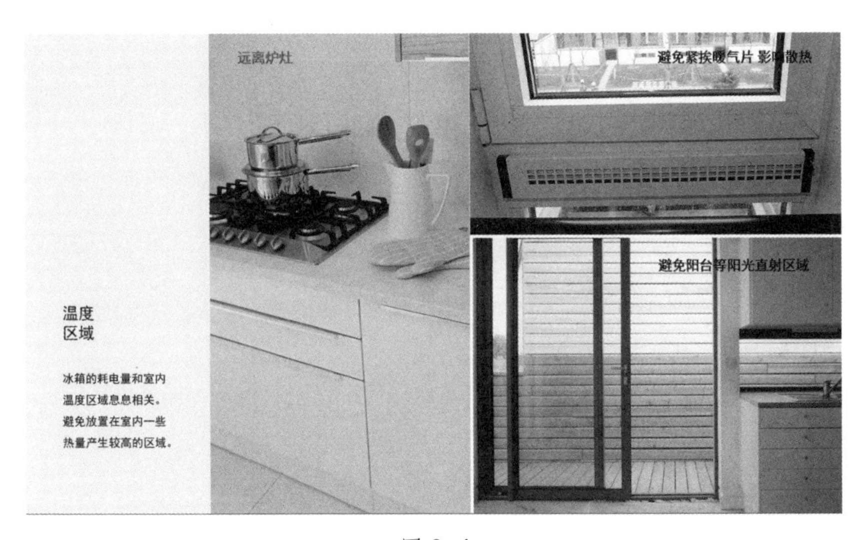
远离炉灶
避免紧挨暖气片
避免阳台等阳光直射区域
温度
区域
冰箱的耗电量和室内
温度区域息息相关。
避免放置在室内一些
热量产生较高的区域。

图 2-4

远离空调
避免紧挨洗菜池 以免触电
避免放在沙发旁 噪声 辐射 异味
周边
物品
冰箱摆放位置还受制于室内
其他物品的位置，故其摆放
应予综合考虑与协调。

图 2-5

做饭频率低
客厅使用率较高
做饭频率高
厨房使用率较高
做饭
频率
每日做饭，冰箱宜放厨房。
方便做饭拿取各种东西。
做饭频率低，则可放在客
厅，方便拿取饮料等。

图 2-6

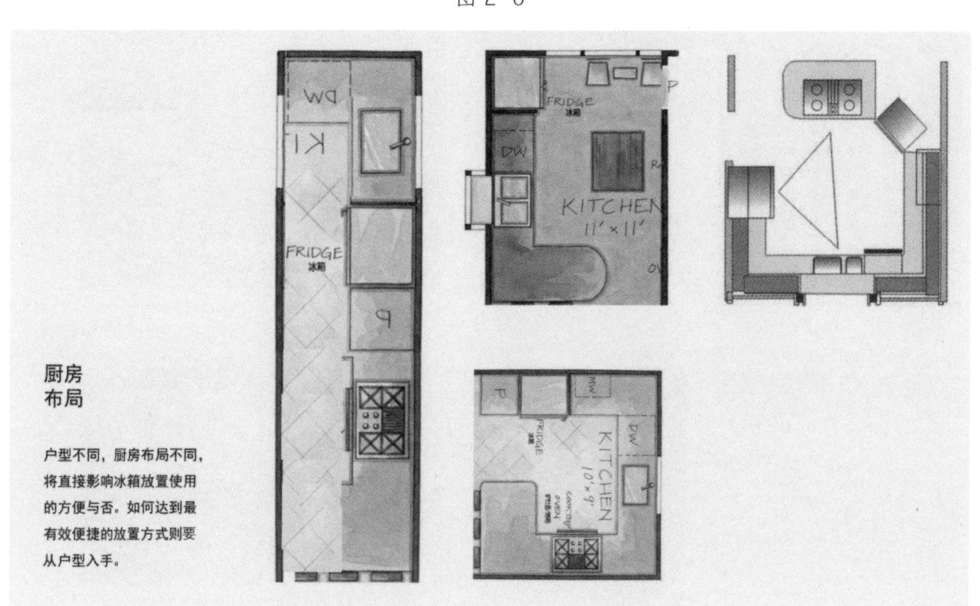
厨房
布局
户型不同，厨房布局不同，
将直接影响冰箱放置使用
的方便与否。如何达到最
有效便捷的放置方式则要
从户型入手。
DW
FRIDGE
冰箱
FRIDGE
冰箱
DW
KITCHEN
11'×11'
DW
KITCHEN
10'×9'

图 2-7

客厅
风格

家电家居化

图 2-8

影响因素
Influence Factor

关键词整理

要素
整合

家电家居化

散热影响　拿取频率　一字形　协调性

L形

周边物品　厨房布局　装修风格

开放式　融入整体

图 2-9

初级定位　影响因素　问卷调研　初级定位

前期调查篇

物品分析篇

温度要素　频率分析　堆叠分析

图 2-10

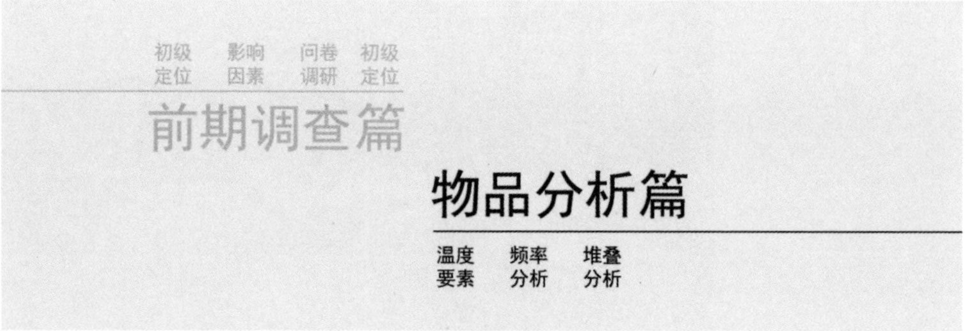

初级
定位
影响
因素
问卷
调研
初级
定位
前期调查篇
物品分析篇
温度
要素
频率
分析
堆叠
分析

图 2-11

食物归类——温度
10℃以上
青椒 南瓜 巧克力 化妆品
8℃~10℃
西红柿 茄子 胡萝卜 西瓜 果汁
2℃~6℃
芹菜 大白菜 西兰花 黄瓜 土豆 猪肉 牛肉 鸡肉 火腿 香肠 炖鸡 烤鸭
豆腐 水果 牛奶 酸奶 布丁 各种果酱 调味料 蜂蜜
饮料 糖果 罐头 面包 鸡蛋
0℃~2℃
小白菜 大蒜 洋葱 胶卷
-18℃
速冻汤圆 速冻馒头 速冻贡丸 各种面条 冷冻鱼 调味料
温度
要素
所有食品存储温度基本可分为5个梯段
It' s concluded that storagetemperature
of most foods are scattered in five
different levels.

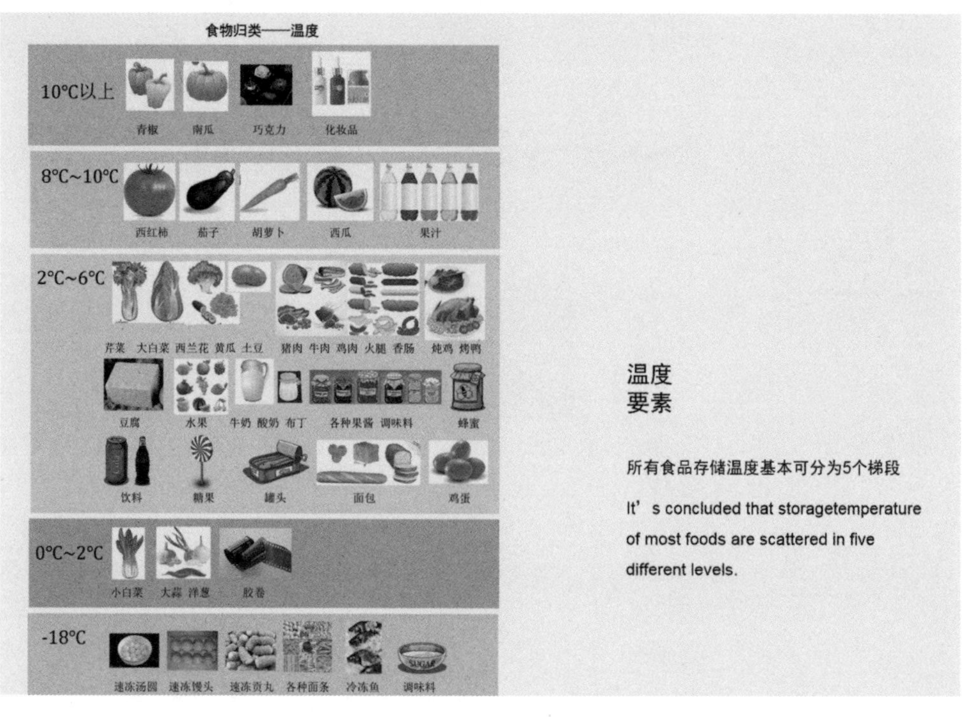

图 2-12

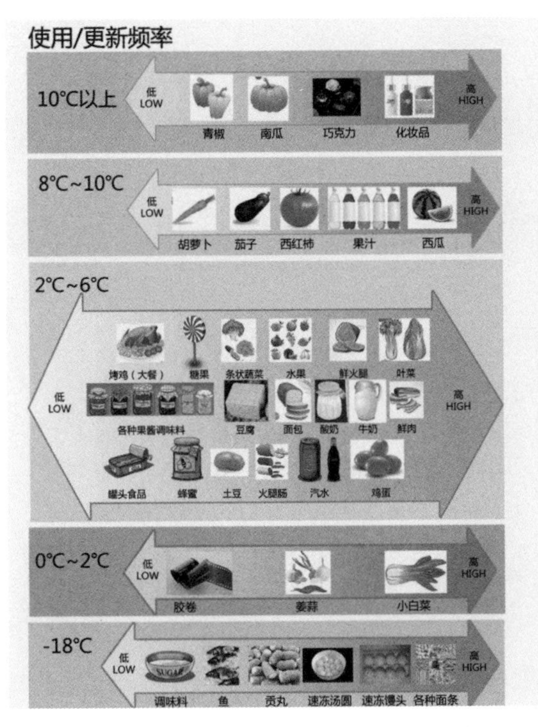

使用
频率

使用更新频率越高，越宜放于冰箱宜取处。

Once food is consumed more frequently, it should be placed in more convenient place in the fridge.

图 2-13

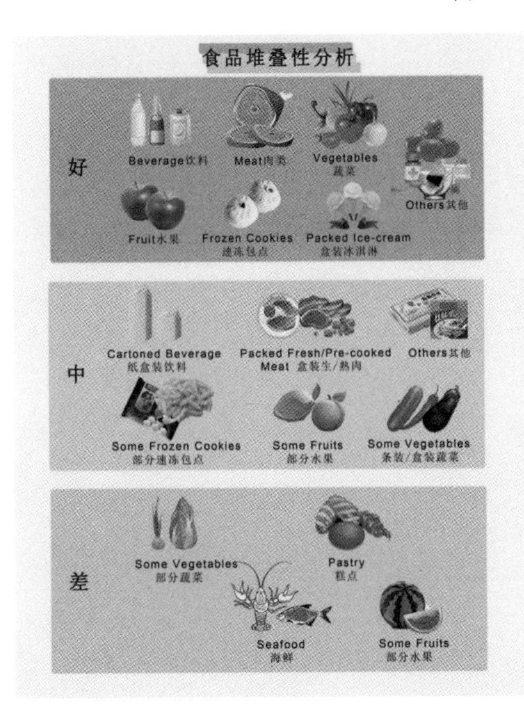

堆叠
分析

适宜堆叠的物品在冰箱中摆放随意性大，较宜安放。相反，不适宜堆叠的食物在摆放时就可能需要特殊的空间。

Food or packed food with good stack ability, can be placed in fridge easily; in reverse, they should be treated carefully.

图 2-14

家庭食品消耗量分析（周）
Weekly Food Consumption

单位CM³

280 Frozen Cookies, 700 Seafood海鲜, 1750 Beverage饮料, 2100 生/熟肉 Meat, 3150 Pastry糕点, 5180 Others其他, 7000 Fruit水果, 8000 Rice米饭, 9800 Vegetables蔬菜

单身Single

单位CM³

420 Seafood海鲜, 820 生/熟肉 Meat, 4200 Frozen Cookies 速冻食物, 4600 Others其他, 5000 Pastry糕点, 5250 Beverage饮料, 14000 Fruit水果, 24000 Vegetables蔬菜, 50800 Rice米饭

三口之家Family with 3 Pers

消耗量分析

单身及3人家庭是中国当前最典型的家庭类型，人员组成不同，食物每周消耗的体积量各不相同。

Single and 3-people families are most typical family moods in China currently. And due to different members, food consumption of both are diversified.

图 2-15

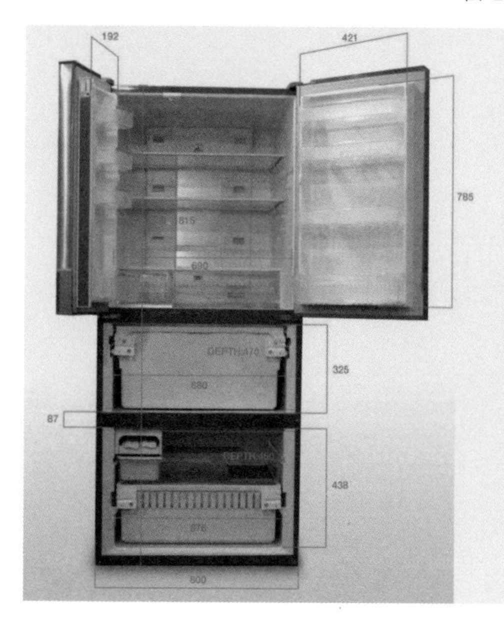

食物周耗体积

Size of Weekly Consumption

单身及3人家庭是中国当前最典型的家庭类型。人员组成不同，食物每周消耗的体积量各不相同。
Families with single or 3 persons are the most typical family moods in China currently. And due to different members, food consumption of both are diversified.

图 2-16

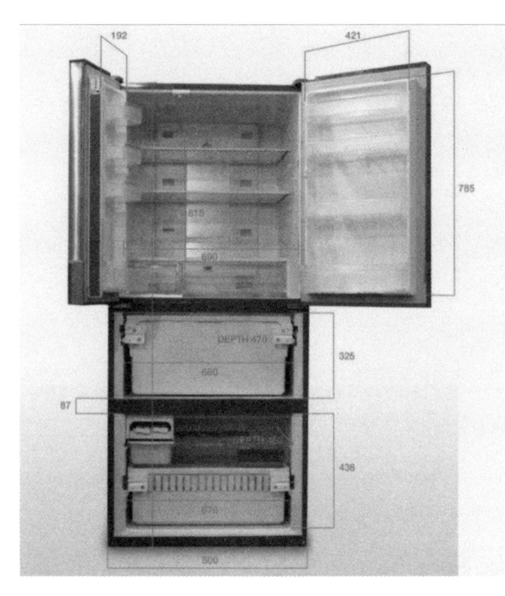

使用频率 & 堆叠性

Usage Frequency & Stack Ability

使用、更新频率高的食物可放置于冰箱内最适宜于人拿取的地方。

Food with high consuming frequency can be place in most convenient part in fridge.

堆叠性好的物品在冰箱中可自由摆放，较宜安放。相反，堆叠性差的食物在摆放时就可能需要特殊的空间。

Food or packed food with good stack ability, can be placed in fridge easily; in reverse, they should be treated carefully with assigned space.

图 2-17

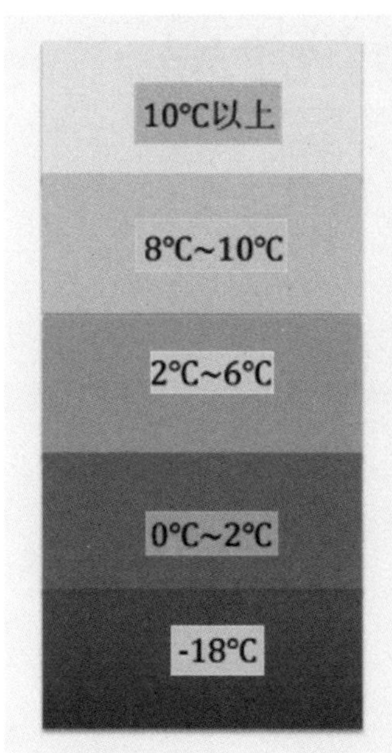

使用频率 & 堆叠性

Usage Frequency & Stack Ability

相对于现有冰箱的冷藏、冷冻和保鲜分格，食品的存储温度也可细分为5个不同的温度等级。

Comparing with current 3 levels temperature classification, we can also refine storage temperature of most foods to five different levels.

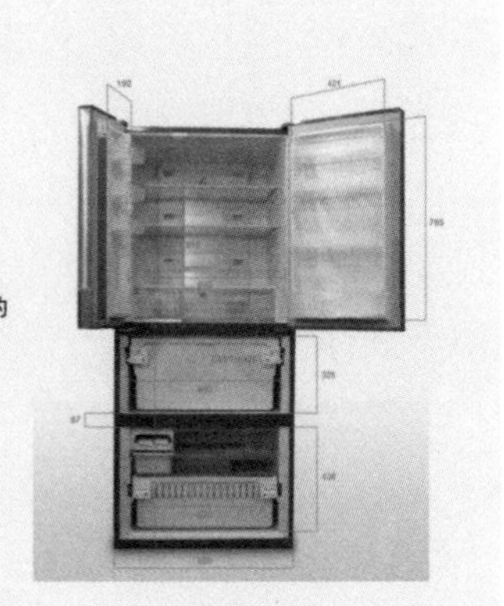

图 2-18

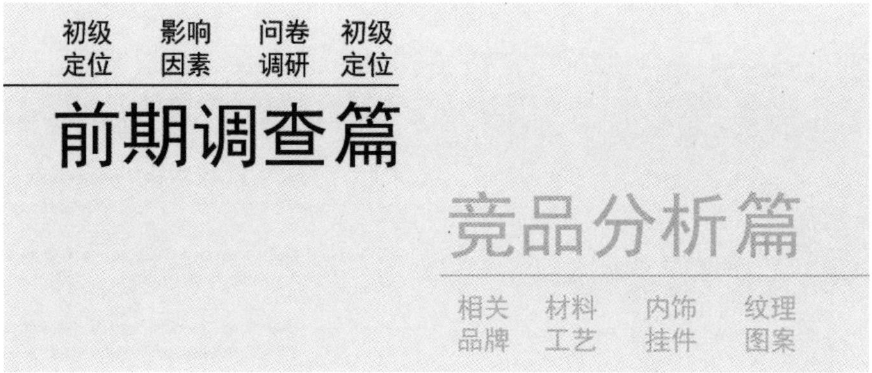

初级定位
影响因素
问卷调研
初级定位
前期调查篇
竞品分析篇
相关品牌
材料工艺
内饰挂件
纹理图案

图 2-19

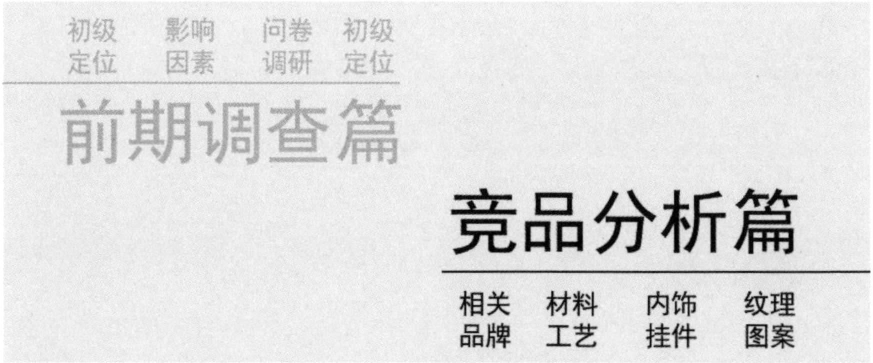

初级定位
影响因素
问卷调研
初级定位
前期调查篇
竞品分析篇
相关品牌
材料工艺
内饰挂件
纹理图案

图 2-20

三星
LG
松下
西门子
美菱
相关品牌
海尔
博世
容声
新飞
海信
美的
伊莱克斯
国外品牌
国内品牌

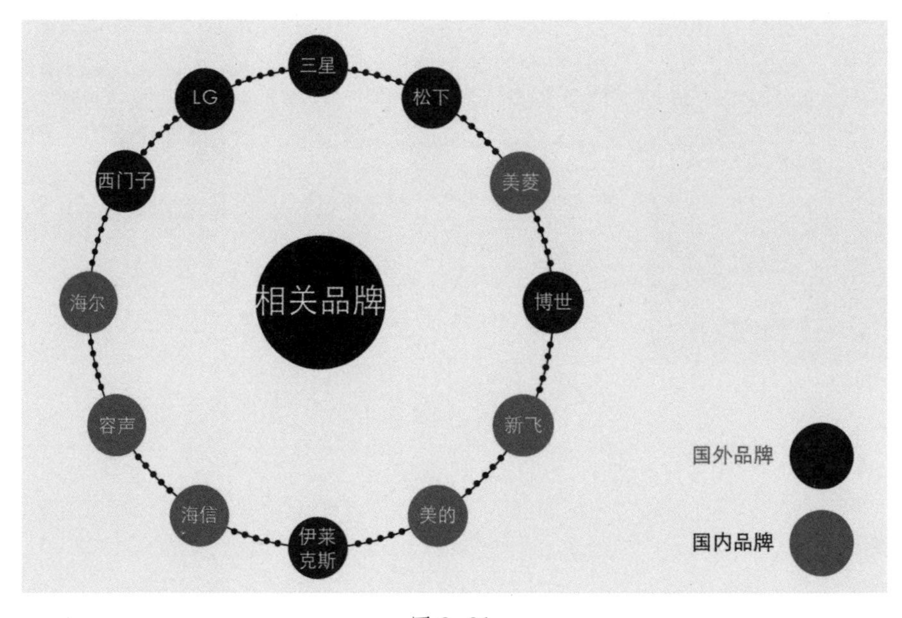

图 2-21

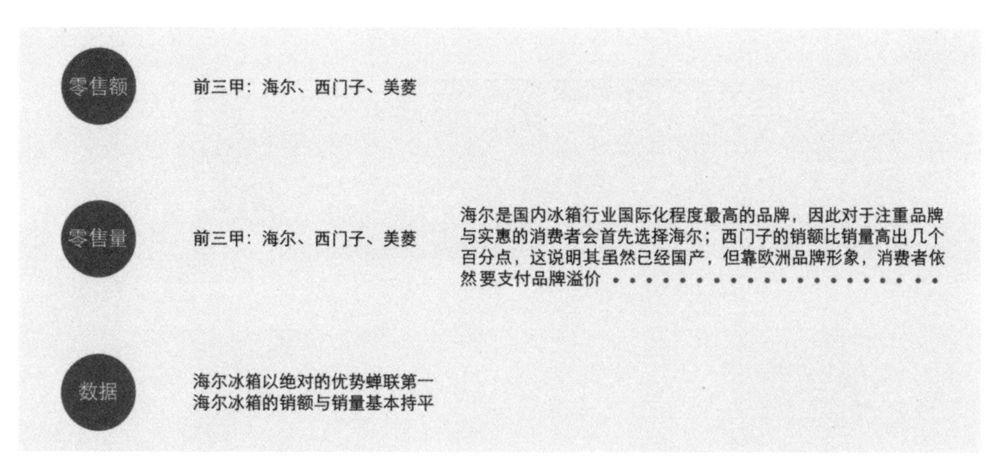

图 2-22

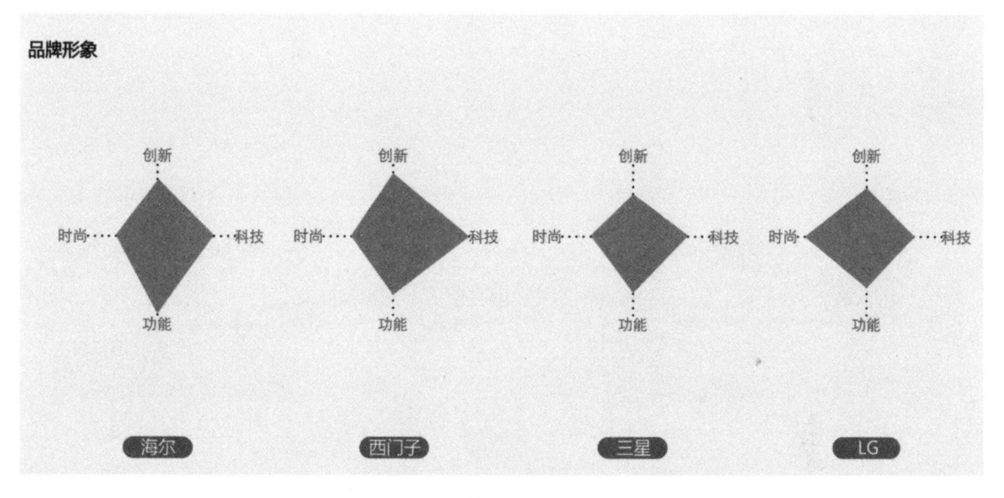

图 2-23

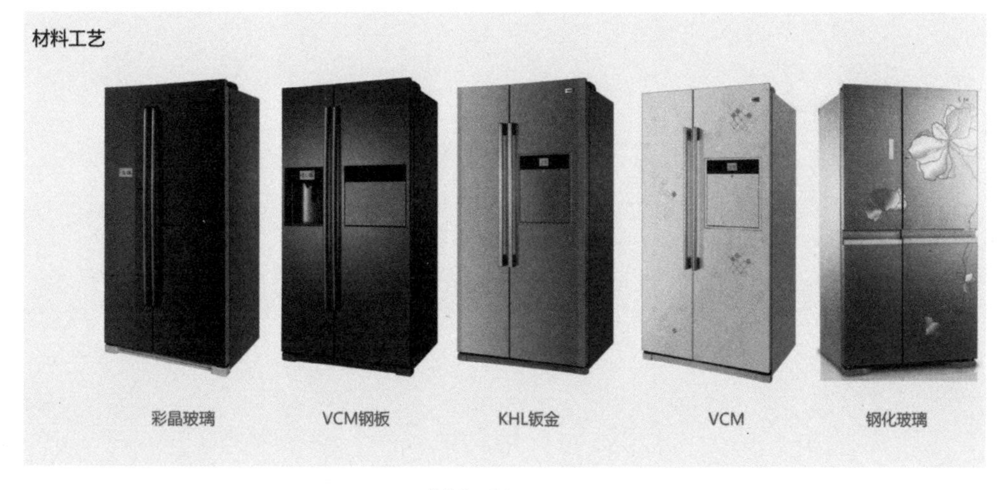

图 2-24

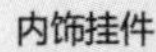

图 2-25

内饰挂件

图 2-26

初级定位 影响因素 问卷调研 初级定位

前期调查篇

用户分析篇

年龄构成 文化影响 身体条件 性格影响 生活品位

地域影响 婚姻状况 性别影响 饮食规律 有无宠物

图 2-27

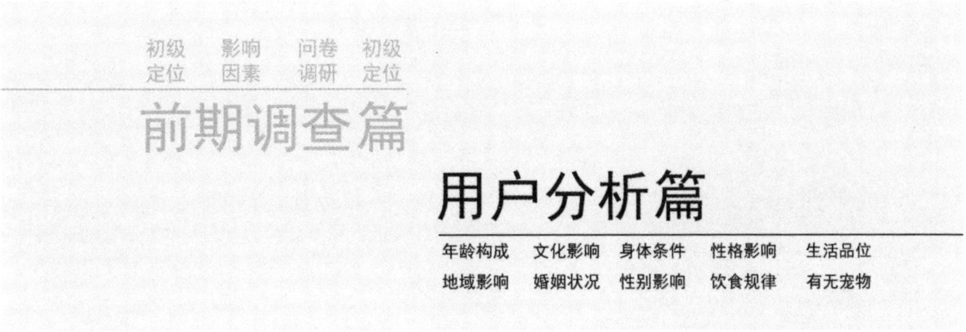

初级定位 影响因素 问卷调研 初级定位
前期调查篇
用户分析篇
年龄构成 文化影响 身体条件 性格影响 生活品位
地域影响 婚姻状况 性别影响 饮食规律 有无宠物

图 2-28

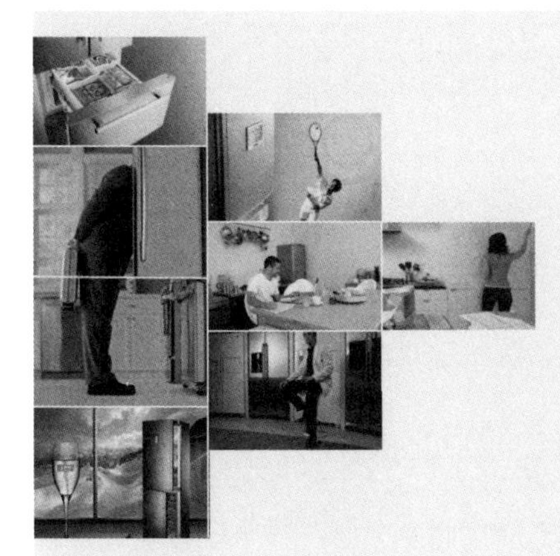

基本定位 针对中国家用冰箱市场的中高端人群
Orientation High-end crowd for the Chinese domestic market
中国家用冰箱市场上的中高端人群主要为城市白领及白领收入以上人群，年龄为30-55岁之间，本科以上学历，基本有持续稳定的较高收入。
High-end crowd for the Chinese domestic market mainly include the urban white-collar and above. They are at 30 to 55 years old, have a bachelor degree or above and have a stable high income.

图 2-29

影响因素
Influence Factor
年龄构成 文化影响 身体条件 性格影响 生活品位
地域影响 婚姻状况 性别影响 饮食规律 有无宠物

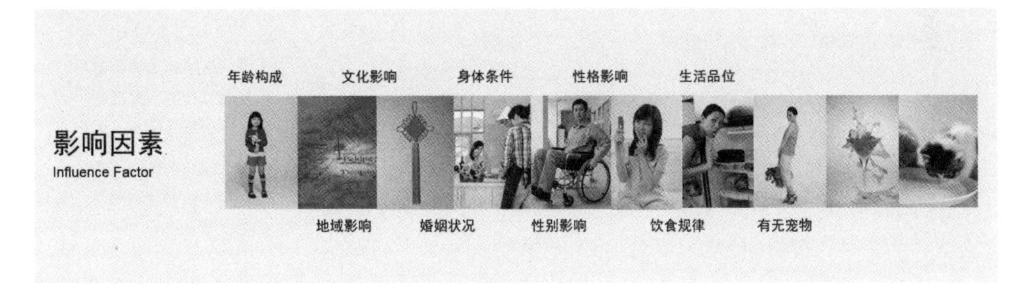

图 2-30

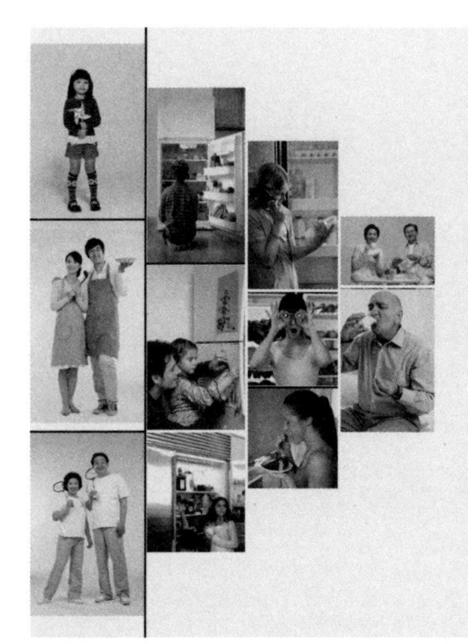

家庭成员的年龄结构会对冰箱的购买和使用产生较大影响，不同年龄段的成员的对冰箱使用需求在细节方面有所不同，故冰箱设计中应兼顾各个家庭成员的使用细节并对应使用习惯做出相应的空间划分。

Family members of the age structure of the refrigerator will buy and use a great impact, different age paragraph .The members of the use of the details of the refrigerator needs have different ways, so the refrigerator design consideration should be given to both families .The use of the members of the details and used in the corresponding to make corresponding space division.

图 2-31

影响因素
Influence Factor

地域
影响

主要为气候影响，不同的季节温度对冰箱的使用与维护有所影响。不同地域的气候环境对冰箱的制冷能力的影响也是不同的。气候带类型、字母标注、环境温度（℃），亚温带 SN 10-32，温带 N 16-32，亚热带 ST 18-38，热带 T18-43。

影响因素
Influence Factor

文化影响 → 传统文化

中国的传统文化必然会对消费者的购买倾向产生影响，尤其是在传统文化受到越来越多人重视 的今天，冰箱外观等方面将会受其影响。

影响因素
Influence Factor

文化影响 → 教育影响

中高端人群由于受教育程度普遍较高，故受西方文化影响也较大，因此购买冰箱时西方的价值观与审美观也会对其产生较大的影响。

图 2-32

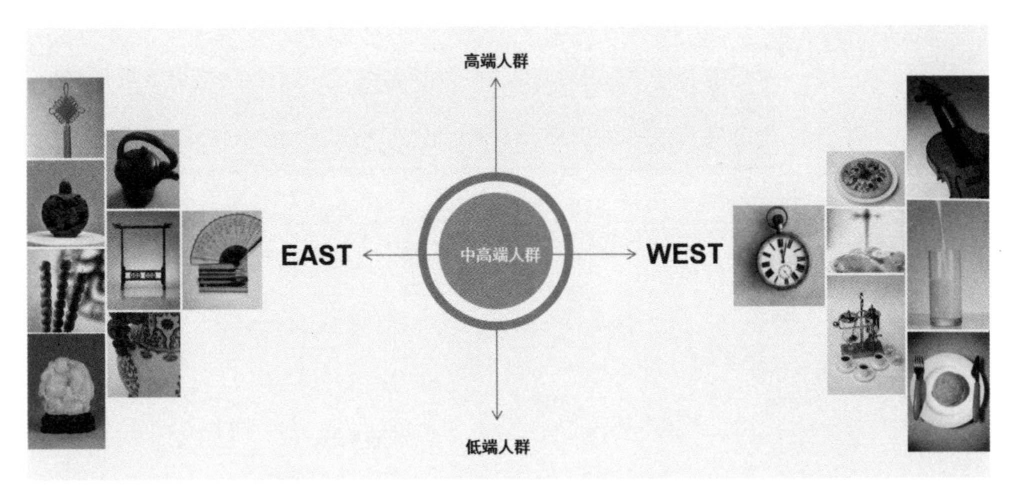

图 2-33

影响因素
Influence Factor

婚姻
状况

单身一族和已婚人群在冰箱需求方面有很大不同。单身一族在冰箱使用上更加单一。而已婚人群由于家庭结构相对复杂，在使用时需求较多，也有更多细节上的考虑。

影响因素
Influence Factor

身体
条件

家庭中的特殊人群也是要考虑的因素之一。身高、病痛、先天缺陷等各种因素都会给某些人群在冰箱使用方面带来不便。

影响因素
Influence Factor

性别
影响

女性更喜欢零食、水果等非主餐类食物，故而家庭的性别构成也会对冰箱使用产生直接影响。

影响因素
Influence Factor

性格
影响

由于性格的影响，有些人家里经常会有客人到访或开party，也有些人家里客人较少。这对冰箱的使用功能的多样性与频率也会有直接的影响。

图 2-34

影响因素
Influence Factor

饮食
规律

中高端商务人群由于工作繁忙，有些人只有晚饭在家里吃，故而下班去买菜做饭，对冰箱的的需求相对较小。而三顿饭都在家里解决对冰箱的需求较大。

影响因素
Influence Factor

生活
品位

中高端人群由于教育程度较高，不少人生活西化小资，对食材分类和食材数量有较高要求，故对冰箱的精细分格和保鲜功能有较高的要求。

影响因素
Influence Factor

有无
宠物

若家庭里面养有宠物，宠物食品也会占据一定的空间，也要考虑更多的空间分割。

图 2-35

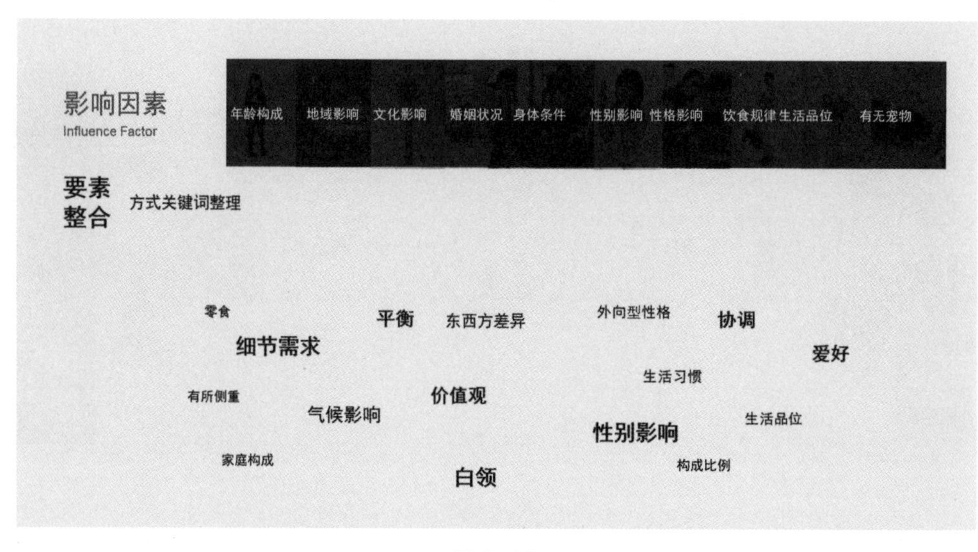
影响因素
Influence Factor
年龄构成
地域影响
文化影响
婚姻状况
身体条件
性别影响
性格影响
饮食规律
生活品位
有无宠物
要素整合
方式关键词整理
零食
平衡
东西方差异
外向型性格
协调
细节需求
爱好
生活习惯
有所侧重
价值观
气候影响
生活品位
性别影响
家庭构成
构成比例
白领

图 2-36

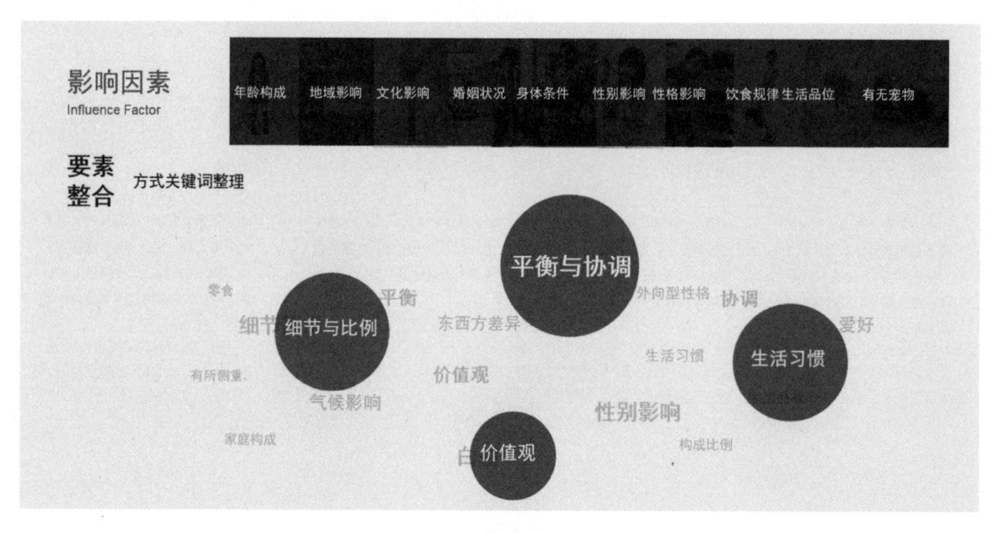
影响因素
Influence Factor
年龄构成
地域影响
文化影响
婚姻状况
身体条件
性别影响
性格影响
饮食规律
生活品位
有无宠物
要素整合
方式关键词整理
平衡与协调
零食
平衡
细节与比例
东西方差异
外向型性格
协调
爱好
生活习惯
生活习惯
有所侧重
价值观
气候影响
性别影响
家庭构成
构成比例
价值观

图 2-37

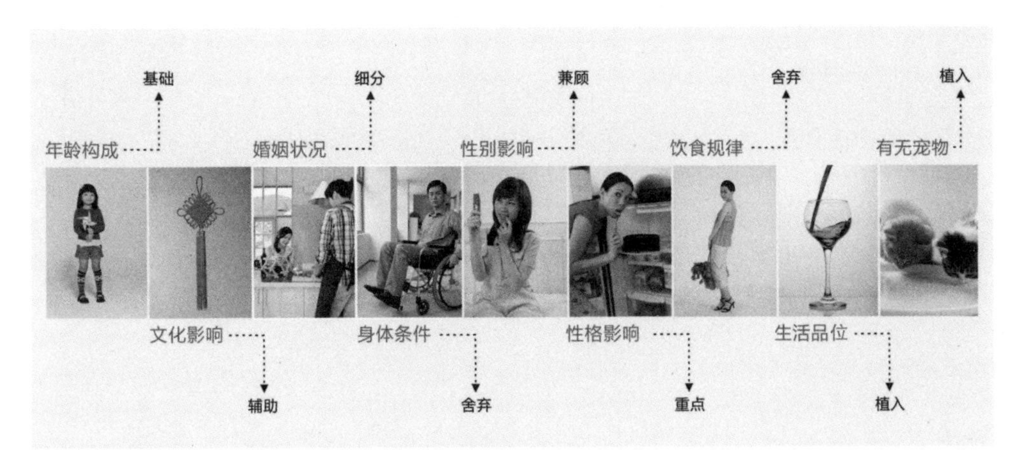

图 2-38

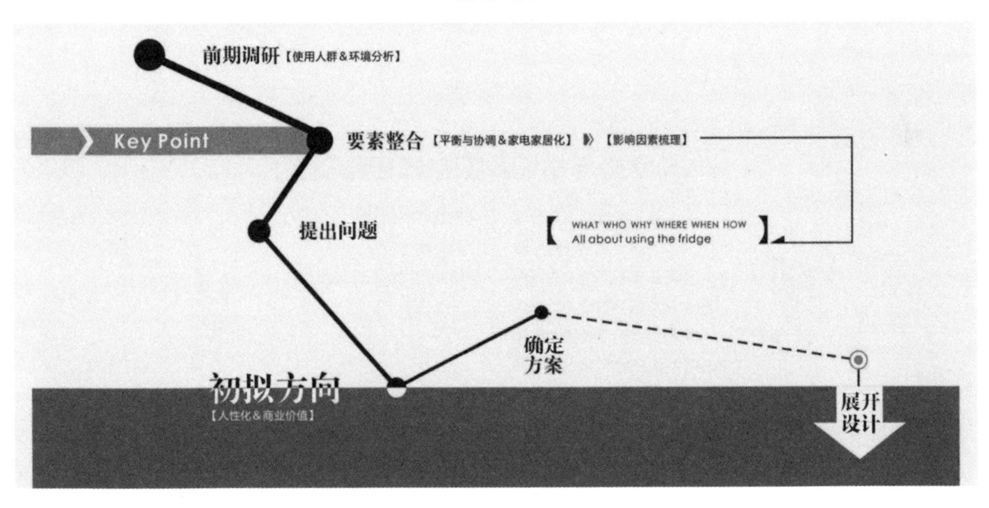

图 2-39

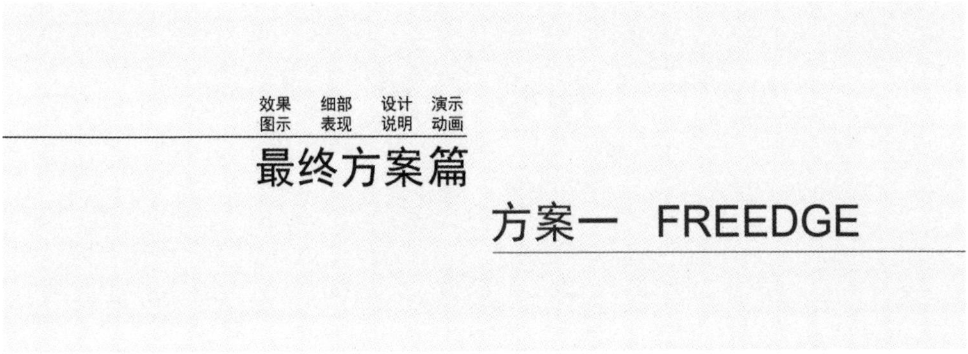

效果图示　细部表现　设计说明　演示动画

最终方案篇

方案一　FREEDGE

图 2-40

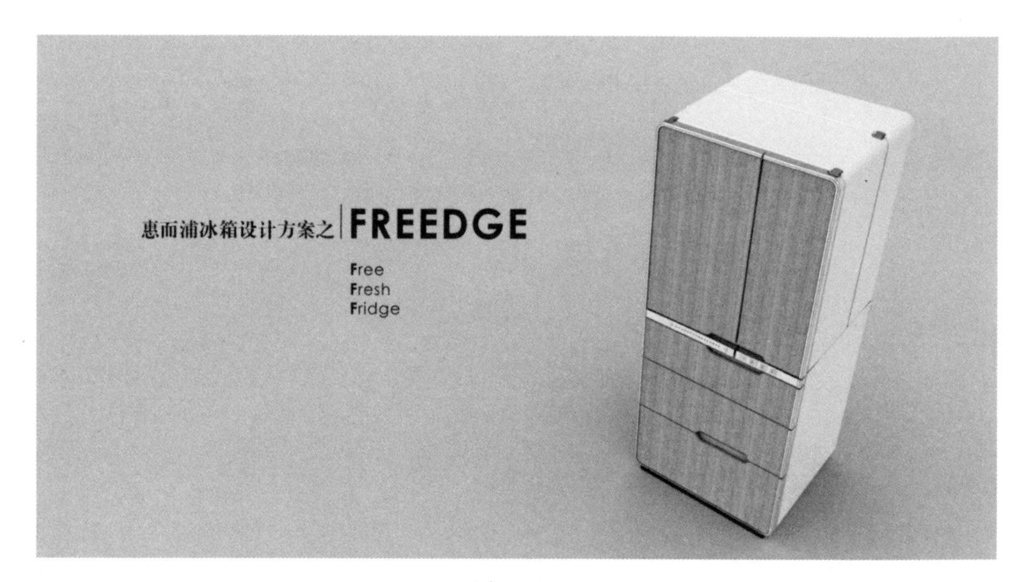

惠而浦冰箱设计方案之
FREEDGE
Free
Fresh
Fridge

图 2-41

【内】【平衡与协调＆家电家居化】【外】
随心
各人不同的饮食习惯
各人不同的冰箱使用习惯
不同食物不同的拿取频率
一次性拿取食物分量的不同
食物放置位置深浅的不同
冰箱不同区域使用频率的不同
冰箱空间利用率的不同
……………
与家居环境的融合
表面材质的选择
非机械的视觉新体验
……………
自然
内在一致性

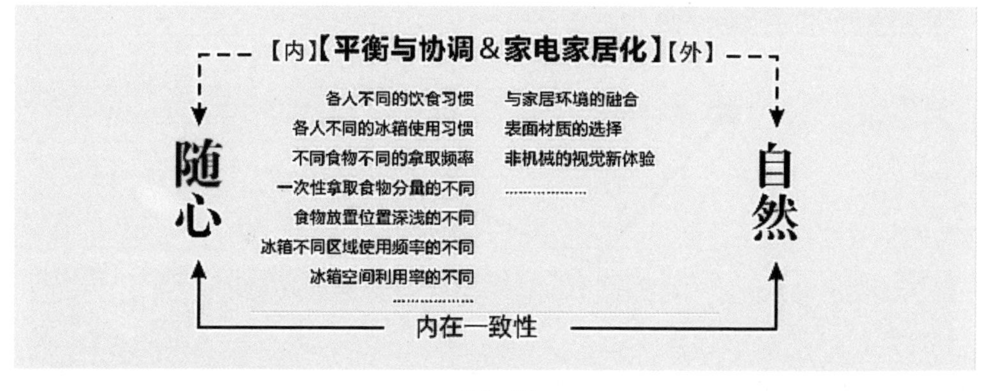

图 2-42

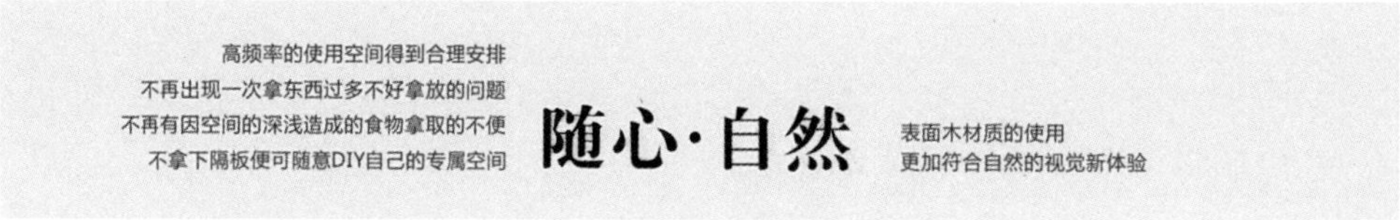

高频率的使用空间得到合理安排
不再出现一次拿东西过多不好拿放的问题
不再有因空间的深浅造成的食物拿取的不便
不拿下隔板便可随意DIY自己的专属空间
随心·自然
表面木材质的使用
更加符合自然的视觉新体验

图 2-43

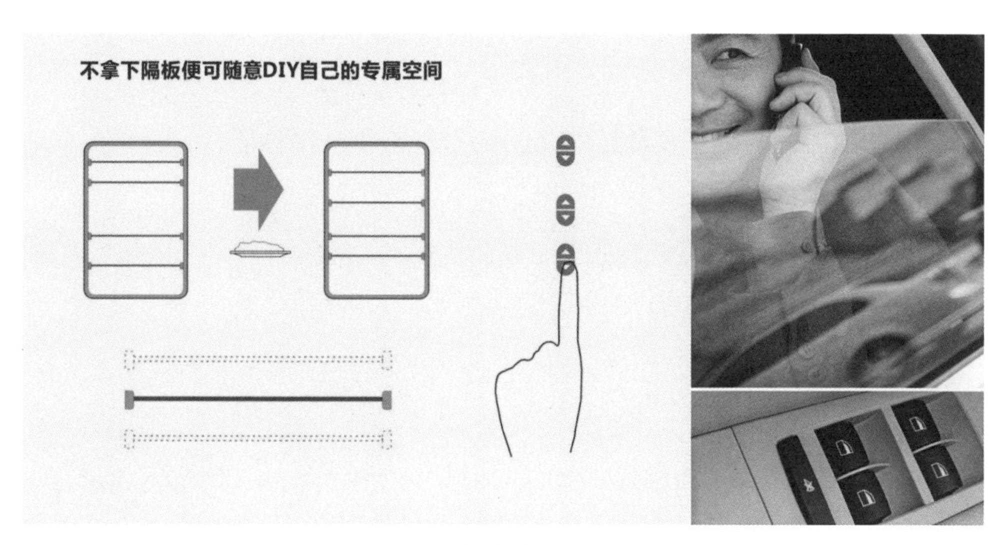

图 2-44

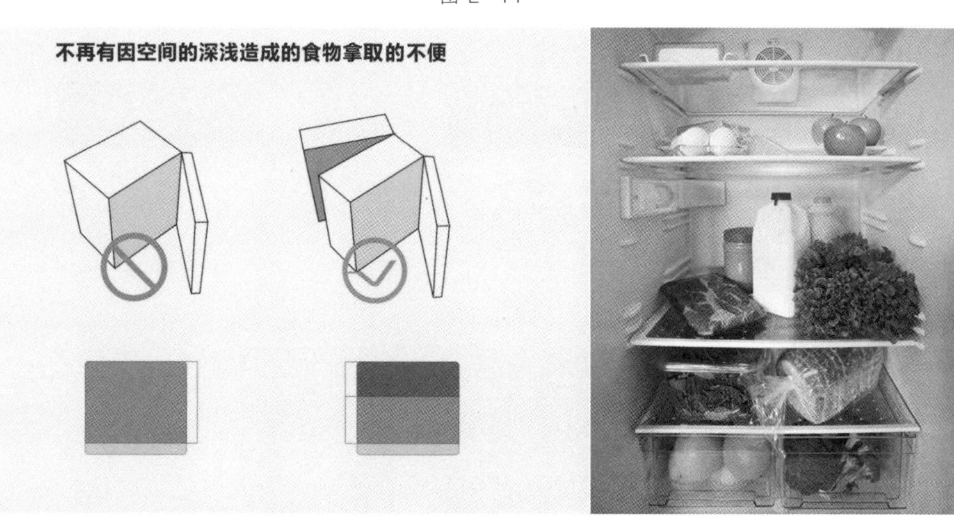

图 2-45

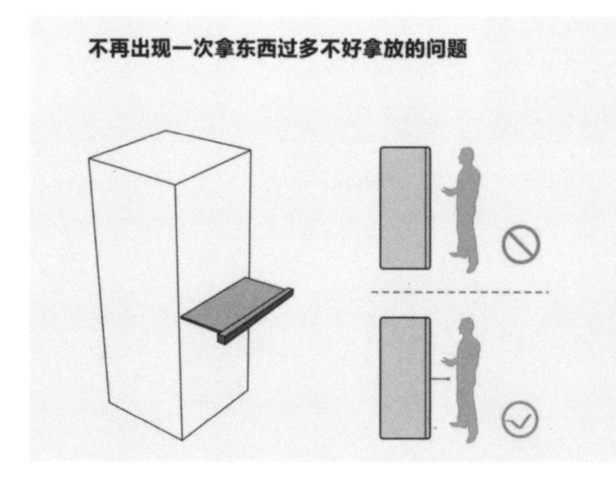

图 2-46

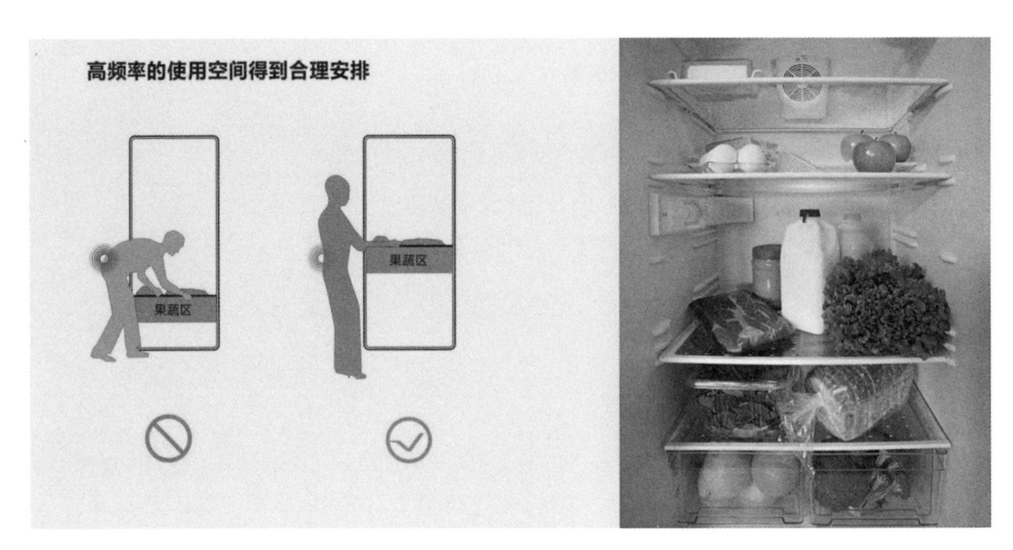

图 2-47

图 2-48

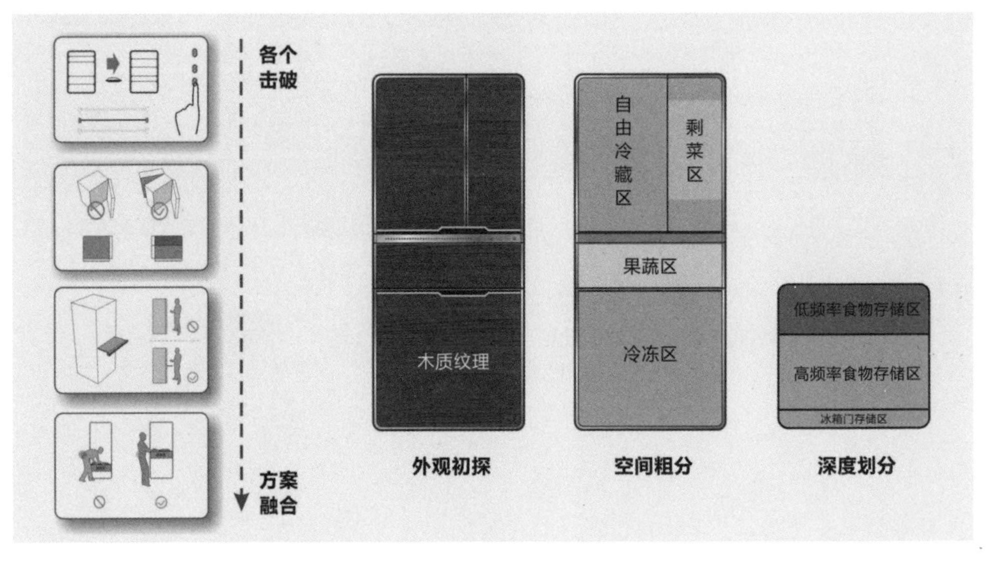

图 2-49

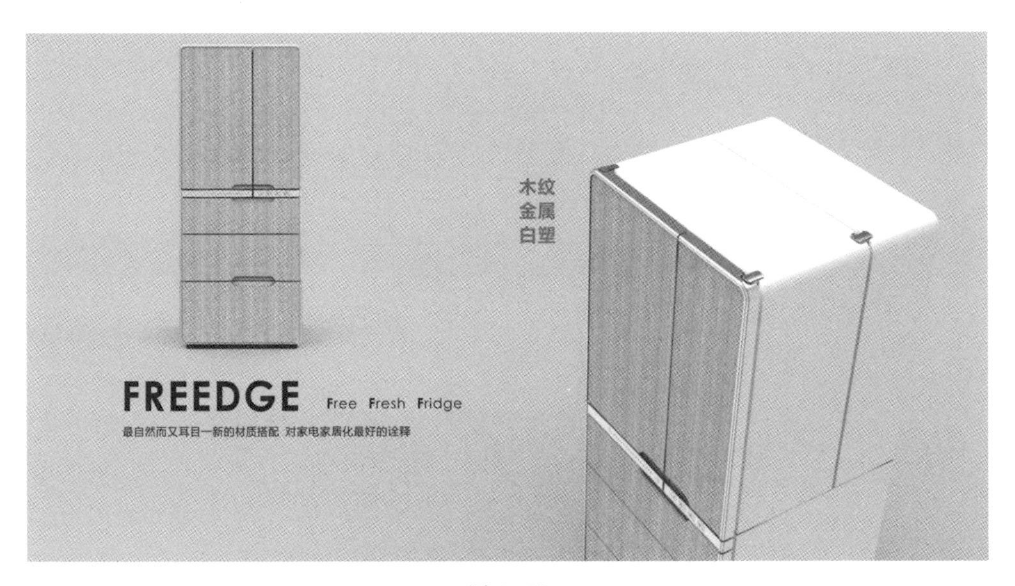
木纹
金属
白塑
FREEDGE Free Fresh Fridge
最自然而又耳目一新的材质搭配 对家电家居化最好的诠释

图 2-50

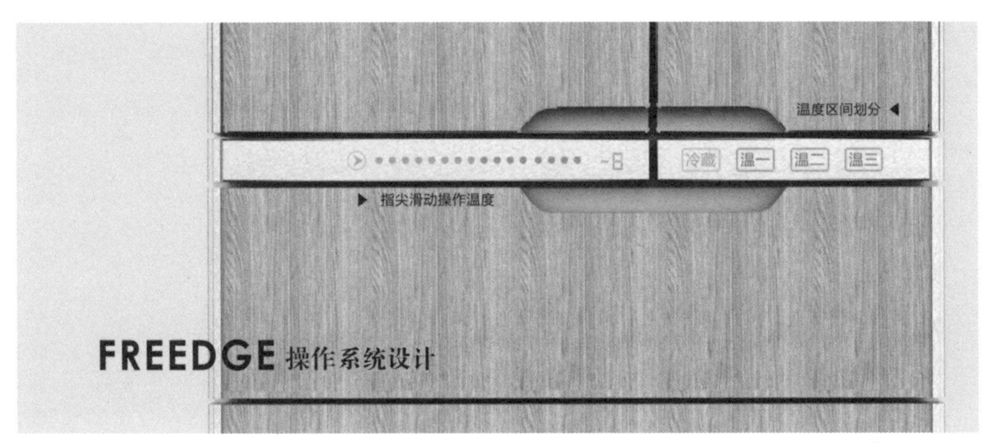
温度区间划分 ◀
冷藏
温一
温二
温三
▶ 指尖滑动操作温度
FREEDGE 操作系统设计

图 2-51

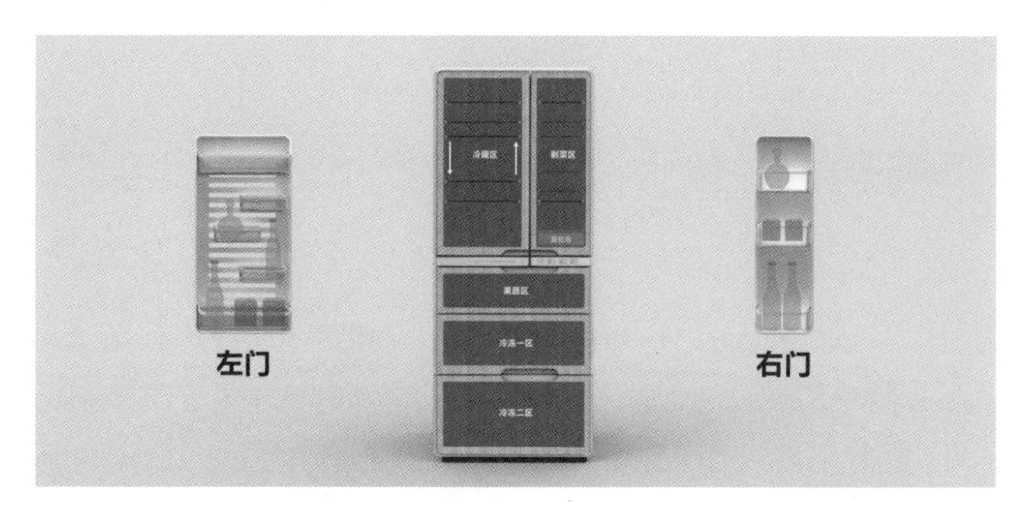

图 2-52

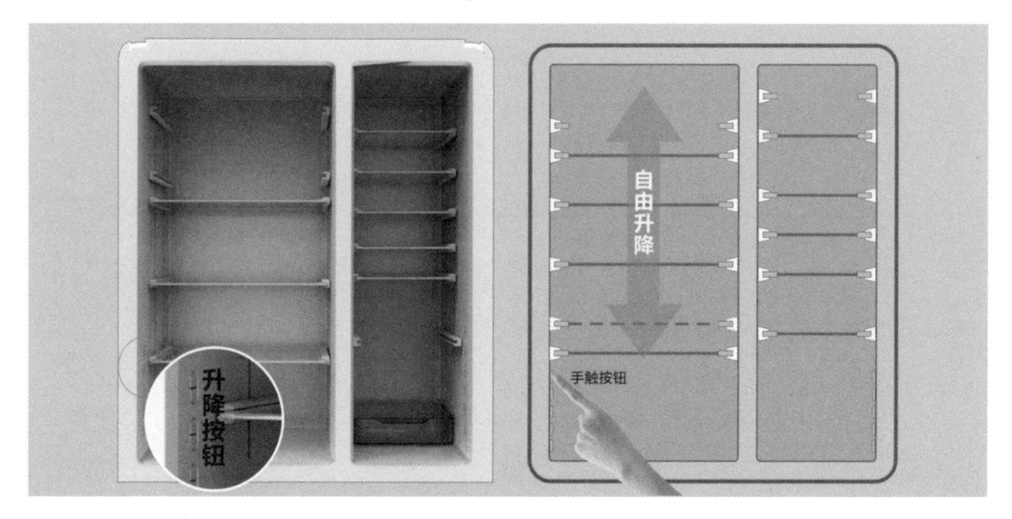

图 2-53

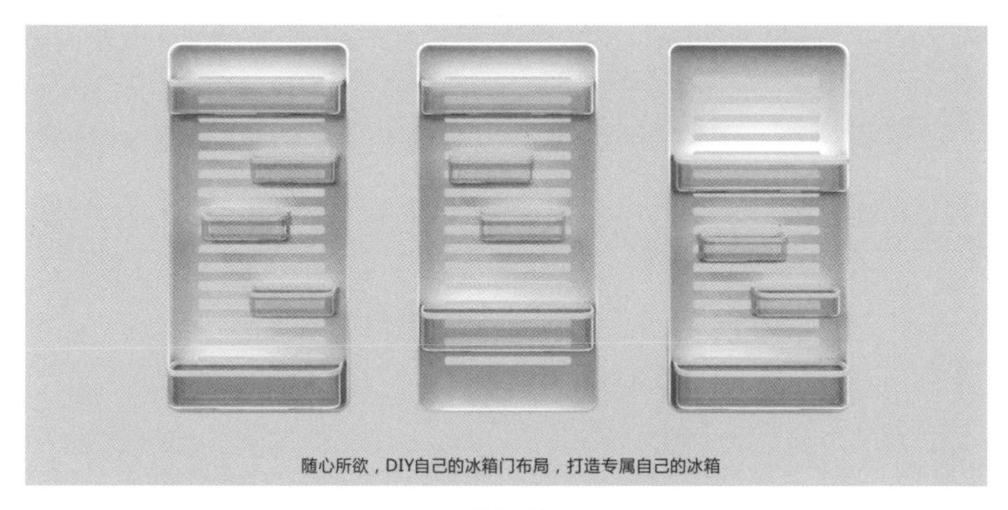

图 2-54

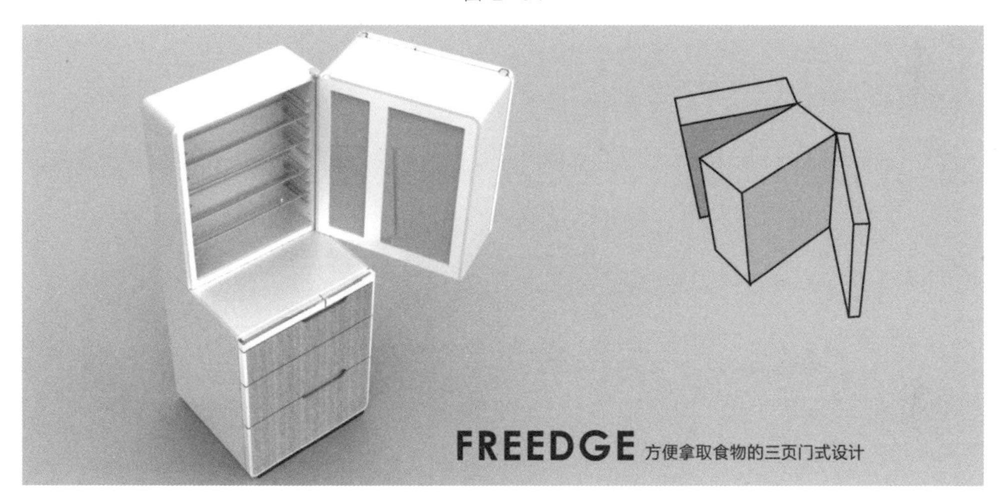

图 2-55

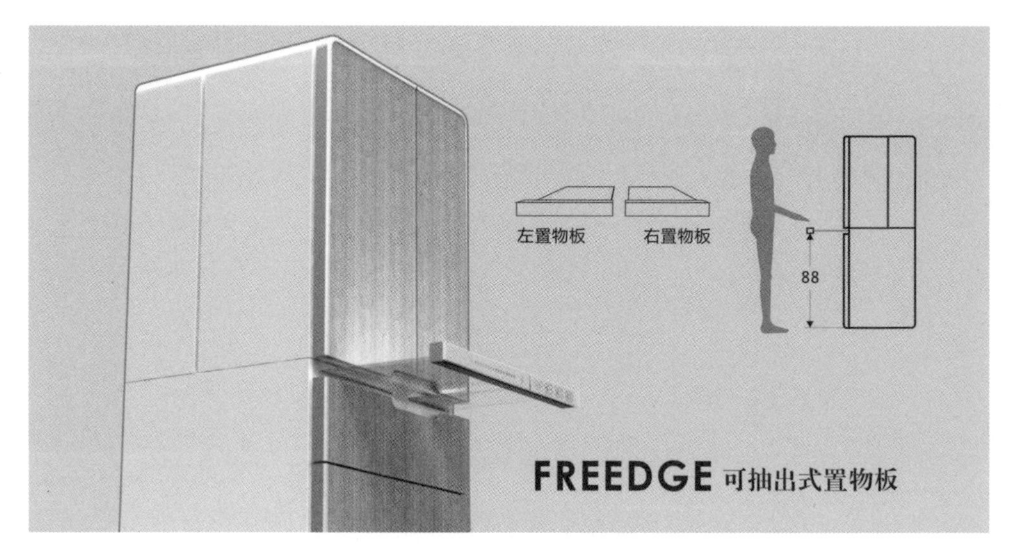

图 2-56

2.2 无障碍设计

无障碍设计主要针对的是残疾人、老年人、病人、孕妇等弱势人群。

无障碍设计（barrier free design）的概念最初于1974 年提出，是联合国相关组织提出的设计新领域。无障碍设计认为，现代社会由于科学技术的高度发展，只要是人类衣食住行的生活环境与空间，以及相关的各种建筑设施、设备的设计，都需要考虑具有生理伤残缺陷者以及不同程度丧失正常活动能力的衰退者（如老年人、残疾人）的使用需求，配备能够应答、满足这类人群生理需求的功能服务与装置，打造一个安全、方便、舒适、充满爱与关怀的现代生活环境。

对于这样的产品设计，主要是从这类人群的行为特征、人体工学特征、生理心理特征，考虑不同于常人的使用可靠性、安全性、舒适性，最大限度地为弱势人群的使用提供方便性去考虑。

2.2.1 轮椅车设计

我们曾受丰田的子公司 AISIN 公司的委托，设计电动轮椅车。AISIN 公司是世界 500 强企业之一，著名的汽车零部件配套供应商，全球最大自动变速箱（AT）专业厂，国家（地区）、44 家整车厂配套，五台 AT 车中就有一台车用爱信 AT（世界第一位），全球市场占有率达 18%。此外它还有一项为无障碍福利产品生产的业务，也就是生产电动轮椅车。这样的企业对设计是很挑剔的，因此，接受这样要求很高的设计，有一定的压力，并且将该任务融入本科产品设计专业课程中，对同学们来说既是一次挑战，也是难得的实战锻炼机会，既要完成客户的项目，提出让客户满意的方案，更要完成教学任务，让学生得到训练有收获。我们运用系统设计的方法，先从调查研究入手，从对使用者、使用环境、使用过程等方面进行调研，在对使用者如何使用轮椅车的“事”情上作了详细全面的分析的基础上提出方案。

设计：王友耘

轮椅的调查 *Research on wheelchair*

轮椅是指装有轮子的椅子，通常供行走困难的人使用。轮椅是康复的重要工具，它不仅是肢体伤残者的代步工具，更是他们进行身体锻炼和参与社会活动的重要工具。

Wheelchair: a special chair with wheels, used by people who cannot walk because of illness, and accident, etc.

轮椅的分类 *some kind of wheelchair*

1. 普通型轮椅 *normal wheelchair*
2. 高靠背式轮椅 *high back wheelchair*
3. 座厕轮椅 *wheelchair with stool*
4. 电动轮椅 *electric wheelchair*
5. 运动型轮椅 *sports wheelchair*
6. 淋浴轮椅 *shower wheelchair*

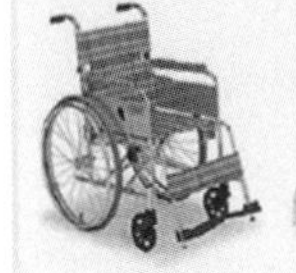

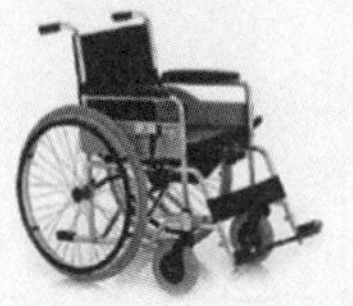
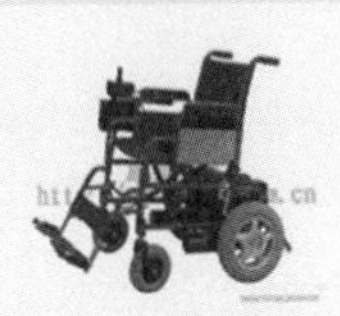
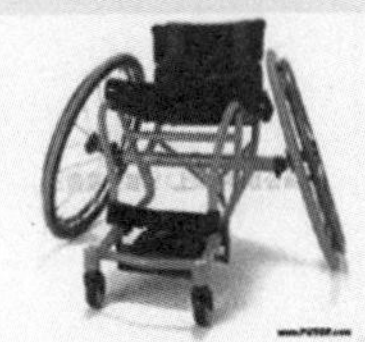

图 2-57

轮椅的结构 *the struction of wheelchair*

普通轮椅主要由轮椅架、轮、制动等装置构成。

1.轮椅架：有固定式和折叠式两种。固定式结构简单，强度和刚度好；折叠式折起后体积小，便于携带。
轮椅架多为薄壁钢管制成，表面镀铬、烤漆或喷塑。
高档轮椅架采用合金材料，以减轻轮椅重量。

2.轮：轮椅装有一对大轮和一对小轮。
每个大轮都装有驱动轮圈，使用者双手驱动轮圈使轮椅前进、后退或转向。
一对前小轮，可自由转动。其轮胎分为充气和实心两种。

3.制动装置：轮椅的制动装置均采用手扳式刹车，起驻车作用。

4.座垫和靠背：采用人造革、尼龙牛津布等材料。

图 2-58

现有轮椅调查 *wheelchair at market research*

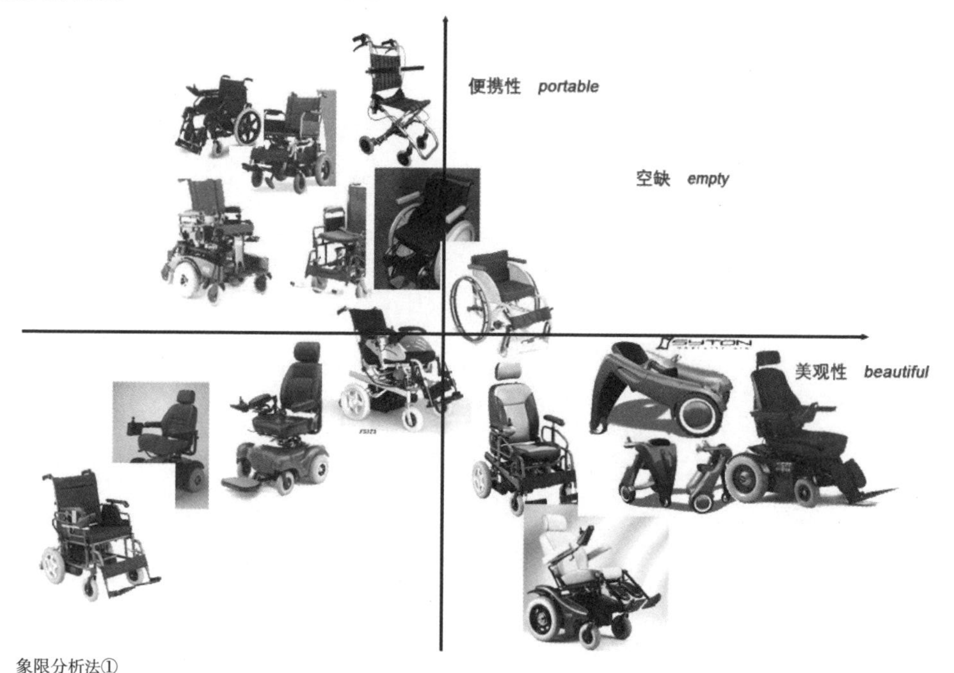

图 2-59

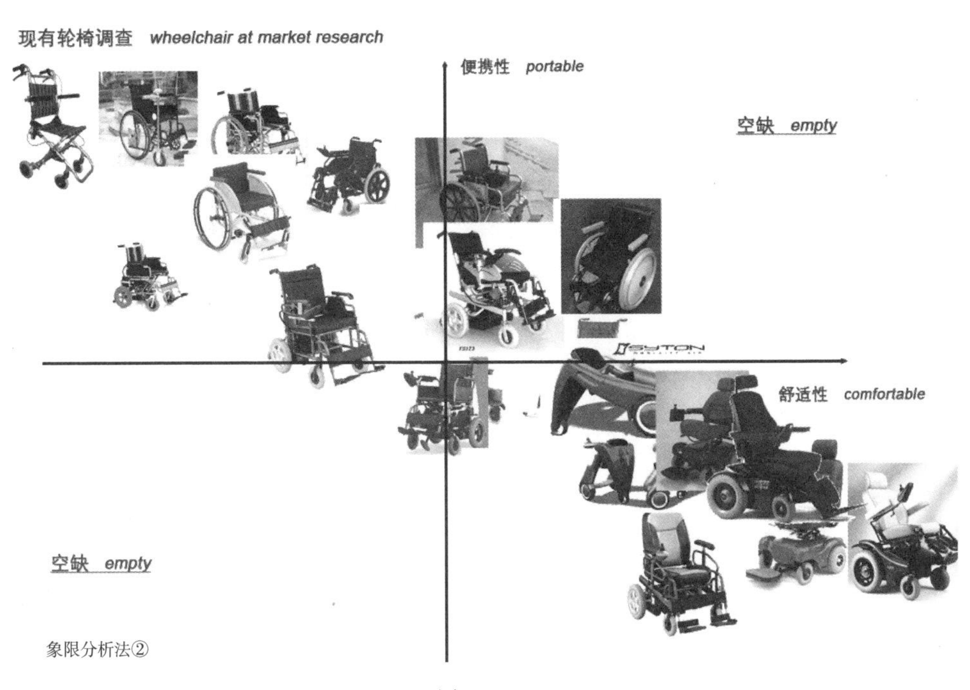
现有轮椅调查 wheelchair at market research
便携性 portable
空缺 empty
舒适性 comfortable
空缺 empty
象限分析法②

图 2-60

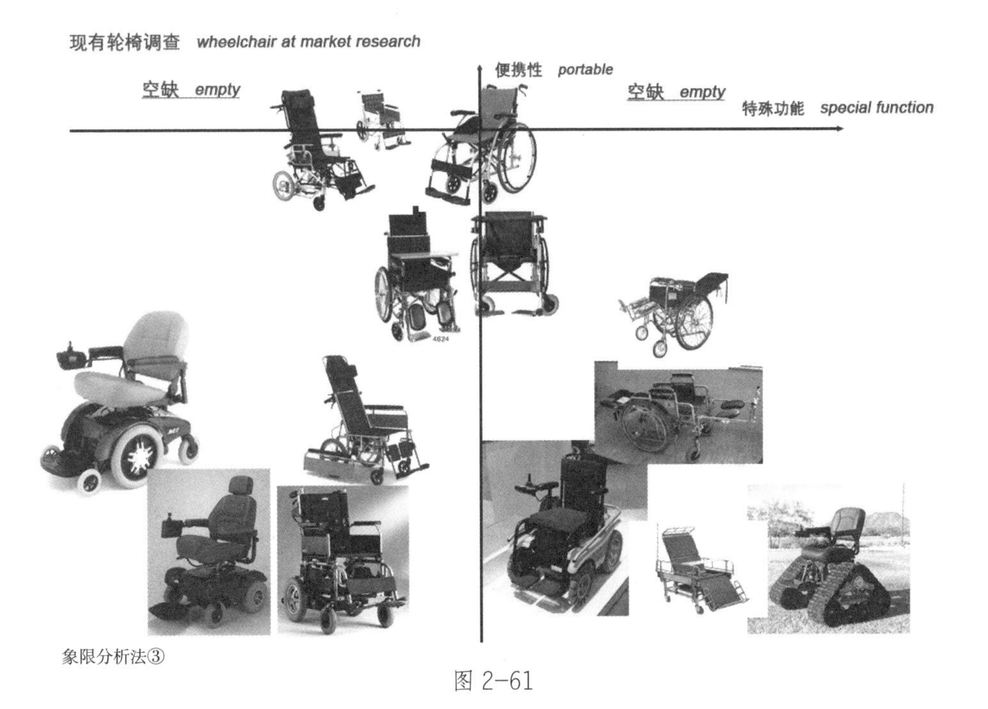
现有轮椅调查 wheelchair at market research
便携性 portable
空缺 empty
空缺 empty
特殊功能 special function
象限分析法③

图 2-61

现有轮椅调查 *wheelchair at market research*

因为这次设计的任务是设计一款可折叠轮椅,所以,我将便携性作为比较的一贯标准。
通过对现有轮椅的调查,我发现:

1. 市场上缺少兼具美观和便携性的轮椅(并不是没有),在美观而又便携的区域留下了一大片空白,这片区域是我们设计时要突破的方向。
2. 在舒适度与便携性的比较上,我发现,在轮椅这个范围里,这两个特性是矛盾的。市场上的轮椅形成了一条直线状,在这次设计中,需要处理好这对矛盾。
3. 至于便携性和特殊功能的比较,调查显示:往往轮椅具备强大功能,便携性一定不高,而特殊功能一般的电动轮椅携带性也不高,只有手动轮椅(少数使用手动轮椅结构的电动轮椅)具备比较好的折叠性与一定的特殊功能,因此,在设计中可能将以这种轮椅结构作为基础进行发展。

Because of the task which requires us to design a flodable wheelchair, I make the portable as a key-word to compare. By reasearch, I find:

1,There is less wheelchair which is not only beautiful but also portable at the market. So a large space of this is blank. This area may be the breaking out point of designing.

2,Comparing between portable and comfortable, I find that these two key-words are contradiction. The wheelchairs for sale make a line at the picture. It may be quie harder to coordinate these two key-words.

3,It says that if a wheelchair with a special function, it will be quit heavy and unportable by comparing the portable and special function. But some electric wheelcharl are neither portable nor with special function. Only some wheelchair moved by hand have the unique struction to combine the portable and the special function. So the design will be based on these functions.

图 2-62

电动轮椅价格调查 *The price of the electric wheelchair research*

佛山电动轮椅-FS122LGC 售价￥12900元
可折式太空铝电动轮椅PC-401-BG201 售价￥18200元
安泰可拆式折叠太空铝合金电动轮椅PC-401-BE201 售价￥16600元
爱司米代步车70FL四轮 售价￥8500元
安泰站立行电动轮椅JXPCS-01 售价￥20700元
互邦铝合金电动轮椅HBL15-B 售价￥9200元
互邦铝合金电动轮椅HBL15-A 售价￥4160元
FS122LG佛山可平躺电动轮椅 人推及电动型钢质轮椅 售价￥12800元
佛山轮椅 FS111A-46人推及电动型钢质轮椅 售价￥9300元
佛山轮椅FS121-46人推及电动型钢质轮椅 售价￥9600元
德国奥托博克电动轮椅-伺服电力助动装置 E-Support 售价￥39990元
德国奥托博克电动轮椅B 600 售价￥36500元
德国奥托博克A500电动轮椅 售价￥33550元
奥托博克电动轮椅-A200 售价￥29800元
互邦电动轮椅 HBL15-A 售价￥4161元
爱司米电动轮椅 售价￥8000元
佛山电动轮椅FS101A 售价￥11270元
佛山轮椅FS110A-电动轮椅 售价￥8390元

调查显示,电动轮椅价格一般在万余元,最低价格也在4000元以上,最高价更是达到了4万元(基本赶上一辆小汽车价格)。因此,有两条路可以走:一是在保留功能的前提下降低价格,二是在保持价格前提下增加功能。

The research shows that the price of the electric wheelchairs is more than 10,000 yuan, which ranges from 4,000 yuan to 40,000 yuan (almost a car prise). So there are two shortcuts for designing: One is to cut the prise, other is to develop the function.

图 2-63

轮椅使用环境调查 *Research on environment*

公园 ***The Park***

图 2-64

轮椅使用环境调查 *Research on environment*

商业街 ***The Street***

图 2-65

轮椅使用环境调查 *Research on environment*

商场和超市 *The Shop and the supermarkdet*

图 2-66

用户的调查 *Research on users*

由于疾病、灾难或者高龄等原因，当今中国需要轮椅的各类人士总数超过1500万，居全球首位。其中，肢体残疾约占四分之三，高龄约占四分之一。

Because of the disease, disaster and age, the demands of the wheelchairs in china is more than 15,000,000 the largest number in the world .Among these people, three quarters are the unable, one quarter is the elder.

老年人调查 *Research on elders*

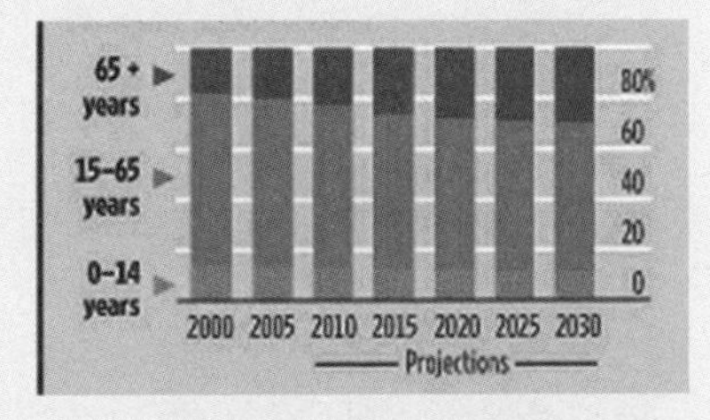

2005年底，中国60岁以上老年人口近1.44亿，占总人口的11%。从2000年到2030年老年人口所占的比例不断上升，如图：

At the end of 2005, the number of the elder aged over 60 is 144,000,000 11% of the population in china. From 2000 to 2030, the elder occupy larger part of the population. Such as the picture show.

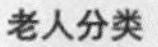

老人分类

1.自理老人
　生活行为完全自理，不依赖他人帮助的老年人
2.介助老人
　生活行为依赖扶手、拐杖、轮椅和升降设施等帮助的老年人。
3.介护老人
　生活行为依赖他人护理的老年人。

Some kind of elder
1 slef-helping aged people
　The elders can do things himslef without others' help
2.devoce-helping aged people
　The elders need some appliance to help
3.under nursing aged people
　The elders need others to nurse

图 2-67

用户的调查 *Research on users*

老年人调查 *Research on elders*

老年人生理状况

随着年龄的增长,人的骨骼和肌肉都会有所萎缩,到了60岁大约减少3cm,80岁大约减少5cm。关节变得脆弱,肌肉力量下降,抬起脚变得十分困难,就算是在平路上走也会很吃力。握力,腕力下降,关节硬化。体内钙质减少,容易骨质疏松,体内水分减少。骨骼萎缩导致身高降低,身体全部尺寸减少。老人与成人比较,能舒适利用的高度范围明显减少,如果按照与视线平齐的标准,不会超过140cm,如图所示。视力、听力、嗅觉等感觉探知范围减少,并且反应变得迟钝。同时,记忆力急速下降,但是判断以及识别等言语性能力如果没有脑部疾病随着年龄的增长并不怎么下降.视力降低,视野减少,长时间光线稍强就会感觉刺眼.对明暗的分辨变弱.如果有白内障,视野将会变黄。听力低下,10000Hz以上的声音很难听到。气味的分辨变得不容易,对冷热的感觉变得迟钝.记忆力严重下降.

老年人心理状况

不安感和孤独感大幅增加;容易变得以自我为中心;无法适应环境的变化,变得固执;对过去的留恋感增强。

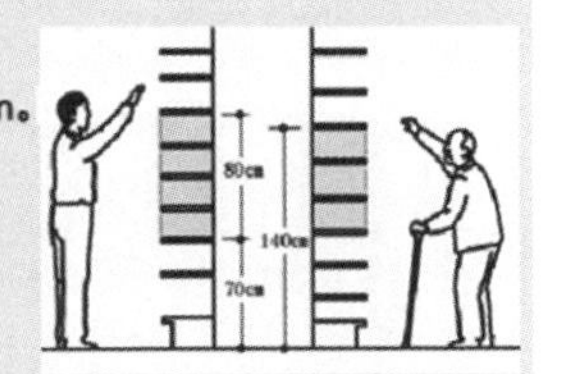

Research on elders

The elders' physiology

With the increasing of the age, the muscle, bones and skeleton will atrophy. The 60ers will lose 3cm, 80ers with 5cm. The elders have the poorer joints, weeker muscle. So it is hard for them to move. Less calcium,less water in body cause the elder to be shorter. There is lower for the elder to touch, no more than 140cm, which was showed in picture:

It's harder for elders to semll, hear and see. The reaction become slower. The memory loses quickly. But the identification and the knowledge won't drop off.

The elders' psychology

The elders may fell lonely and upset, miss past.

图 2-68

用户的调查 *Research on users*

老年人调查 *Research on elders*

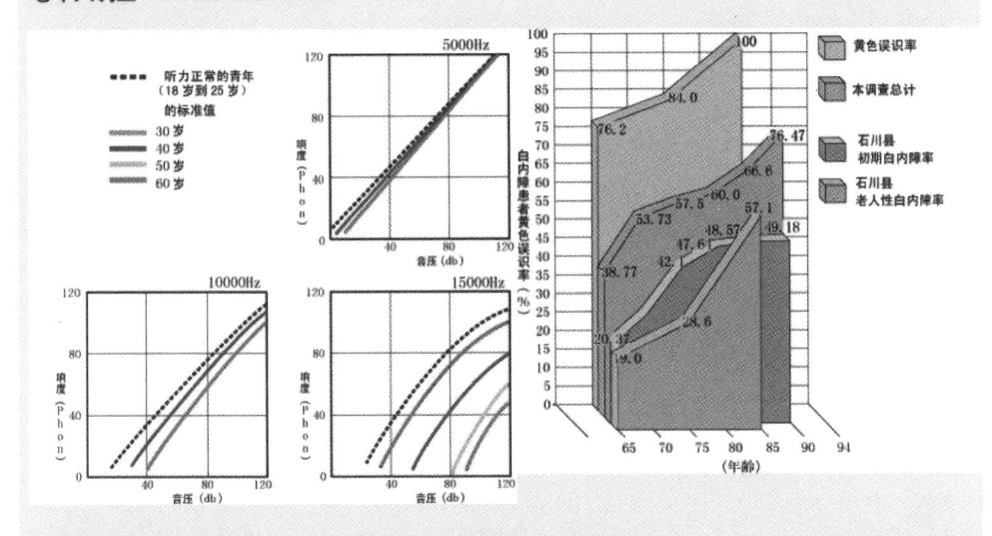

在进入老年之后,人的感官能力大幅下降,辨认能力下降,反应能力下降。

When people are old, man's sense are reducing. So the older can't recognize things and have the slow reaction.

图 2-69

用户的调查 *Research on users*

残疾人调查 *Research on disableds*

肢体残疾是指人的肢体残缺、畸形、麻痹导致人体运动功能丧失或功能障碍。
诱发或造成肢体残疾的病因包括脑瘫、偏瘫，脊髓疾病及损伤、小儿麻痹后遗症、截肢、缺肢、四肢畸形、侏儒症、脊柱畸形、骨关节和肌肉疾病及损伤、周围神经疾病及损伤等。根据《中国残疾人实用评定标准》，肢体残疾分为三级：完全不能或基本不能完成日常生活活动者为一级肢体残疾；能够部分完成日常生活活动者为二级（中度）肢体残疾；基本上能够完成日常生活活动者为三级（轻度）肢体残疾。
不同人群需要不同功能与层次的轮椅。

People who are disabled are grade into 3 levels in china;

残疾类别	残疾人数	占残疾人总数的比例	多重残疾人数	占我国总人口比例	男女人数比例	城乡分布比例
肢体残疾	1122 万	18.7%	245 万	0.92%	6∶4	3∶7

2002年4月20日残联进行的调查数据显示，上海市持有残疾证的肢残人数为111216人

4/20/2002, a research shows that there are 111216 people have the disabled people certificent.

图 2-70

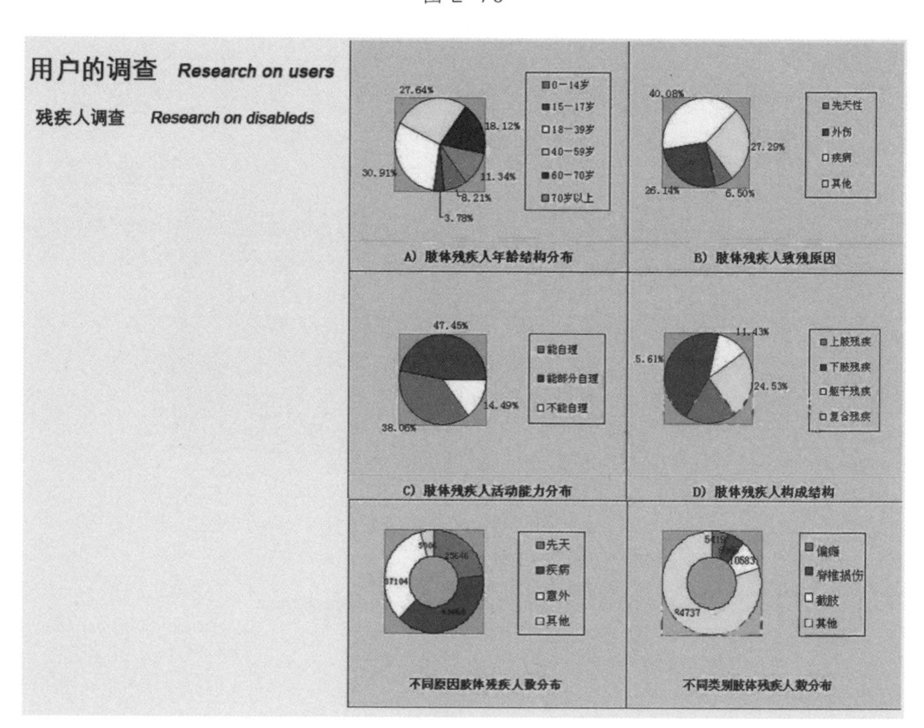

图 2-71

问题和解决方法 *problems and sloveing ways*

轮椅的倾覆 *the falldown of the wheelchair*

轮椅的重心靠后，一般前轮小，后轮大，在移动中容易发生后翻现象。尤其在上斜坡时，一不小心轮椅就会发生后翻。因此，现在的轮椅一般都采用了后辅助轮的方式，或是采用6轮方式，从而避免后翻现象。后辅助轮正常情况下一般脱离地面，在有可能后翻时接触地面起支撑作用。

但这种方式一方面不太美观（爱信公司就用折叠方式来解决这个问题），另一方面也增加了整体结构的重量。多出的车长还造成轮椅活动所需空间变大。

The center-of-gravity position of the wheelchair is in the position of the big wheel. this position is at the back of the wheelchair. When the wheelchair are moving, the back center-of-gravity position may cause the wheeelchair falldown. Especial when the wheelchair is gonging on the ramp, it is quite esay for the wheel chair to fall back. In order to slove it, most wheelchair now are supplied with the back small wheel. This back small wheel normal are above the ground. When the wheelchari are supposed to falldown, these wheel will touch the round to support the wheelchair. But this kind of supporting is not beautrful and also plus the weight of the wheelchari. And the long tube also cause the wheelchair needs more space to turn. And the Aisin company slove this problem by the way of flodding the tube of the back wheel.

图 2-72

问题和解决方法 *problems and sloveing ways*

CD-LY-0.4

Safety Brake - Straight Handle

轮椅的制动 *the brake of the wheelchair*

轮椅安全中最重要的是轮椅的制动。轮椅的刹车一般为手刹系统，电动轮椅的刹车一般靠电动机的反转来实现，而且电动轮椅一般也配备手刹，这里的手刹主要是固定轮椅，从而便于上下轮椅。手刹依靠卡住轮胎胎体来保证车辆静止。现在一般在轮椅推把处配刹车，以便让护理人员使用。

使用手刹固定车体，因为是纯手动，手刹的固定难度较大，比较费力，一旦刹不到位，极容易发生移动，容易产生危险。

电动轮椅在行车中，在一般条件下，电动机都可以提供较好的制动性能。但在特殊条件下，例如大风天气下，仍需要手动刹车的介入。

The most important part of the wheelchair is the brake, the brake of the wheelchair are mostly the handabrake system. The electric wheelchair are braked by the antirounting of the motor. And the electric wheelchair are equiped with hand brake in order to fix the wheel chair when user are getting in or out the wheelchair.

The hand brake is heavey to fix the wheelchair, and if the brak is not in it's position, it may cause danger.

The electric wheelchair's motor are normal apply the good brakeing when the wheelchair are moving, but the hand barke are slao necessary.

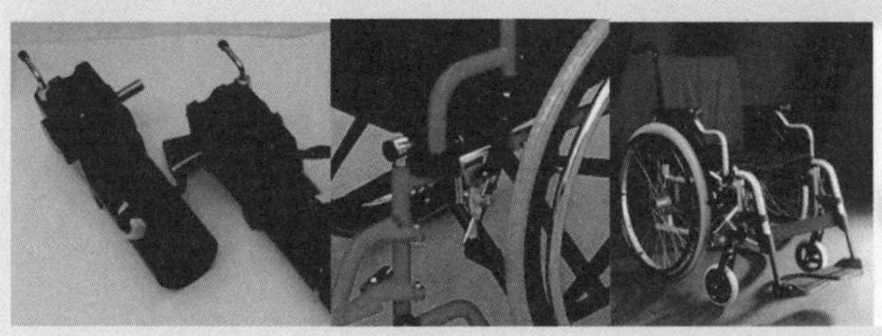
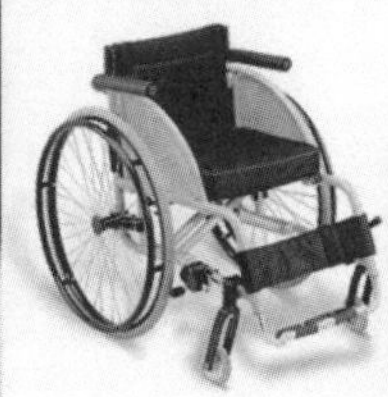

图 2-73

问题和解决方法 *problems and sloveing ways*

轮椅的车轮 *the wheel of the wheelchair*

轮椅的小车轮虽然不起眼，但是它主要控制轮椅的转向并具有一定的支撑作用，一般要求车轮灵活和坚固。由于传统的前小后大的布置方式，造成轮椅几乎不能正向上人行道（当然现在在辅助装备的辅助下可以做到），只能用倒退方式。电动轮椅因为有后辅助轮，因而不可能上没有残障人士专用道的人行道。而且,小轮容易卡在一些凹槽里(例如排水沟)，从而造成轮椅失控。

The small wheels of the wheelchiar are mainly control the turnning of the wheelchair.These wheels alos support the body of the wheelchair. So the small wheels are required to be flexible and strong. Because of the traditional assignment of the wheels(in front of the big wheels are small wheels), the wheelchair can't go up to the stairs. And the small wheel are easy to pump into the trough and couse the losing control of the wheelchair.

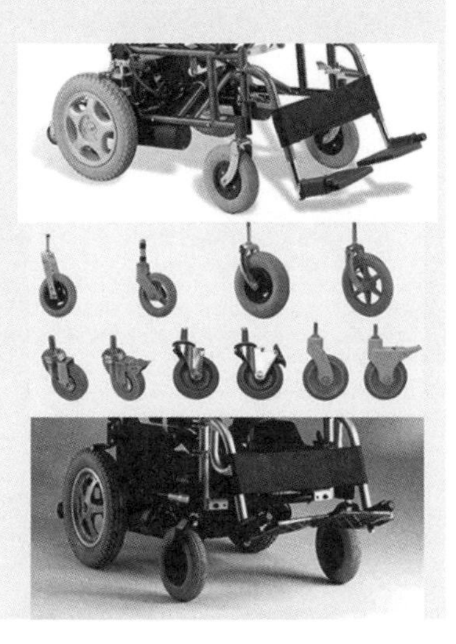

图 2-74

问题和解决方法 *problems and sloveing ways*

轮椅的椅架 *The shelf of the wheelchair*

轮椅的椅架不仅仅要安全，舒适性也很重要。一般的轮椅椅架是一双十字结构或仅仅是十字结构，对坐垫下方没有支撑。老年人或病人乘不是很舒适，人是紧缩的。而且十字结构强度也有问题，所以现在也有在其结构上再加支撑结构的。

The shelf of the wheelchair should not only be safe but also be confortable. Normal wheelchair's shelf are constructed by the cross struction. By using this structiong, ther is no support under the seat. So the olders and the patients couldn't sit comfortable. The cross struction is not strong enough. So now many wheelchair are use suppoting struction to stronger the cross struction.

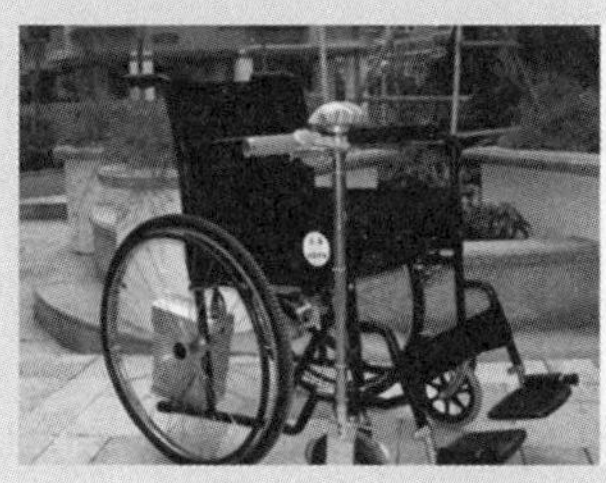

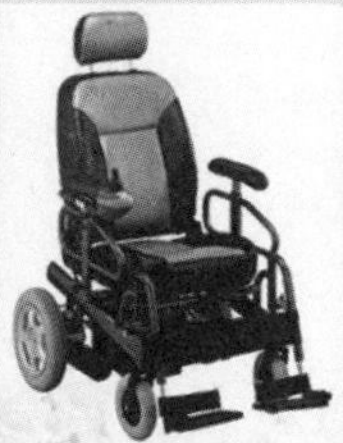

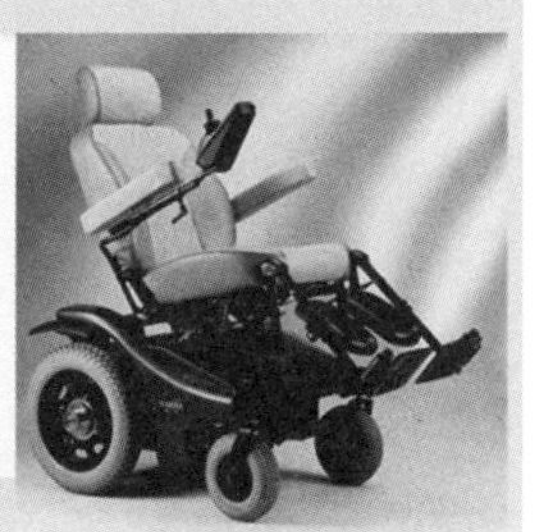

图 2-75

体验后的提议 *some questions after uesing experience*

问题 *problems*

上下车踏脚板造成不便　the foot support cause problem when getting on of off the wheelchair
电动机、手动切换不便　the changer between the motor and manual moving is unconvenient
整体感差　doesn't look like a whole
喇叭声音太小，太机械　harder to blare hores, the quiet hores

优点 *vantage porints*

电池放置于靠背　assign the battle in the back
把手可折叠　the floded handle
可折叠后置小轮　the floded back smallwheels

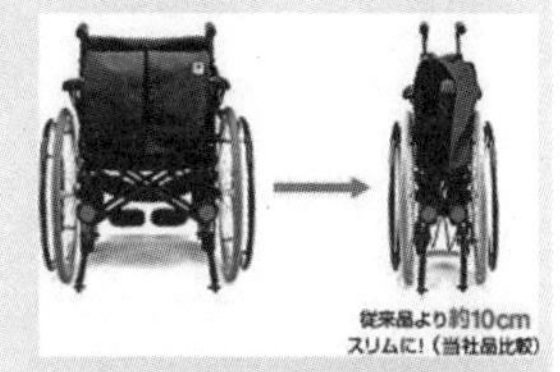

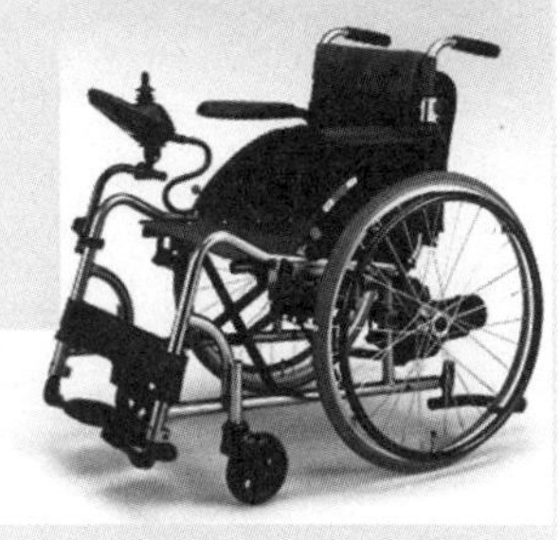

图 2-76

主要目的 *Theme*　想法 *Ideas*

安全 *Safe*

防倾覆　No falldown
防止乘坐者跌落　No fall
防盗　No steal
防止碰撞　No accident

舒适 *Comfort*

乘坐　Sitting
操控　Control
推行　Push

乐趣 *Interest*

驾驶/乘坐　Drive
交流　Communication

强大的通行能力　overthrough the stairs(10cm high)
靠前的重心　front central-gravity position
电动车的外形　electric bike appearance

图 2-77

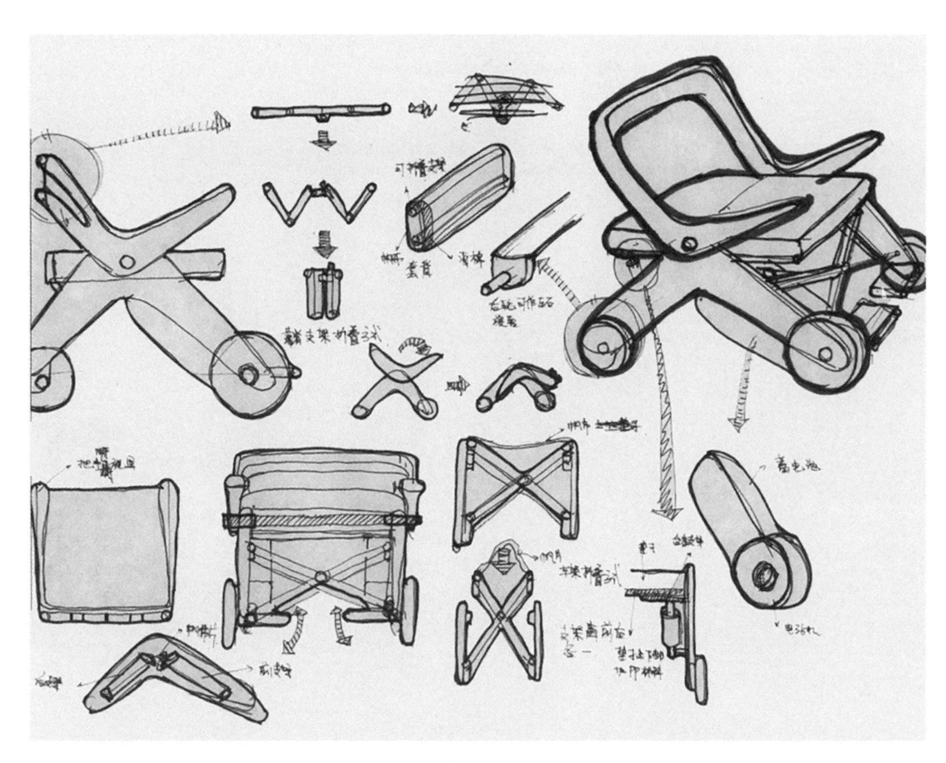

图 2-78

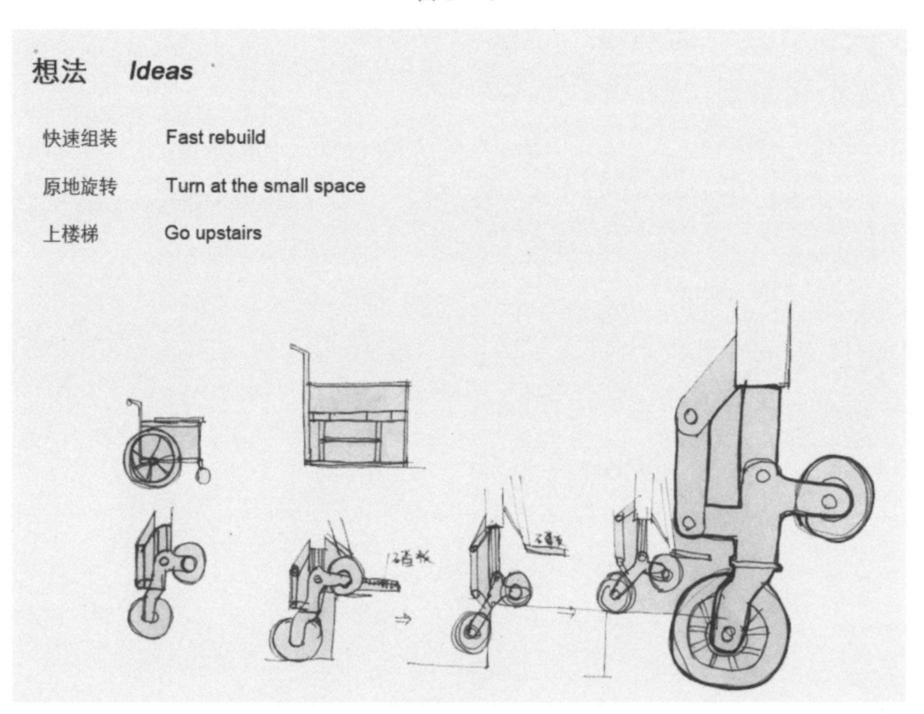
想法 Ideas
快速组装 Fast rebuild
原地旋转 Turn at the small space
上楼梯 Go upstairs

图 2-79

想法 *Ideas*

乘坐舒适	Comfortable drive
搬运方便	Foldding smaller
整体外形	Modern outface

图 2-80

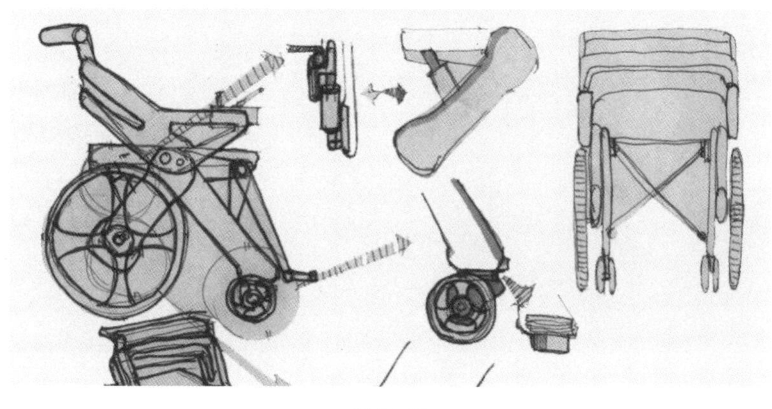

图 2-81

图 2-82

中期方案 *Mid-final idea*

目的 *purpose*

便于携带	*Portable*
外形现代	*Modern*
上下车方便	*Convenient to get on and off*
具有轮椅车的驾驶感	*Drive like the wheelcycle*

图 2-83

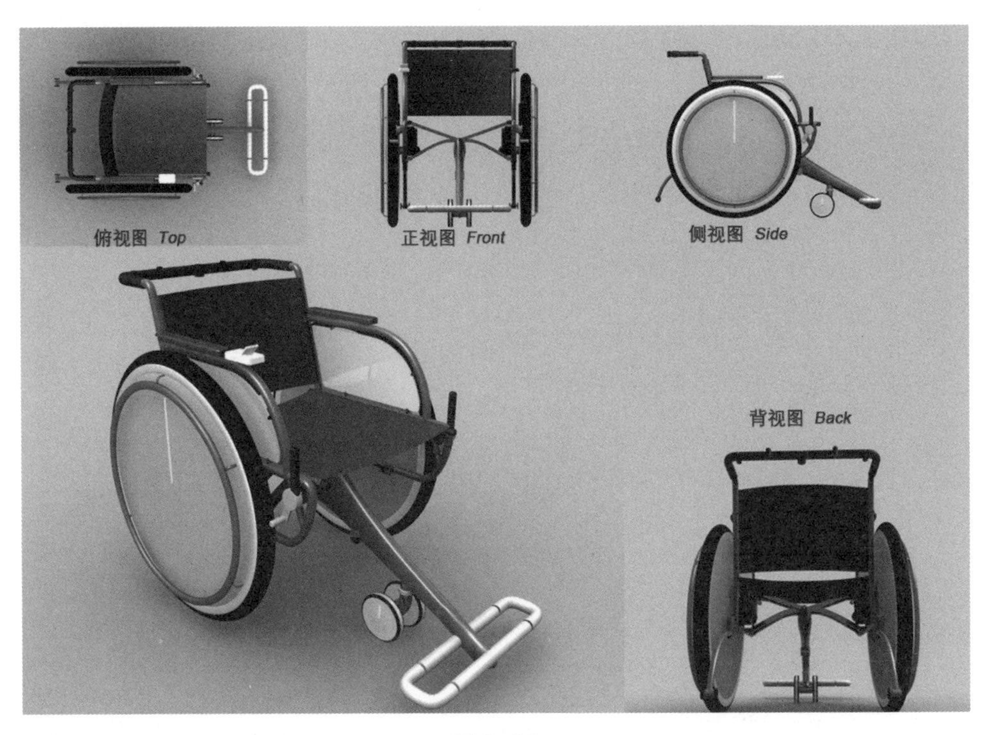
俯视图 Top
正视图 Front
侧视图 Side
背视图 Back

图 2-84

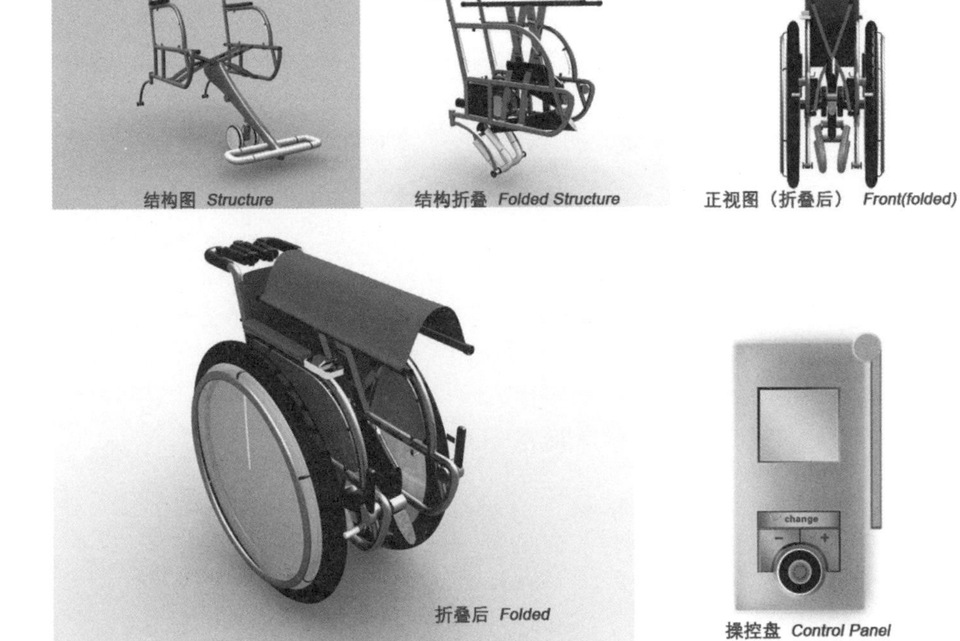
结构图 Structure
结构折叠 Folded Structure
正视图（折叠后） Front(folded)
折叠后 Folded
change
操控盘 Control Panel

图 2-85

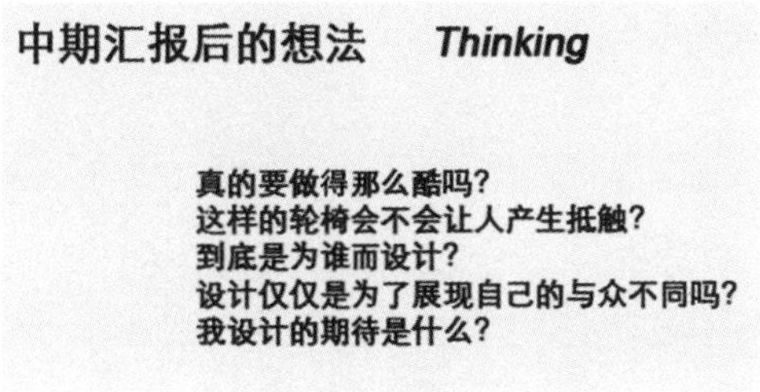

中期汇报后的想法　*Thinking*

真的要做得那么酷吗？
这样的轮椅会不会让人产生抵触？
到底是为谁而设计？
设计仅仅是为了展现自己的与众不同吗？
我设计的期待是什么？

图 2-86

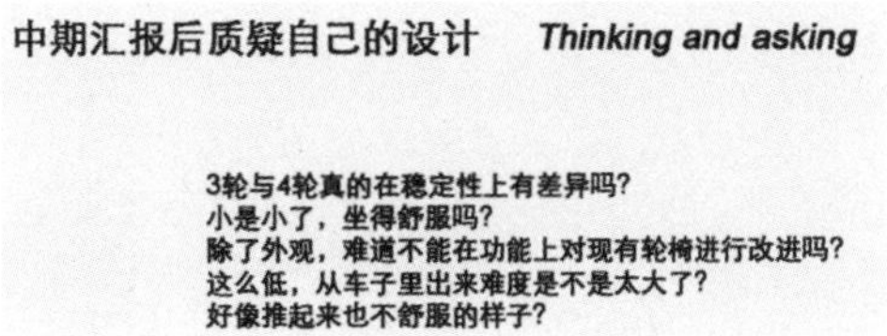

中期汇报后质疑自己的设计　*Thinking and asking*

3轮与4轮真的在稳定性上有差异吗？
小是小了，坐得舒服吗？
除了外观，难道不能在功能上对现有轮椅进行改进吗？
这么低，从车子里出来难度是不是太大了？
好像推起来也不舒服的样子？

图 2-87

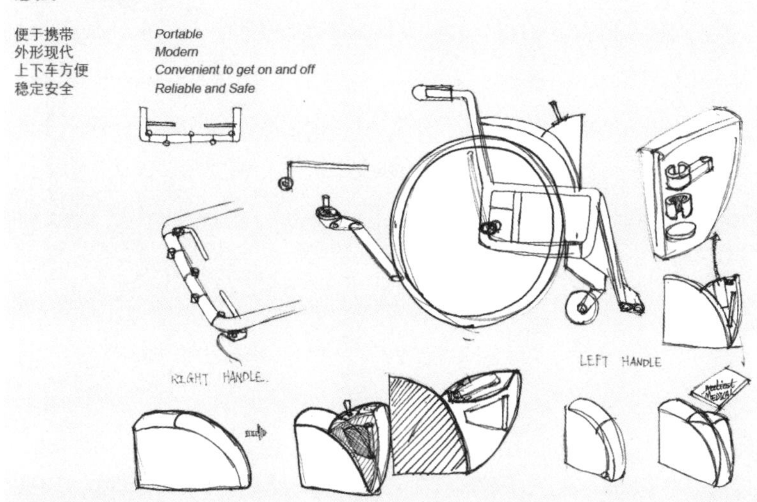

图 2-88

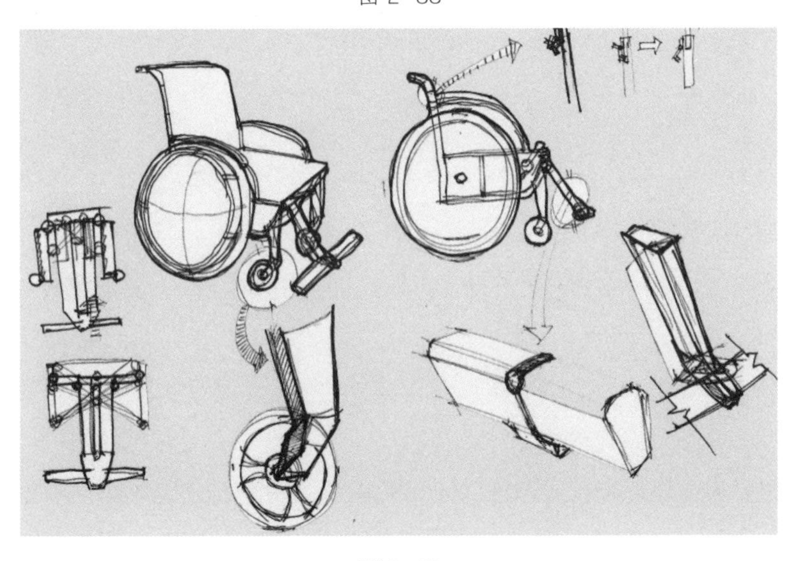

图 2-89

人体尺寸数据　*Size of Chinese*

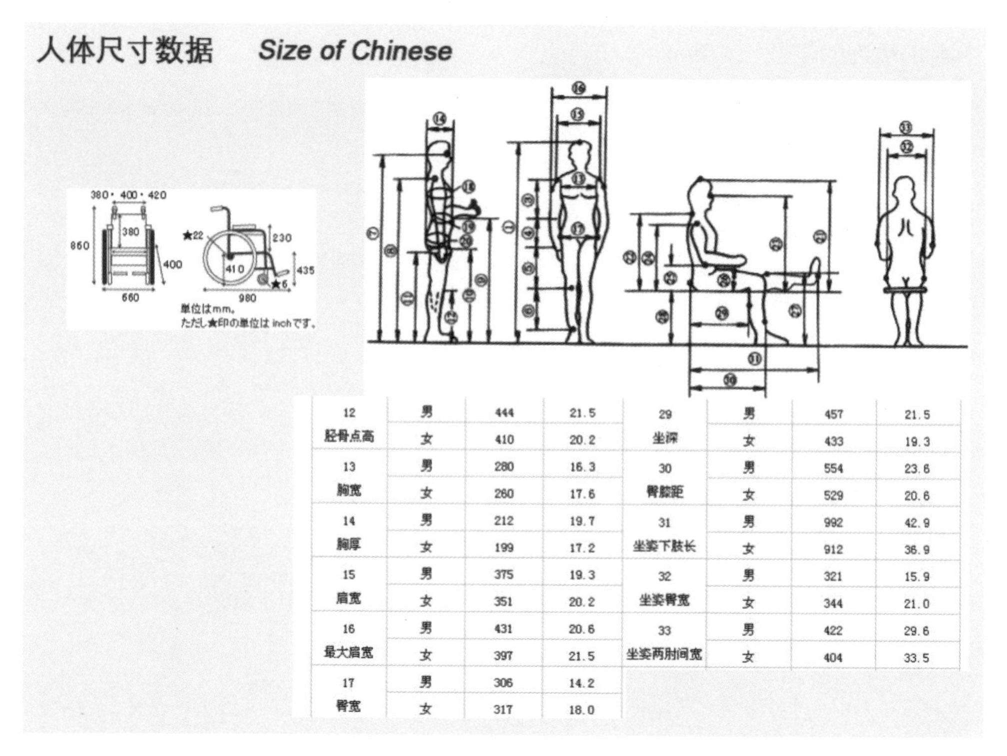

12 胫骨点高	男	444	21.5	29 坐深	男	457	21.5
	女	410	20.2		女	433	19.3
13 胸宽	男	280	16.3	30 臀膝距	男	554	23.6
	女	260	17.6		女	529	20.6
14 胸厚	男	212	19.7	31 坐姿下肢长	男	992	42.9
	女	199	17.2		女	912	36.9
15 肩宽	男	375	19.3	32 坐姿臀宽	男	321	15.9
	女	351	20.2		女	344	21.0
16 最大肩宽	男	431	20.6	33 坐姿两肘间宽	男	422	29.6
	女	397	21.5		女	404	33.5
17 臀宽	男	306	14.2				
	女	317	18.0				

图 2-90

3D建模　*3D Building*

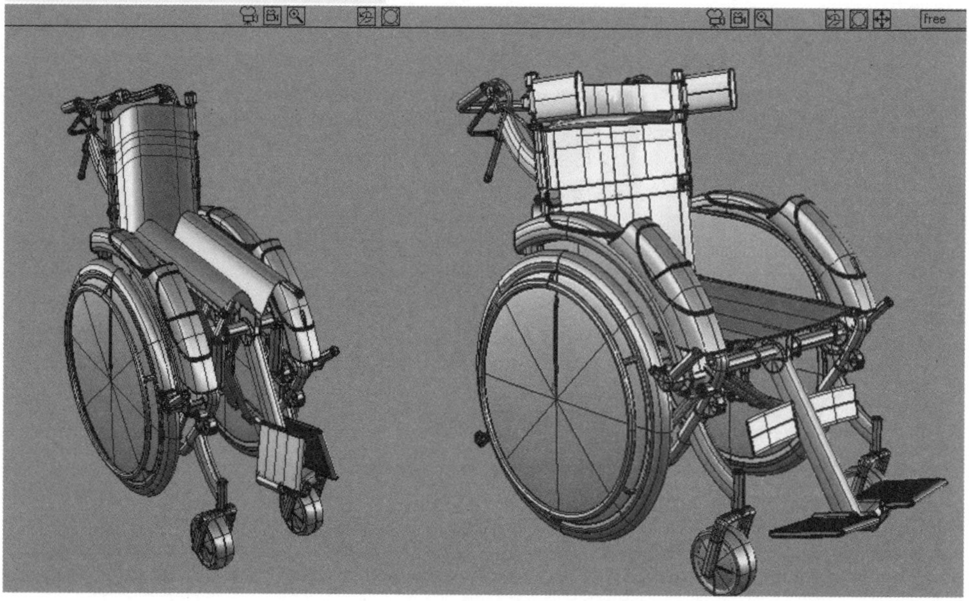

图 2-91

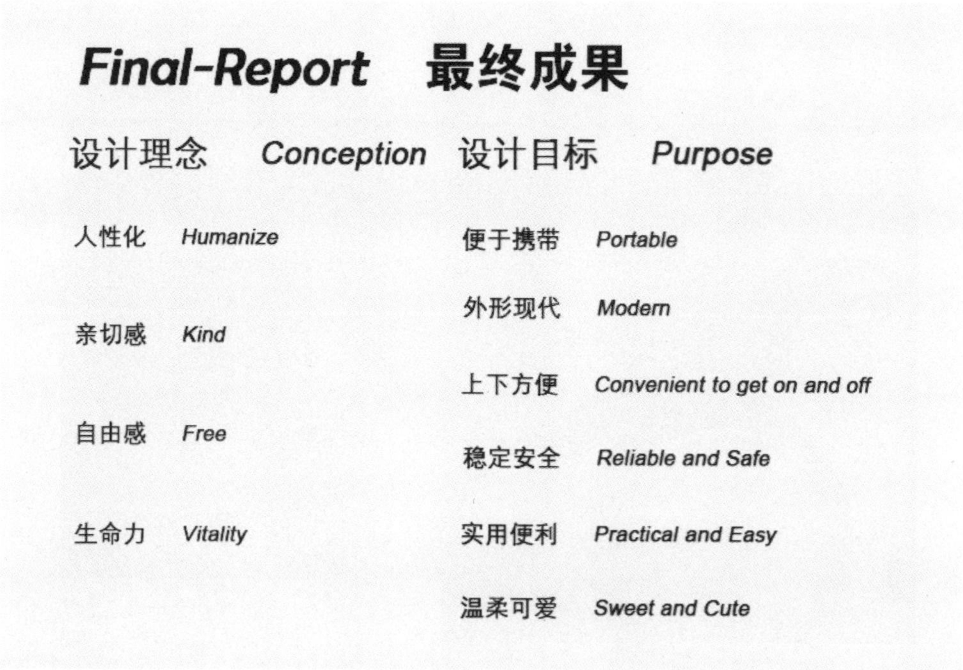

Final-Report 最终成果
设计理念 Conception
人性化 Humanize
亲切感 Kind
自由感 Free
生命力 Vitality
设计目标 Purpose
便于携带 Portable
外形现代 Modern
上下方便 Convenient to get on and off
稳定安全 Reliable and Safe
实用便利 Practical and Easy
温柔可爱 Sweet and Cute

图 2-92

部件说明 Part name
推把刹车 Handle brake
推把 Handle
椅背调节 Back adjusting
扶手 Armrest
推把调节 Handle adjusting
椅背 Back
后视镜 Rear-view mirror
手动轮 Big wheel
操纵盘 Control panel
车灯 Light
刹车 Brake
踏板 Footrest
万向轮 Small wheel

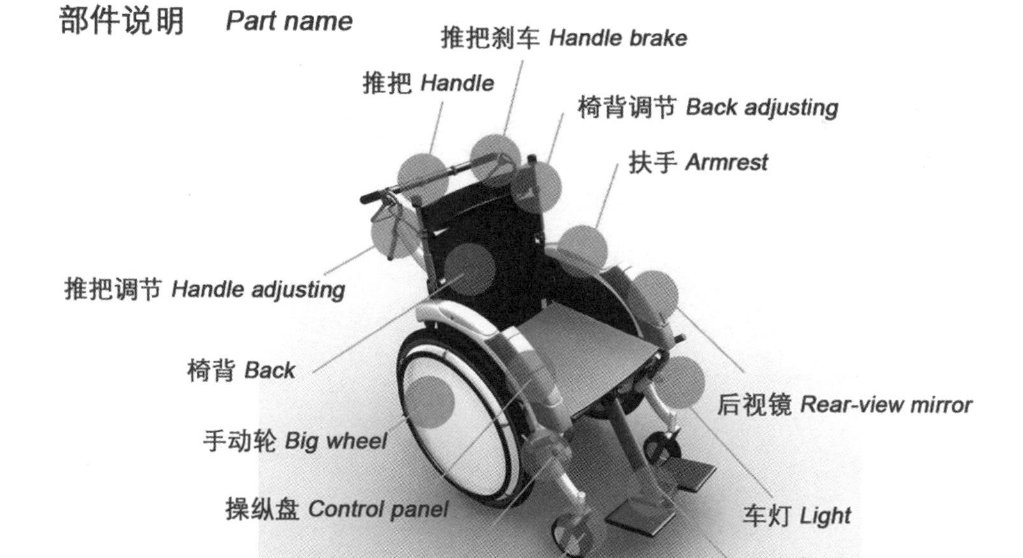

图 2-93

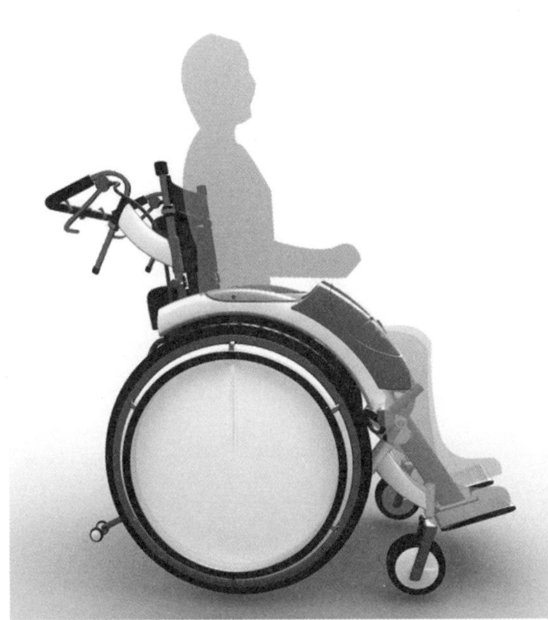

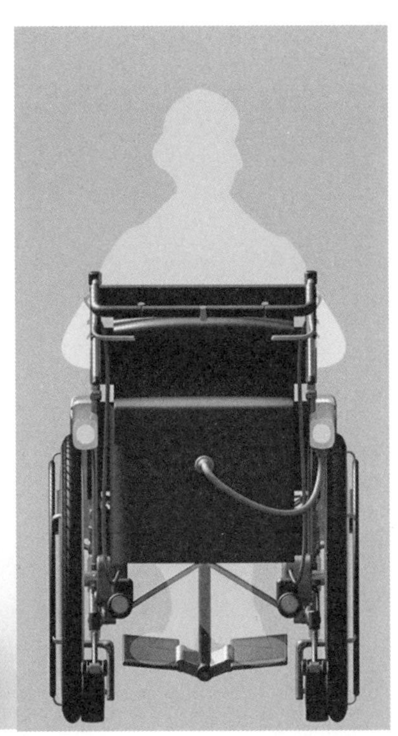

图 2-94

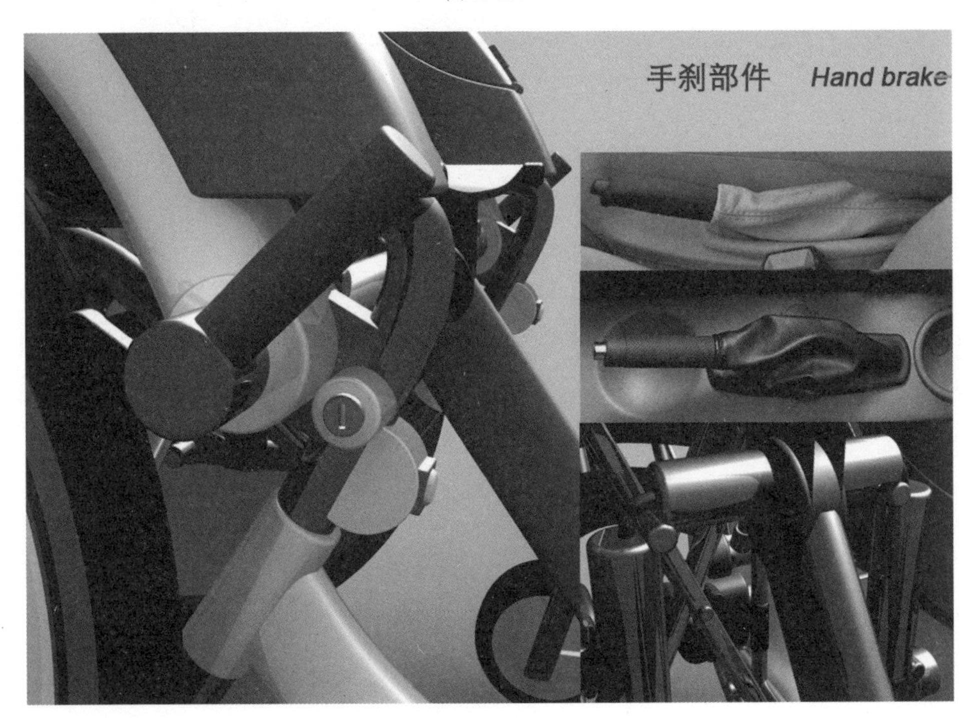

图 2-95

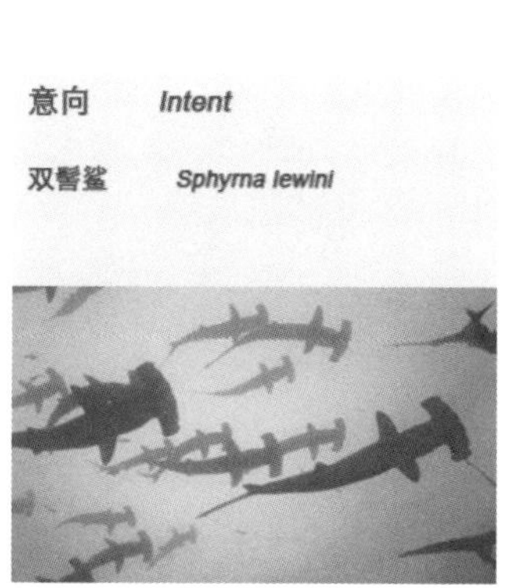

图 2-96

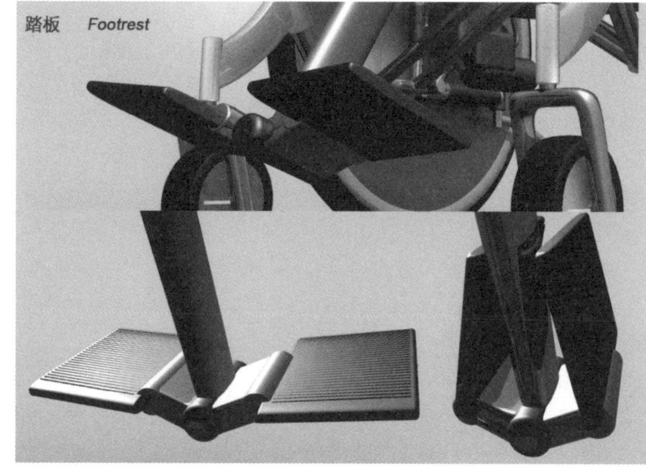

图 2-97

细部设计：踏板的设计考虑上下车的安全、收纳的方便。

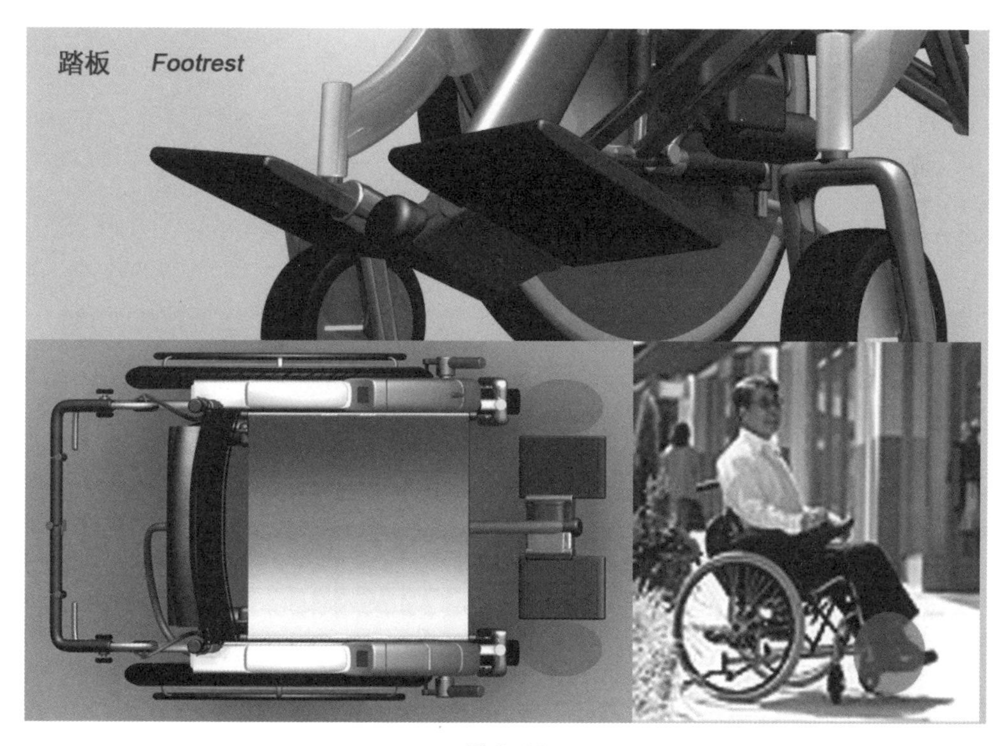

图 2-98

进入使用状态 *In use*

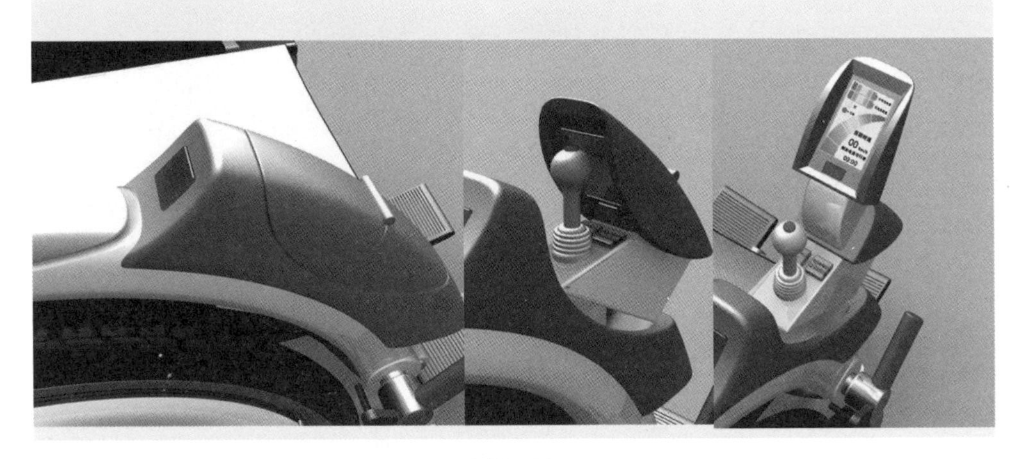

图 2-99

图 2-100

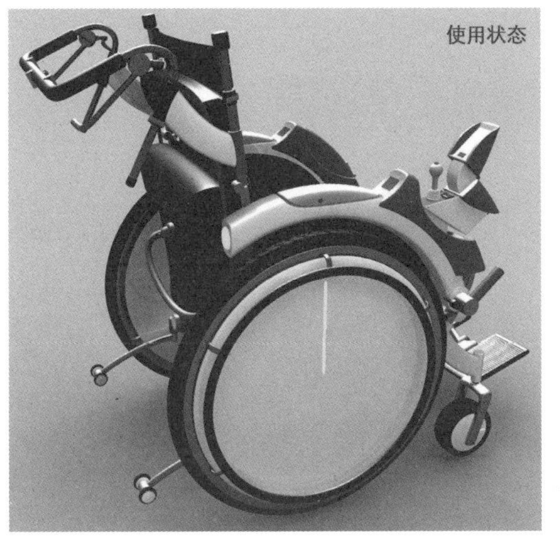

图 2-101

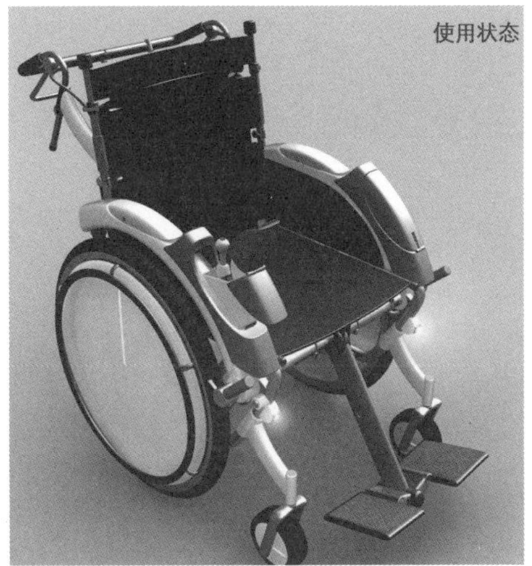

图 2-102

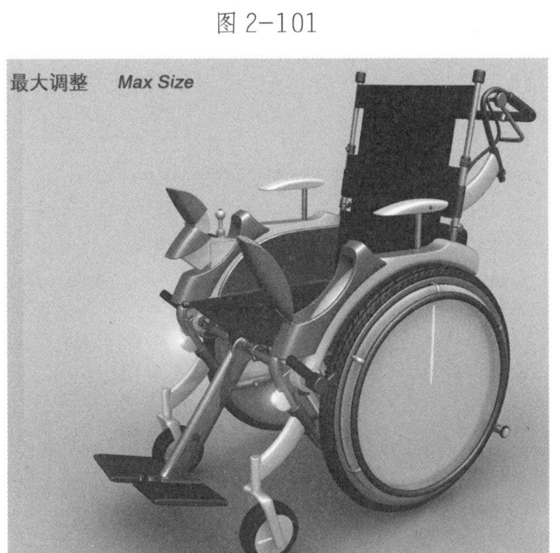

图 2-103

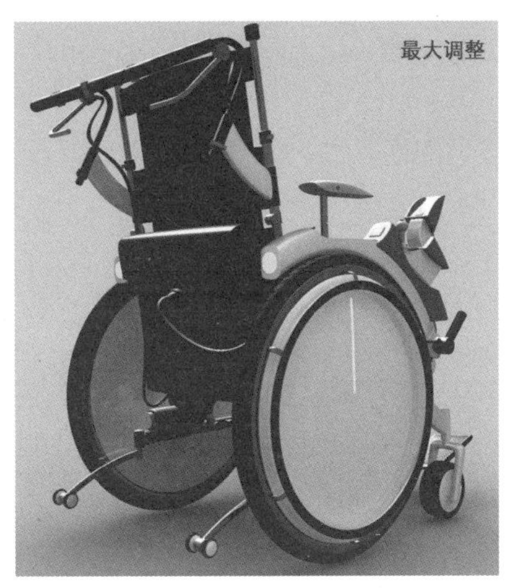

图 2-104

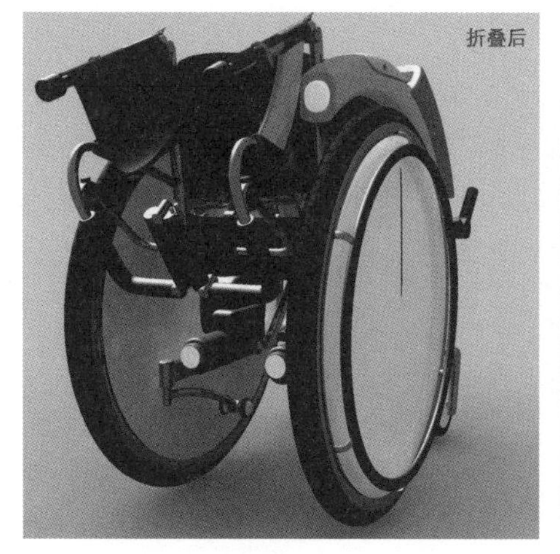

图 2-105

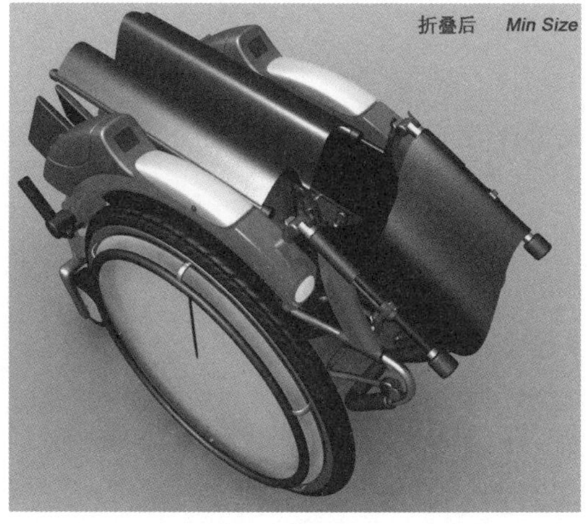

图 2-106

2.3 flow chart 法的训练

作为系统设计训练方法之一的 flow chart 法（创意思维流程图）训练，有助于设计的系统性整体思维的养成，通过训练可以更好地理解事理学的内涵。

首先，在思考的框架中提出“所有的要素”。

创造思考的流程图法，有两个支柱：（a）“思考的框架”；（b）“思考的技巧”。在提出某个创意时，首先列出所有可以作为材料的要素，这些要素再从各个层面分别罗列出来作为技巧去开发设计创意。

其次，用流程图把握创意思维的脉络。

根据“思考的框架”写出“所有的要素”作为材料，进行操作与变形。如何产生创意呢？思考的流程，如同电脑的程序一样，电脑是由“处理箱”和“判断箱”组成。同样思考的流程，由输入的问题信息，根据“思考的框架”将思考的材料数据信息进行加工，用“思考的技巧”对这些信息进行操作、变形，然后输出能够解决问题的创意想法。

这里“思考的流程”，可以归纳成两个部分。导入电脑领域使用的子程序（subroutine）概念，子程序是作为定型的程序捆绑一体的归纳方法。这里的子程序思考方法，即“创意思维的流程”，包括创意思维的技术内涵“思考的框架”与“思考的技巧”这两个子程序。

最后，用 15 个发想的关键词去磨炼思考的技巧。

解释清楚创意思维的流程，就要练习与训练生成创造性思维的 “思考技巧”。这些技巧可概括为 15 个“发想关键词”的启发作用。将之前的思考材料要素作为“发想关键词”加以积聚、分解、筛选、归纳等进行思考。

[关于 flow chart 法（创意思维流程图）训练是在设计创意思维课程中进行的教学内容，在进行设计课题时作为设计程序的一个阶段。此处仅是学生的练习案例。]

2.3.1 核心商务区城市设计构思 – 思维流程

设计：王 丹

运用 flow chart 法（创意思维流程图）进行设计思维练习。

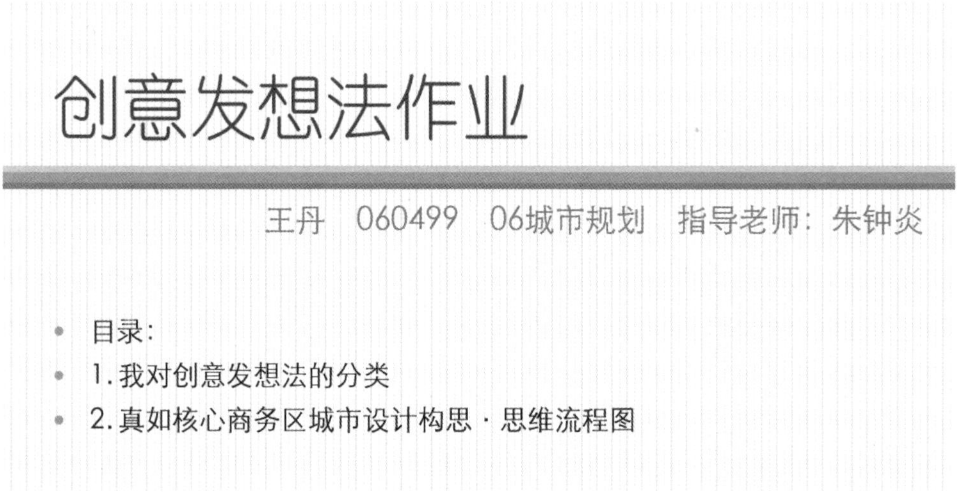

创意发想法作业

王丹　060499　06城市规划　指导老师：朱钟炎

- 目录：
- 1. 我对创意发想法的分类
- 2. 真如核心商务区城市设计构思 · 思维流程图

图 2–107

1. 我对创意发想法的分类

- 在进行作业之前，我回顾了这学期所学的方法，并将这些方法分成3个层次：

step1：属于“异想天开”层次，推荐当一切毫无头绪时使用。

Step2：属于“理性条理”层次，推荐进行逻辑分析时使用。

Step3：属于“深入挖掘”层次，表现为对信息的不同方式的再处理。

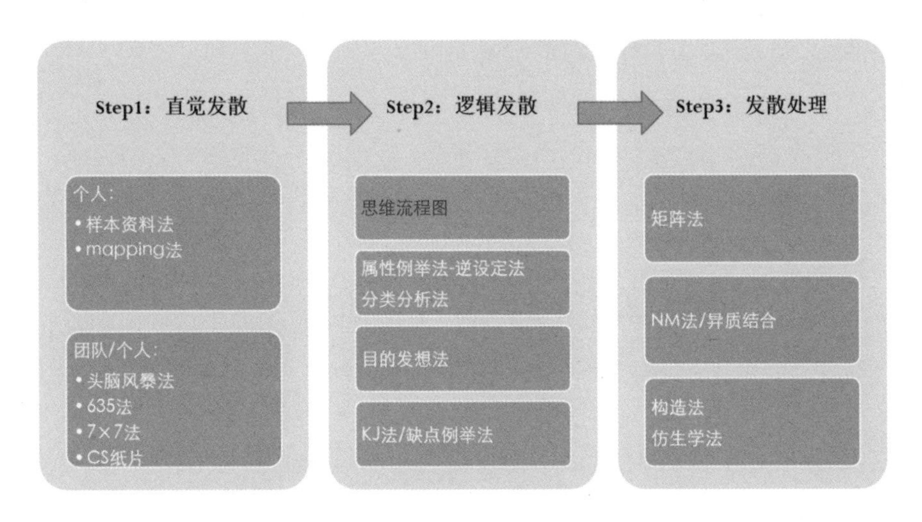

图 2-108

2. 真如核心商务区城市设计构思 · 思维流程图

- 期末的专业大作业是上海真如城市副中心城市设计。真如城市副中心的定位是：辐射长三角的生产力服务中心、缓解市中心压力的城市西北片区生活服务中心。
- 不同于上海其他三个副中心的是，真如的区域职能是与上海西站及周边科技产业园相结合的物流科研中心。因此，真如中心商务区将需要具备能够吸引国际大公司企业在此设立办公总部的**品牌吸引力**。
- 因为城市设计最终将落实到空间，因此，这里围绕“如何建立真如城市副中心品牌吸引力”的问题，应用**flow chart**方法建立思考框架（从人 · 时间的角度出发，提出问题和需求），再根据15个关键词，针对空间要素提出设计构思。

图 2-109

思考框架

时间要素	具体要素	目的
一天	早晨 中午 下午 晚上	全年四季不同的城市景观； 一天24小时共生的活力
一周	平时 双休日	
一年	四季 节假日	

人的要素（吸引谁？）	目的	分类
国际投资商	在此开发房产	短期；不定期
商人	来此商务谈判	
外来旅游者	来此观光旅游	
科研专业人才	在此办公居住	长期；定期
大企业老板	在此设立公司总部	
周边居民	来此购物娱乐	

思考技巧：15个发想KW			
堆积起来	逆向	交织组合配合	绕远
补充/附加	挪一下/错位	分开	玩耍
归纳整理	替换、调换、代用	除去	返回到根本
连接	扩展、展开	挤入/筛选	

图 2-110

空间	要素	目的	手段	问题	发想KW:创意方法
建筑内部空间	使用面积	最大化	高容积率	建筑太高； 地面空间不亲切； 建筑材料不节能	挪动：进行高度控制，削减高度； 扩展展开：放宽建筑基底面积的控制； 替换代替：用“密度补高度”，保持容积率不变
	生理环境	舒适节能	自然通风采光； 地热能； 建筑保温		
	空间组织	灵活可变	框架结构	用地性质限制	补充/附加： 进行用地性质的混合
建筑外部环境	建筑外观	不同于周边； 与周边协调	请明星建筑师设计； 标志性个体建筑设计	设计费用过高； 建筑群整体不够协调统一； 缺乏整体的标志性	归纳整理： 建筑外观进行统一的城市设计； 制定导则
	绿地景观	公共空间： 无处不在； 形式多样	绿地率	公共空间形式单一； 步行空间被交通分割	堆积起来：设置立体屋顶绿化；设立二层步行平台； 分开：人车分流； 挤入筛选：部分道路下穿，将过境小汽车交通引入地下，地面仅留公共交通； 玩耍：缓坡设计让人在不知不觉中上到二层
	广场街道				
	轨道交通站点	公共交通： 方便可达	服务半径要求	站点间缺乏转乘联系	交织组合配合： 建立完整的地下交通体系； 设立不同交通工具之间的换乘枢纽站
	地面公交站点				
	出租车站点				
	私人交通停车	方便可达	地下停车； 停车到户	地面临时停车困难	除去：限制私人小汽车进入中央商务区； 替换调换代用：在中央商务区实行公交主导的交通模式； 绕远：在中央商务区四周设立地面停车场或者地下停车出入口

图 2-111

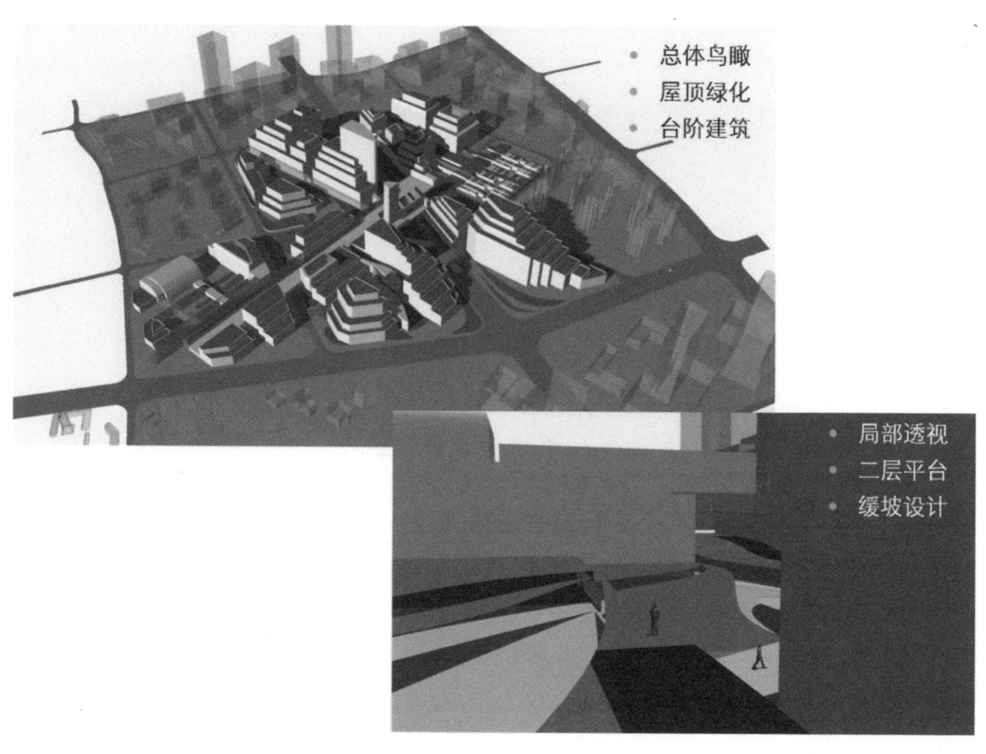

图 2-112

第三章　可持续设计

可持续设计也被称作绿色设计，其范围主要包括省能源、防污染、绿色出行、智能交通管理、绿色环保等。可持续设计需从环境、技术、操作模式、使用方式、管理等方面综合系统考虑。

可持续设计要求人和环境和谐发展，设计除了要满足现在的需要，还需要考虑后续发展对自然、社会的亲和关系，兼顾未来发展的产品、系统、服务等软硬件设计。可持续设计表现在很宽泛的层面，包括绿色的消费方式、可持续社区的建立、持久性能源的开发等，涉及产品、技术、建筑环境、交通等各领域。可持续设计是一项跨专业、多专业整合的工程，要求学生开拓知识面；对于教学要求，考虑增加拓展多学科知识面。现在的设计教学向学科交叉发展，其实，了解“设计”的基本概念可知，设计本来就是多学科知识整合的学科，设计就是整合运用不同学科技术，科学合理地解决问题、满足需求的过程，设计就是改造现实世界的导演。

3.1　交通工具设计

3.1.1　未来汽车设计

汽车发展已有百年以上历史，而随之产生的社会问题也日趋严峻，最主要的是环境污染、交通拥堵、能源危机、交通安全等问题。针对这些问题，该课题从宏观层面到微观层面，从整体到局部，分析问题的事理逻辑关系，从现象、物件、事件、环境、管理到人的行为需求进行分析，发散及整理创意思路，最终提出设计方案。

最终方案的设想，是解决城市的拥堵、停车困难、污染等问题。未来的城市管理实行城乡结合的新生活方式以及新能源新驱动方式等综合管理模式；一般住在城郊，上班开车或乘坐城市交通，如果开车则一律停车在城乡结合部的大型停车场，然后使用原创的分离式车辆后部的电动微型车（可坐 2 人）驶出停车场，进入市区道路，由此解决了城市拥堵、停车问题，以及排放污染及交通安全等问题。

设计：陈寅锋

图 3-1

图 3-2

图 3-3

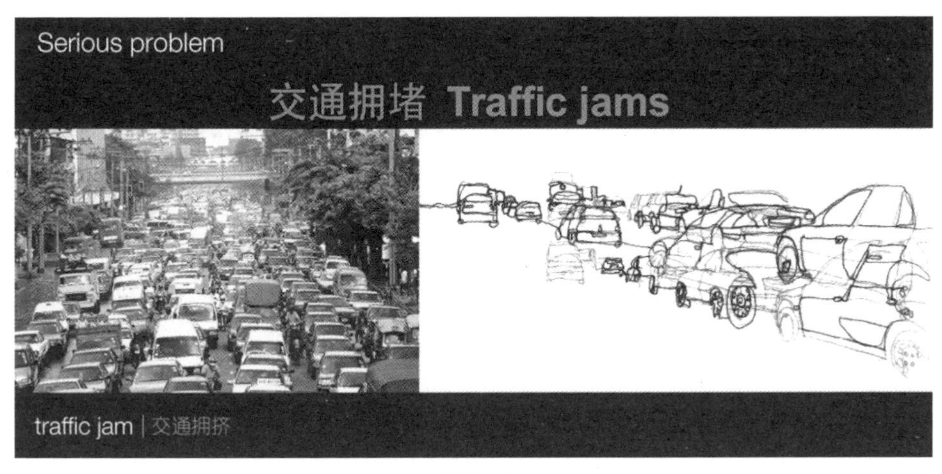
Serious problem
交通拥堵 Traffic jams
traffic jam | 交通拥挤

图 3-4

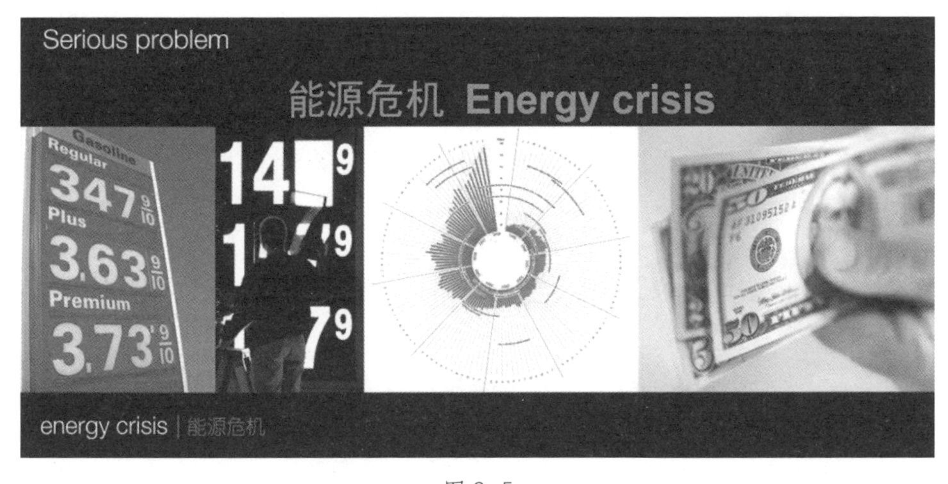
Serious problem
能源危机 Energy crisis
Gasoline
Regular
Plus
Premium
energy crisis | 能源危机

图 3-5

Serious problem
交通事故 traffic accident
safety | 安全

图 3-6

新生
事物
What will hap
in 2029 ?
New things

图 3-7

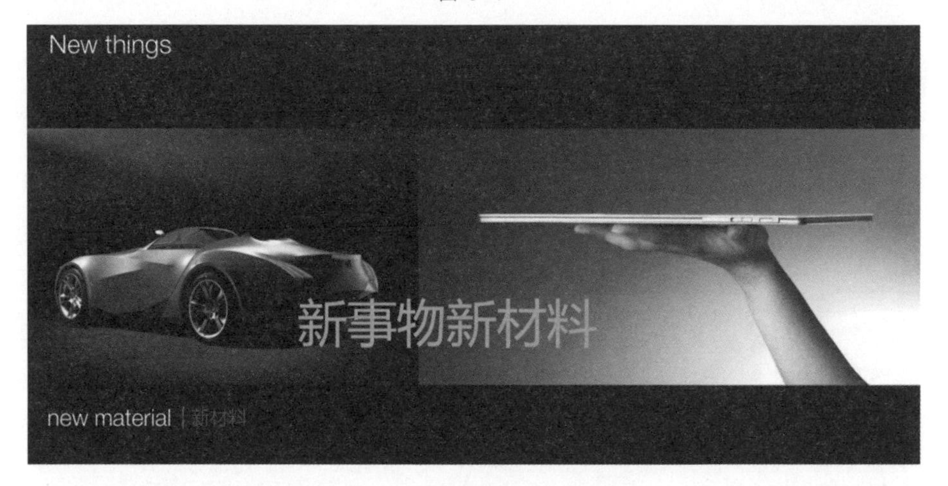

图 3-8

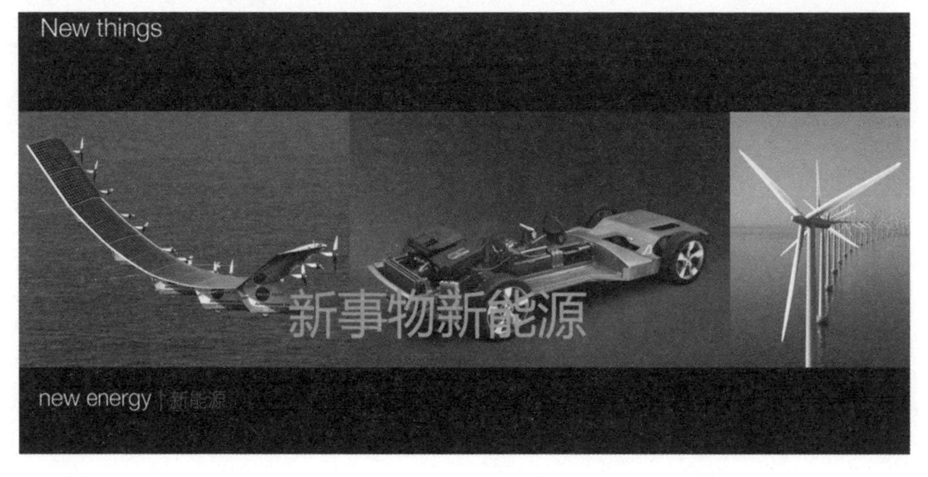

图 3-9

图 3-10

图 3-11

图 3-12

图 3-13

图 3-14

图 3-15

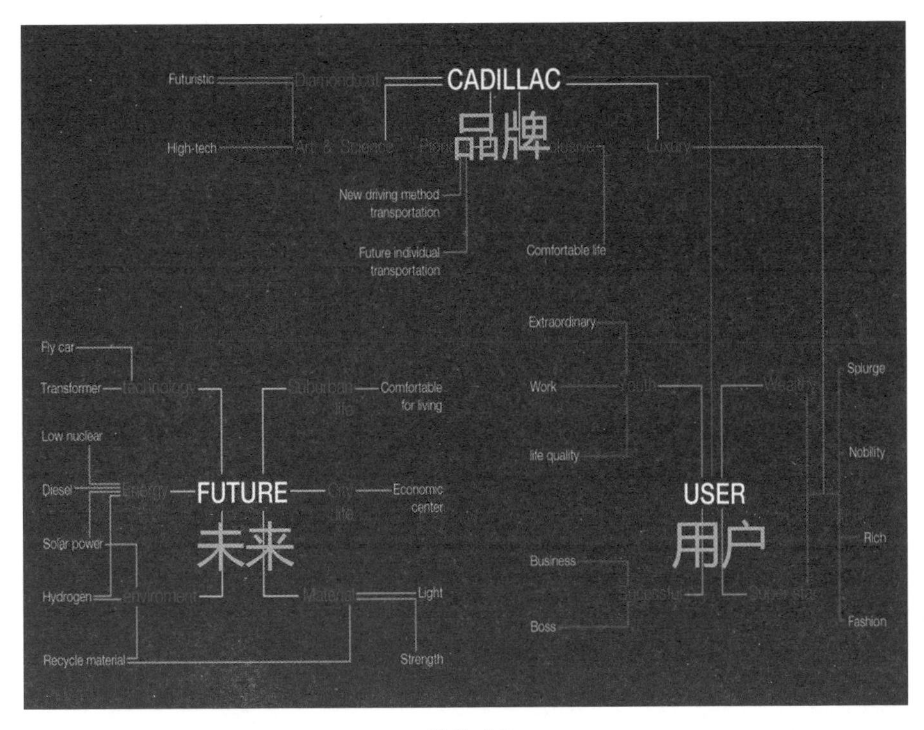
CADILLAC
品牌
Futuristic
High-tech
New driving method transportation
Future individual transportation
Comfortable life
Extraordinary
Work
life quality
Business
Boss
Fly car
Transformer
Low nuclear
Diesel
Solar power
Hydrogen
Recycle material
FUTURE
未来
Comfortable for living
Economic center
Light
Strength
USER
用户
Splurge
Nobility
Rich
Fashion

图 3-16

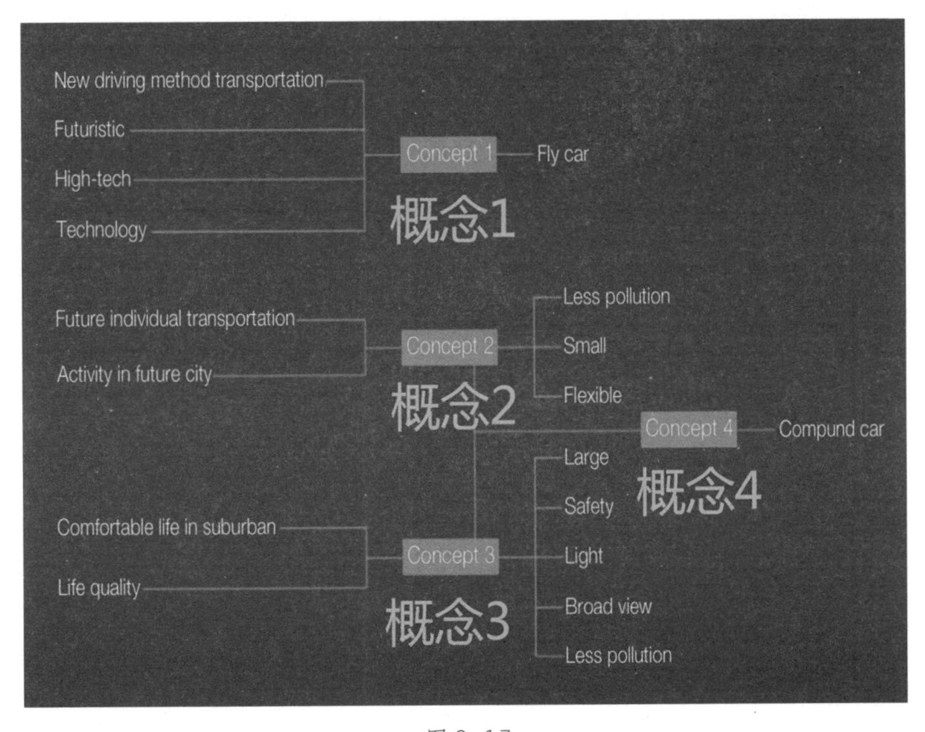
New driving method transportation
Futuristic
High-tech
Technology
Concept 1
Fly car
概念1
Future individual transportation
Activity in future city
Concept 2
概念2
Less pollution
Small
Flexible
Concept 4
Compund car
概念4
Large
Safety
Light
Broad view
Less pollution
Comfortable life in suburban
Life quality
Concept 3
概念3

图 3-17

Concept Four
Proposal 1

图 3-18

图 3-19

Concept four
Proposal 1

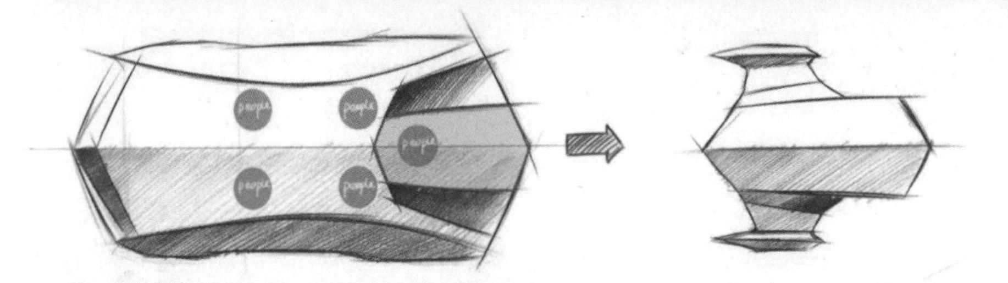

structure | 结构

图 3-20

Concept Four
Proposal 2

图 3-21

图 3-22

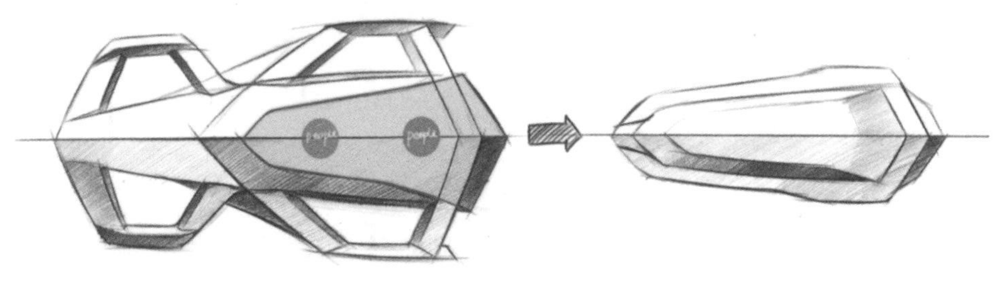

structure | 结构

图 3-23

Concept Four

Proposal 3

图 3-24

图 3-25

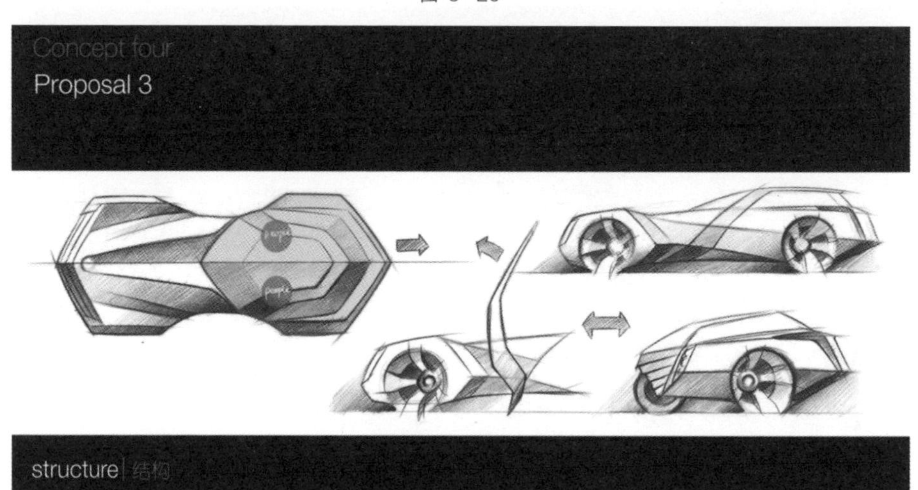

图 3-26

Concept Four
Sketch works

图 3-27

Sketch works

图 3-28

Sketch works

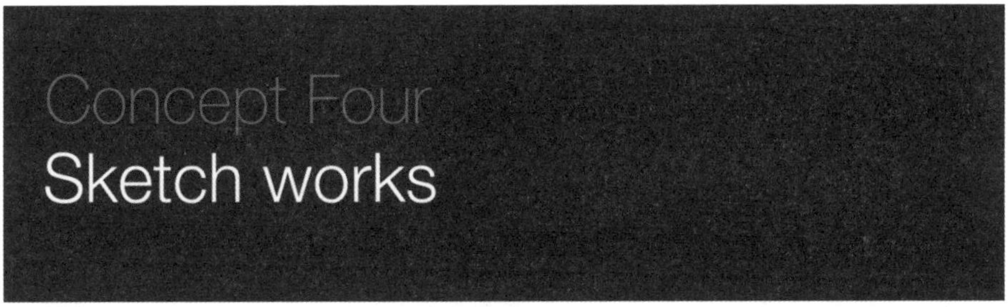

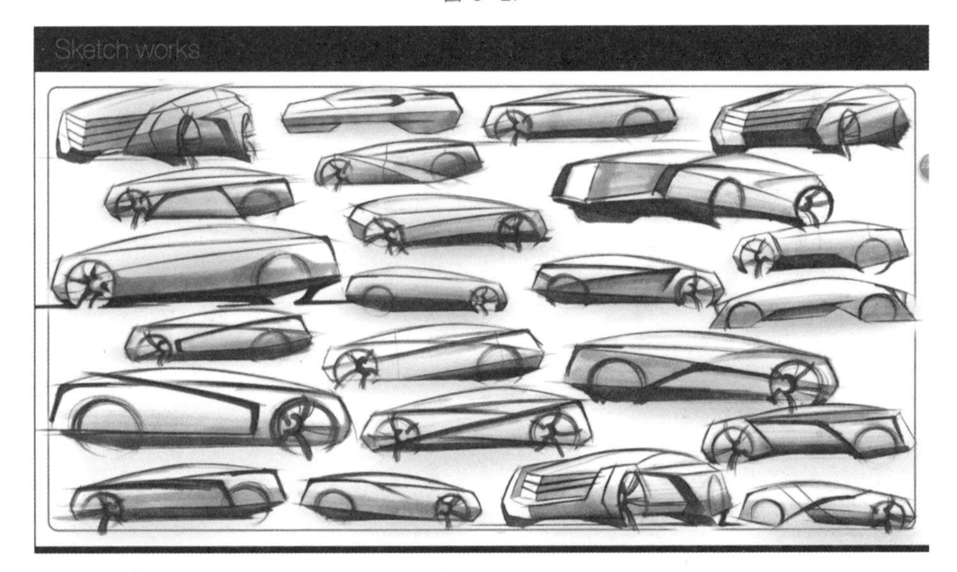

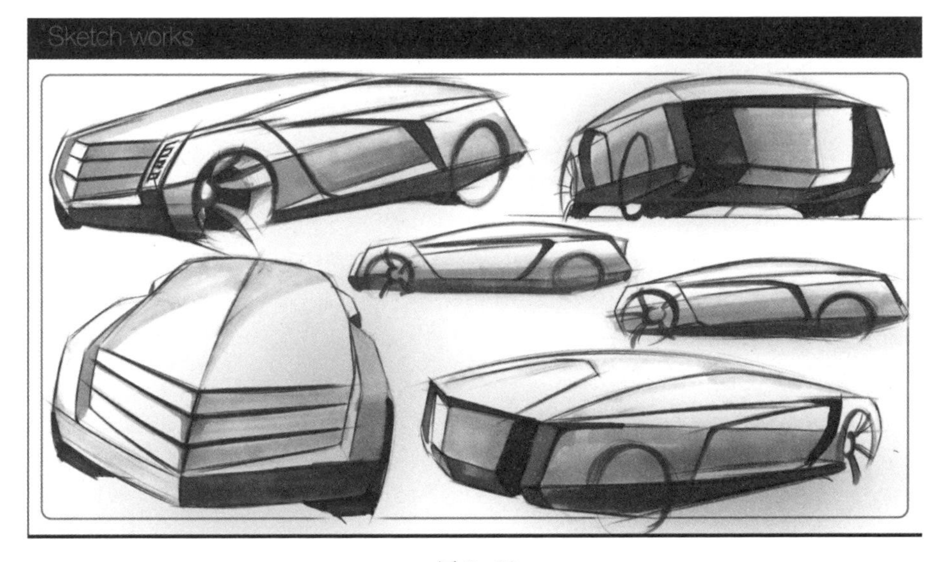

图 3-29

图 3-30

图 3-31

图 3-32

图 3-33

图 3-34

图 3-35

Sketch
Cadillac
Chen yinfeng

图 3-36

Sketch
Cadillac
Chen yinfeng

图 3-37

Sketch
Cadillac
open the door
Chenyinteng

图 3-38

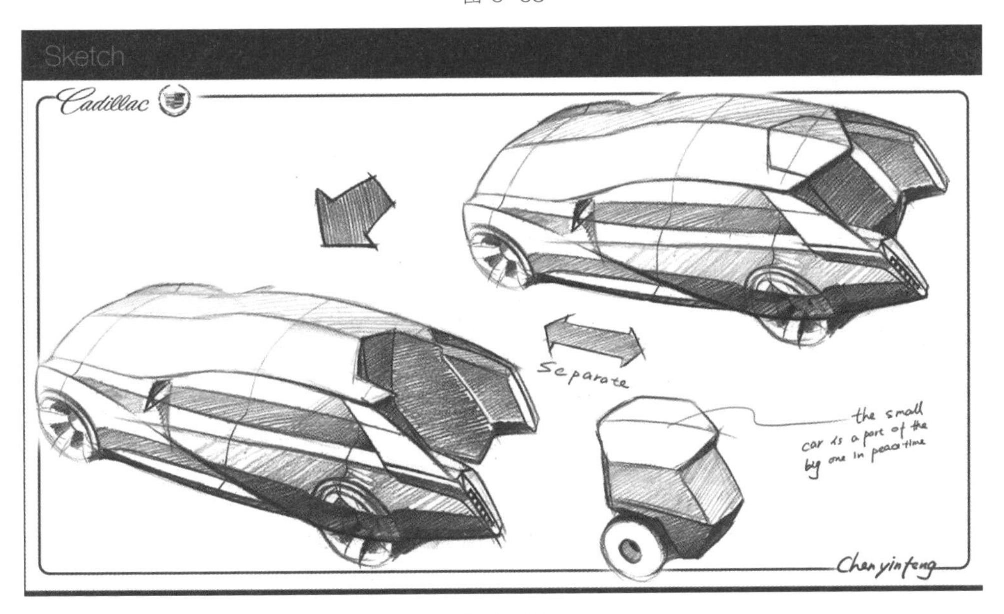
Sketch
Cadillac
Separate
the small
car is a part of the
big one in peacetime
Chenyinteng

图 3-39

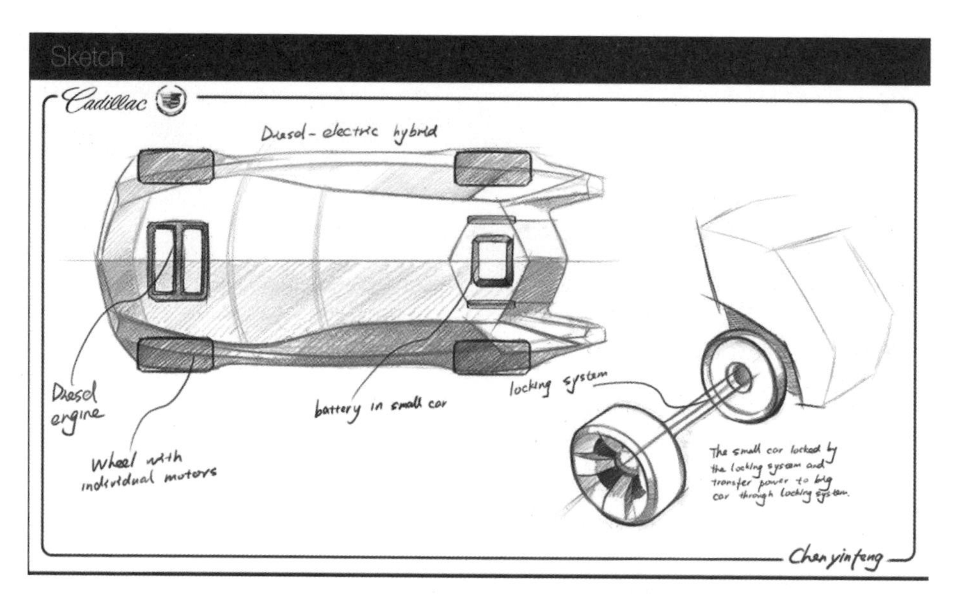

图 3-40

Final Proposal

Tape work

图 3-41

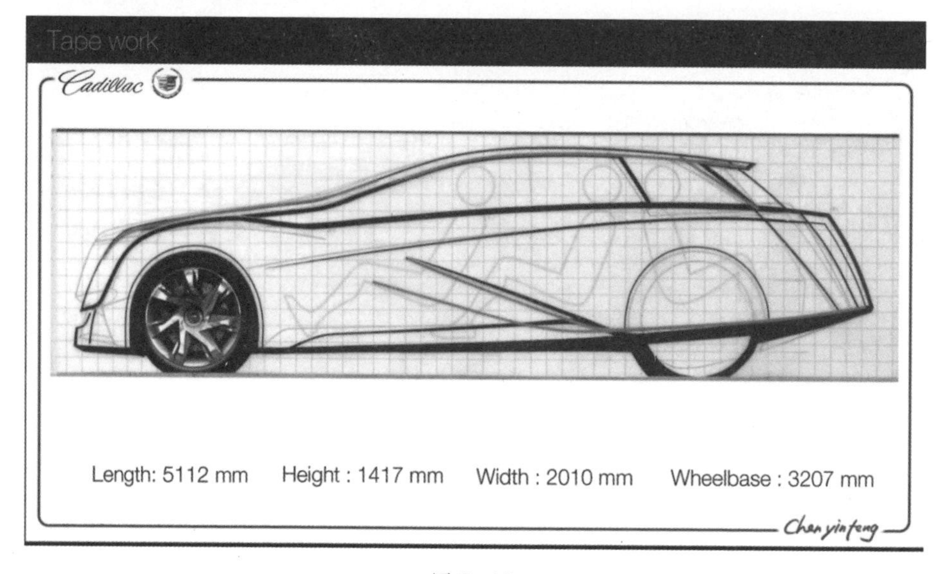

图 3-42

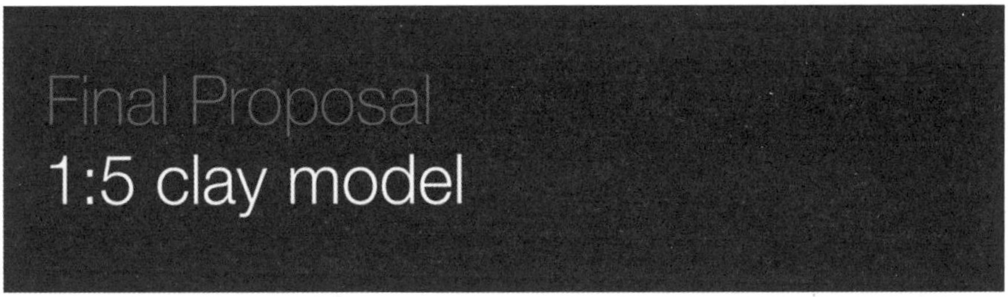

Final Proposal
1:5 clay model

图 3-43

图 3-44

Final Proposal
Sketch render

图 3-45

Sketch render
Cadillac
Chen yinfeng

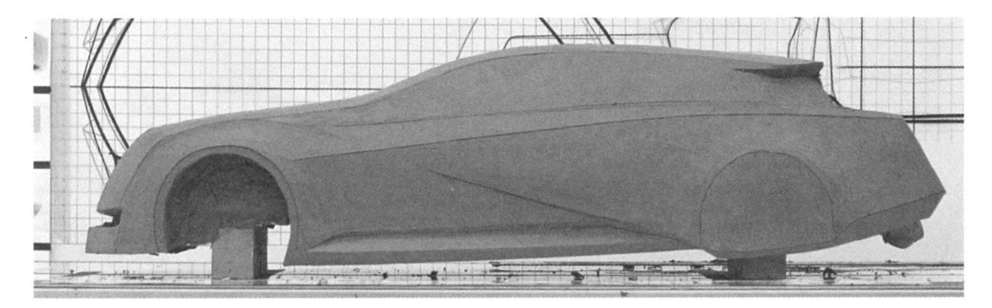

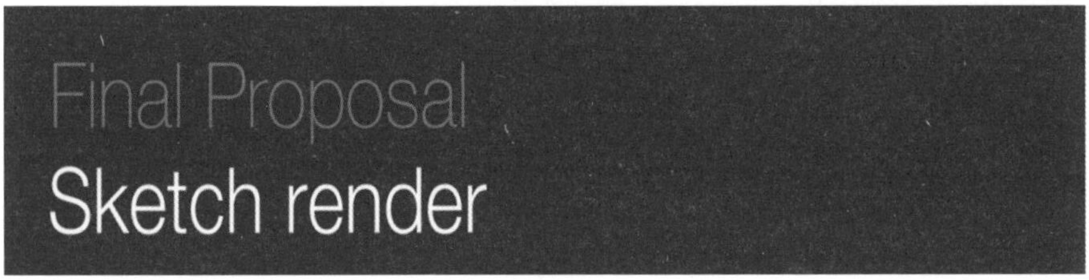

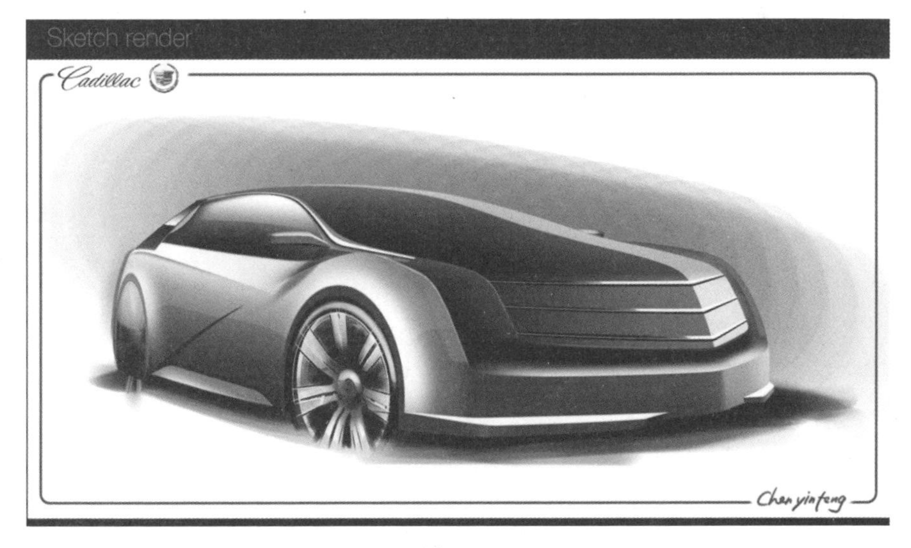

图 3-46

图 3-47

图 3-48

图 3-49

图 3-50

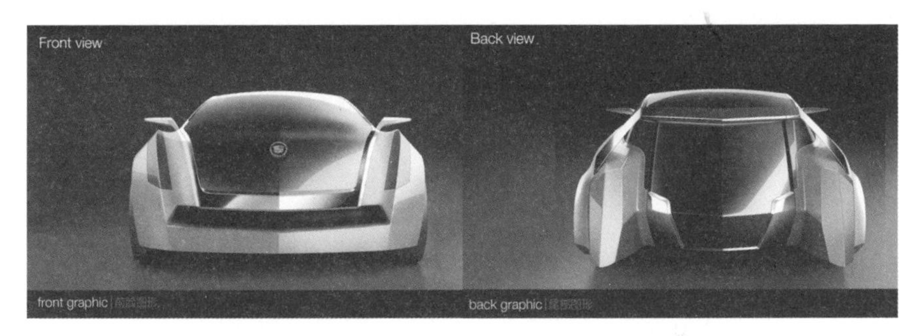

图 3-51

图 3-52

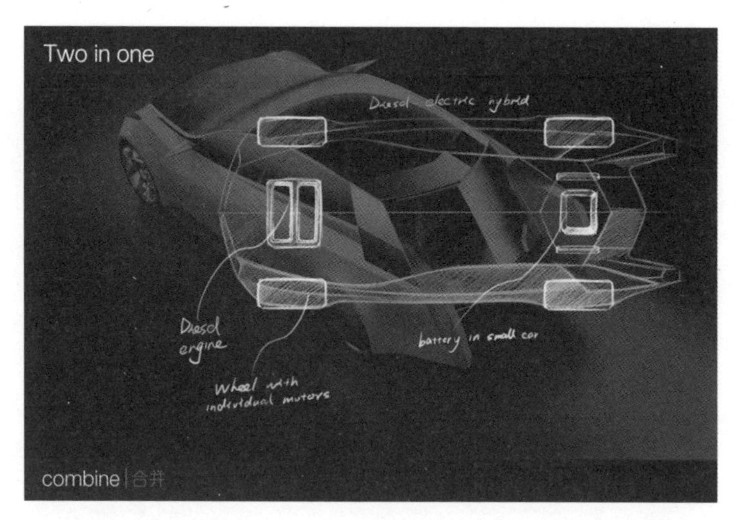

图 3-53

图 3-54

3.1.2 未来 smart

设计：曹辰刚

该设计也是为了解决现代城市的通病，如环境污染、交通拥堵、能源危机、交通安全等问题，而提出的未来车设计方案。方案获得 2012 中国汽车设计赛大奖。该设计通过对大城市（上海）社会现状（2010-2011）的调查分析：车辆使用人口占有率；交通拥挤以及中国城市空气污染的主要污染源为低品位汽油；大部分的空气污染都是由汽车尾气造成的。其他的调查数据还有：上海大约 3/10 的家庭拥有一辆私家车；城市的车辆中有 3/5

的汽车是私家车；其中小于 1/1 000 的车辆是电动汽车；上海总面积：6 340 平方公里，市中心面积仅为 268.78 平方公里；上海全市有车辆 1 702 500 辆，而市区行驶的车辆就有 1 147 000 辆，约需要 1 200 000 个停车位，但现实仅有 400 000 个停车位；这些数据显示交通的拥堵及停车的困难。

因此，设计的方案围绕如何解决这些问题而展开。车型设计的亮点为：轮子可以根据行走与停车情况左右伸缩以节约占地空间，改善城市道路运行与驻车等状况；两人座位由现在的并排座改为前后座形式，使车型缩减，减少行驶占道空间；选用新型水氢能源作为车辆的动力能源，只要有水就有能源，由于排放出来的是水蒸气，因此更加环保。

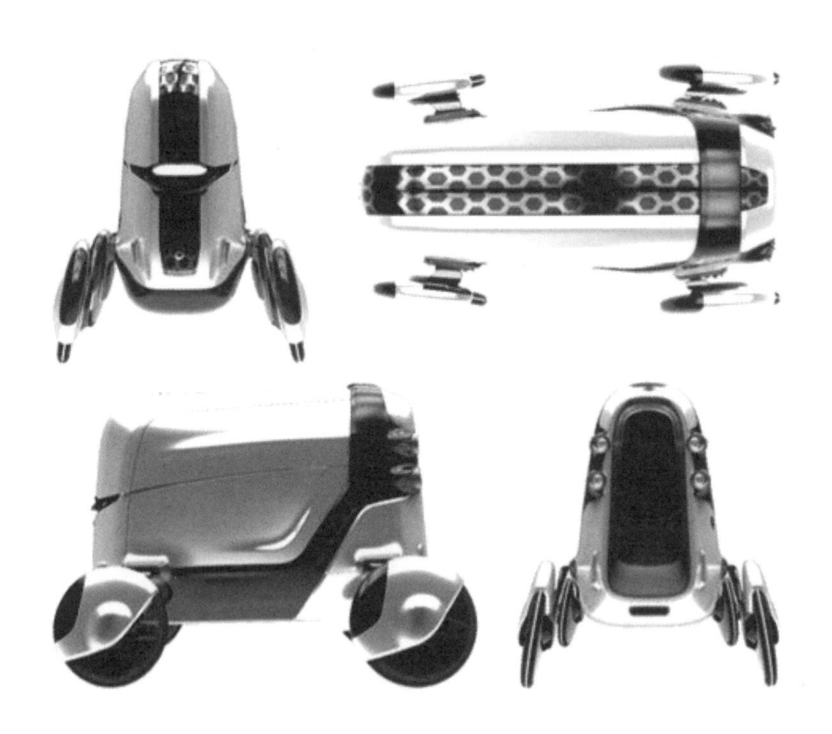

图 3-55

背景研究2010—2011年
上海市

汽车保有量的增加、交通拥挤和低标号汽油使汽车成为中国城市空气污染的主要来源。以下是对2010年和2011年前后上海机动车保有量的一些调查研究及数据。

3/10的家庭拥有一辆私家车。

机动车的3/5是私家车。

不到千分之一的车辆是电动车。

总面积：6340 Km²

中心区面积：268.78 Km²

96% 4%

汽车总数：1 702 500

中心区数量：1 147 000

32% 68%

停车位总需：1 200 000

勉强提供：400 000

67% 33%

CO, NOx, CO_2

HC, CH_4, PAN

可吸入颗粒物

上海的空气污染大部分是由机动车尾气造成的。

图 3-56

图 3-57

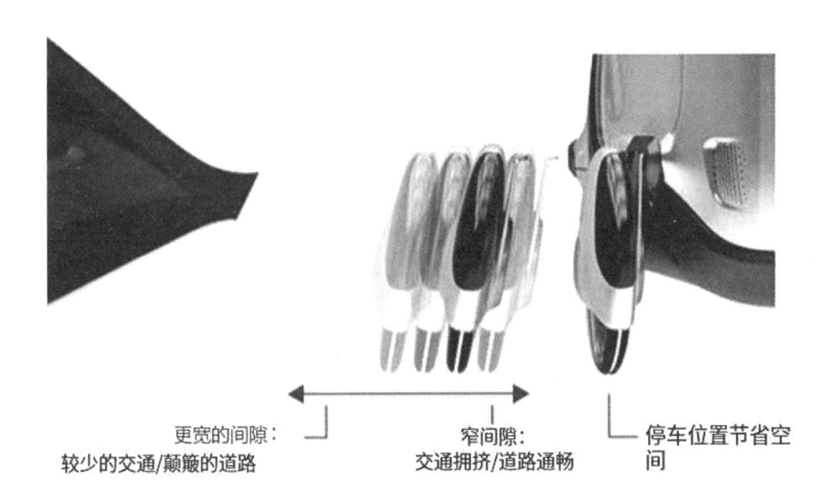

图 3-58

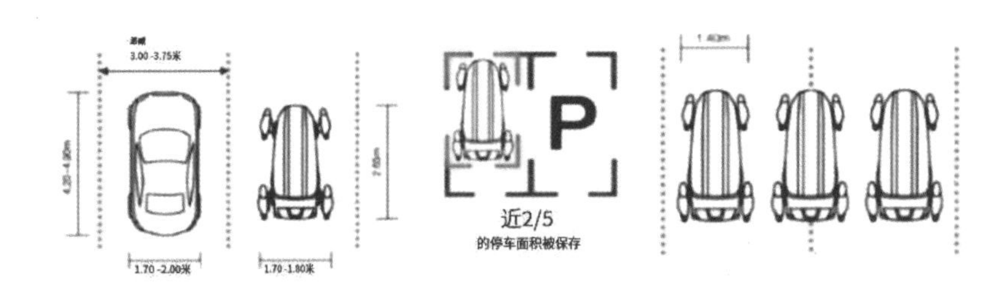

图 3-59

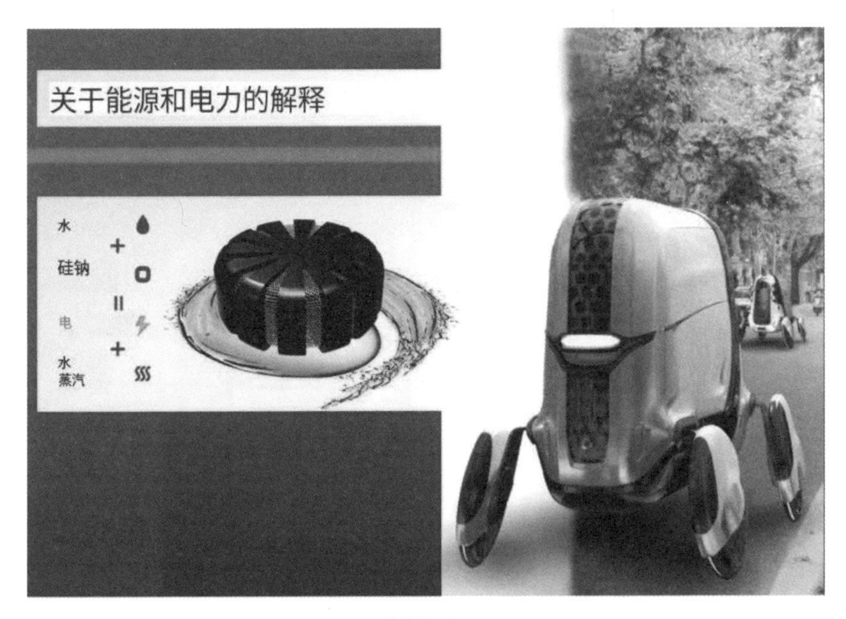

图 3-60

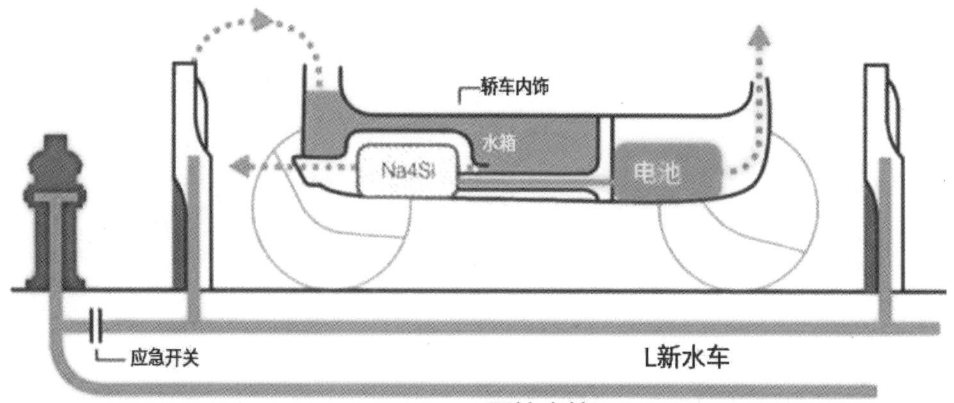

硅钠块可能会不时改变以填充化学物质，这样就会形成一个循环系统。开车去加油站，付些钱，得到一个完整的硅钠块而不是前者。

图 3-61

3.2 环保设备设计

3.2.1 废弃轮胎回收

产品设计及产业化：环保设备工业设计与咨询策划

图 3-62

每年车辆的废旧轮胎成千上万，其中大多数是被焚烧处理，产生的热能用于发电等，但是轮胎燃烧以后，除了产生大量的二氧化碳、二氧化硫、炭黑（燃烧不完全造成浓烟）氮氧化物，还有有毒的有机物如二噁英，对环境污染很大。其中生成的毒性最强的二噁英单体［经口 LDSO（致死量）按体重计仅为 1pug/kg］，还有极强的致癌性（致大鼠肝癌剂量按体重计 10μg/g）和极低剂量的环境内分泌干扰作用在内的多种毒性，所以对环境的影响很大。而废旧轮胎分解技术可以变废为宝，并且能够减少环境污染，引起国家环保部门有关方面的重视，同时也引起国外有关方面的重视，并洽谈欲购买该技术设备。但由于厂家

图 3-63

图 3-64

起步不久，产品尚不成熟，生产线设备非常简陋粗糙，所以要求我们团队参与设计完善设备生产线。

这是工业设备的工业设计与功能优化设计项目，即在了解废旧轮胎分解设备、分解原理的基础上，设计出与分解技术和流程相结合、相配套的方案。

通过对该项目的设计策划，优化了轮胎分解设备，提高了设备的附加值，设计出完善的新设备投入市场，按估算是原来设备价格的三倍以上，当时已经有某国客户看了样机方案后预定了若干台（××××万元/台）。除了销售设备外，我们还进行了市场商业策划，并准备在某地投资建厂生产该设备，年产值预计达数亿元，社会效益显著，产生的不仅是巨大的经济利益，更有强大的社会效应及对环保事业的贡献。因此该项目受到政府有关部门的高度重视，项目前景良好。

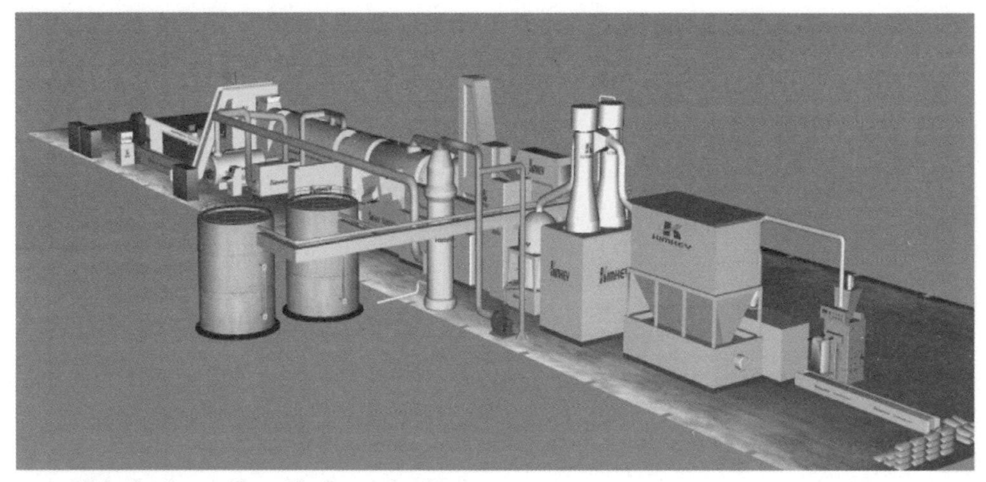

3D for Continuous Scrap Tire Processing Plant

图 3-65

设计：陈寅锋

优化设计后的废旧轮胎分解设备

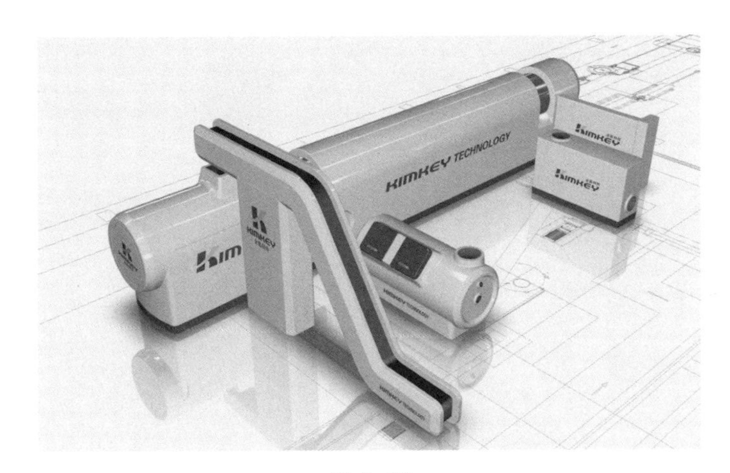

图 3-66

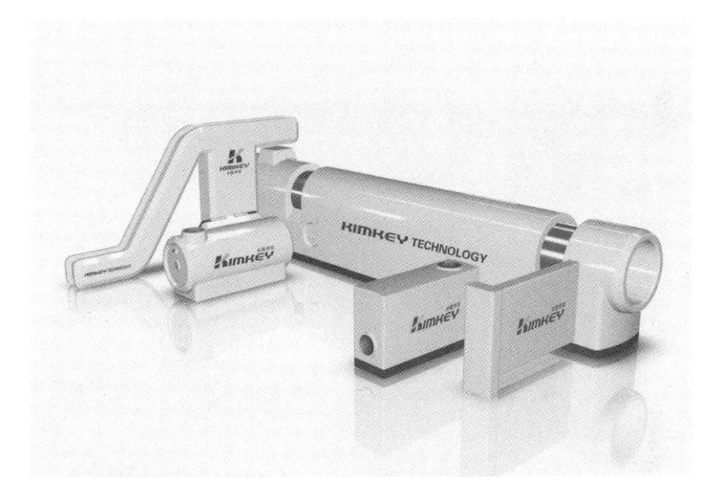

图 3-67

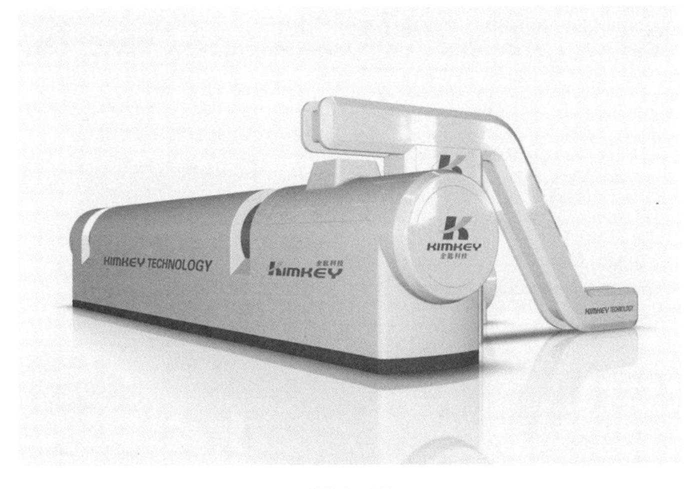

图 3-68

图 3-69

图 3-70　优化设计后的废旧轮胎分解设备局部

第四章　设计创新思维

在专业设计课程中，有机融入创意思维方法课程中教授的创意方法，主要运用创意发想法结合设计课题开发进行训练，要求针对问题和需求运用创意方法提出解决的方法创意。除了上一章的 flow chart 法（创意思维流程图），是针对设计的系统性整体思维的训练，这里的创新思维训练，要求首先打破固有的思维定式，不受限制地发散思维；其次，整理发散思维的创意点，归纳可行性，用逻辑思维系统地、多层面地深入分析问题点的相关元素，最终确定创意点完善方案设计。

4.1　未来设计

4.1.1　智能冰箱贴

设计：刘 砗

本课题是受 H 企业的委托，对未来电子产品进行开发。所谓未来设计，就是目前没有的，为未来生活发展中的潜在需求而开发的创新设计。在科技日益发展的现代，如何使人们的生活更加便捷和健康呢?

首先，我们运用“635”创意发想法，搜索生活中存在的各种问题和需求，例如：

盲人艺术家

食品保质期提示

情人电子表

海上急救装置，等等

注：“635”创意发想法是德国人创造的“静悄悄的思维发散法”，即 6 个人一组，

5 分钟内，出 3 个创意，以此循环，不断受启发，产生大量创意。

在提出大量创意之后，再进行分类筛选，提取有价值的创意。例如，在我们的日常生活中经常有食品、饮料、药品会在不知不觉中过期，人们往往忽视并食用过期的食品、药品进而影响健康。于是从中提取“保质期提示”的创意。

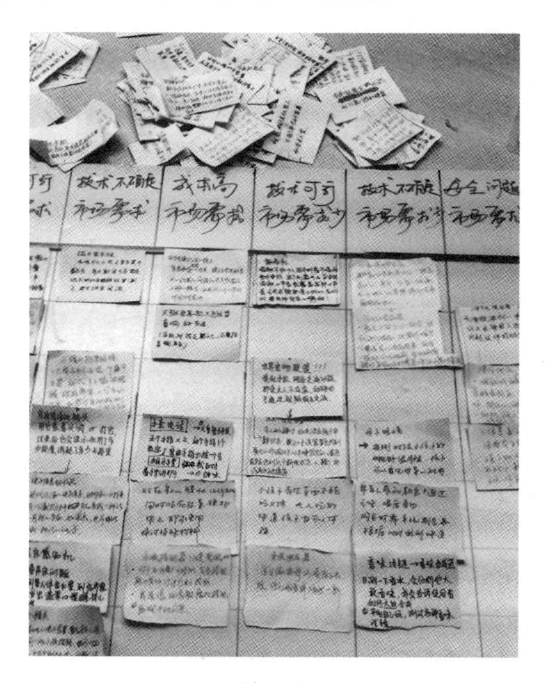

图 4-1

接下来对“保质期提示”的创意进行深化，从市场中调查存在此类问题的物品有：

●一周内消耗的物品：牛奶、水果、鲜货……

●几星期内消耗的物品：炒货、消毒水……

●几个月消耗的物品：谷物、调味品、药品、隐形眼镜、清洁剂……

●自制产品：米酒、药酒、泡菜、补品 / 膏药……

这些食品、饮料、药品等保存的盲点问题：

●开袋即用的物品起始时间容易忘记

●开袋后人们扔掉有保质期限的外包装

●自制食品制作过程的时间控制等

忽视这些问题会影响健康和生活的质量。

针对问题再次展开发散思维，运用“思维导图”法，找出如何提示人们注意“保质期”的创意。

注：“思维导图”是一种创意发想法，就是在一张白纸上用笔写上课题关键词，然后以此自由作联想和发想，将一个词写上，或用简图画上，并用线连接，以此向周围发展……最后从中筛选出有用的创意。

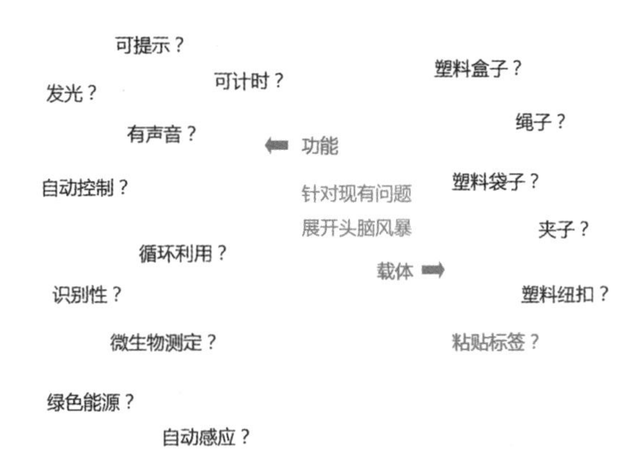

图 4-2

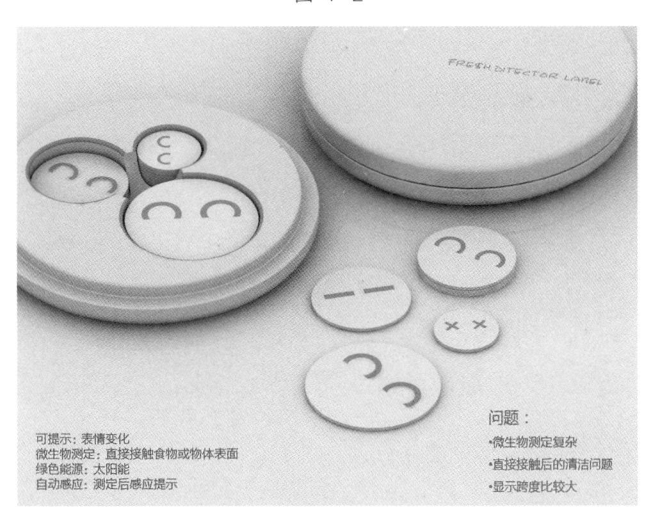

图 4-3

对如何提示人们注意“保质期”的方法进行发想：

1. 功能方面：

怎么提示？如何识别？发光吗？发声音吗？可计时的？可循环利用吗？

电子智能化的？可自我修复复位的？微生物测定？自动感应？绿色能源？等等。

2.载体方面：

用什么载体？塑料袋？塑料盒？绳子？粘贴标签？塑料扣？夹子？等等。

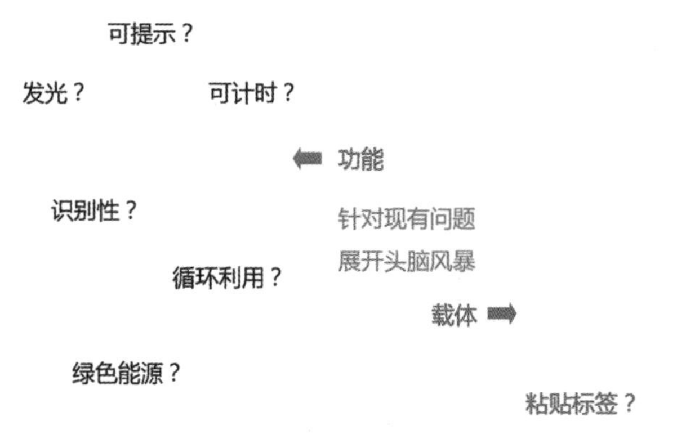

图 4-4

如果选用粘贴标签方式，产生的问题：

●微生物测定复杂

●直接接触后的清洁问题

●显示跨度比较大等

于是对可提示的概念视觉要素进一步提炼，发想：

用表情变化来提示？用计时方式？可发光？自动感应——测定后感应提示？等等。

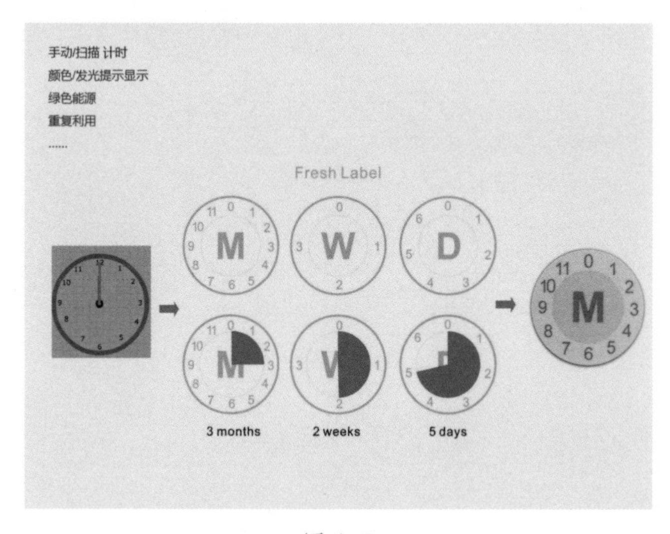

图 4-5

通过反复比较功能的利弊，进行设计表现整合：

手动 / 计时

颜色 / 发光提示显示

绿色能源太阳能

可重复使用

……

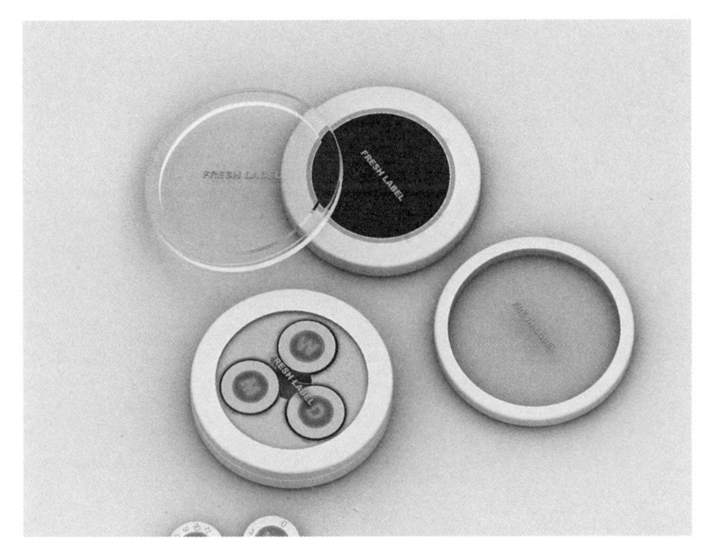

图 4-6

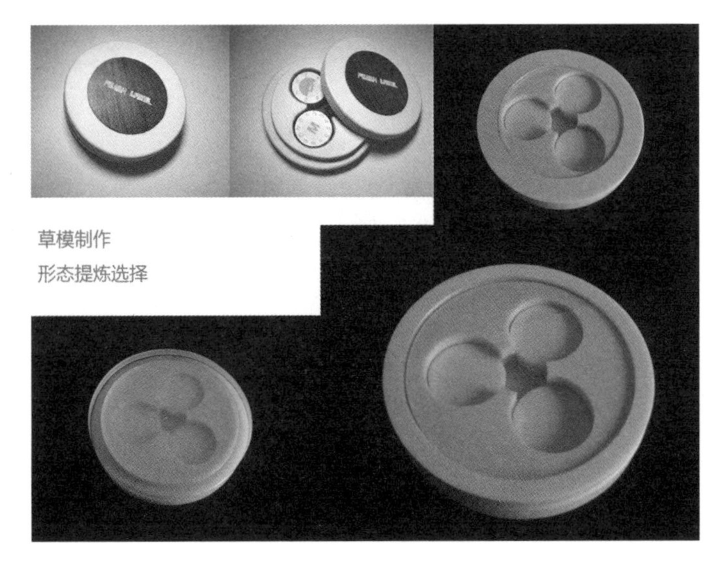

图 4-7

图 4-8

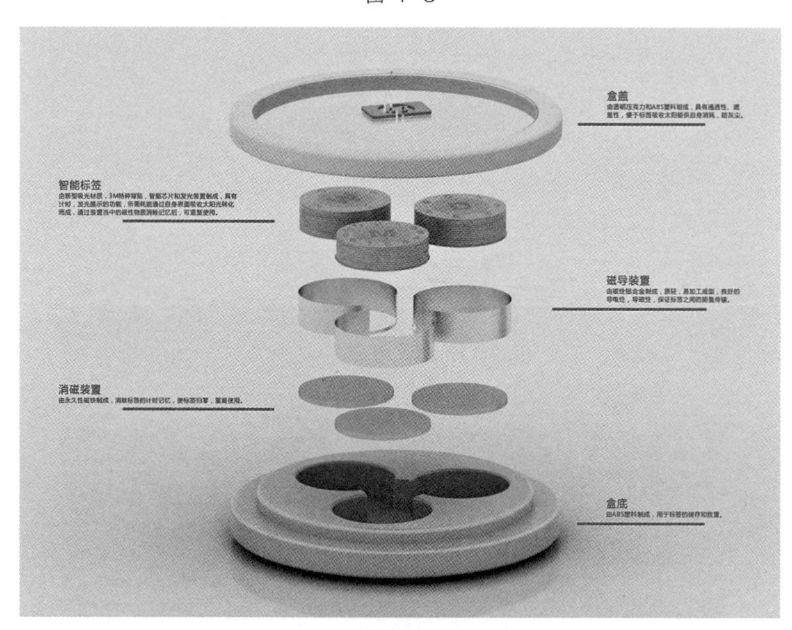

图 4-9

最终解决生活中保质期提示问题的方案完成。其操作方法为：

步骤一：

先将智能标签从盒子中取出（以月份标签为例），点击中间的字母处，标签中央呈现红色色块，即完成智能标签的启动。

图 4-10

步骤二：

智能标签启动后，按照标签上显示的数字，点击所需要的保质期限，如本例为 3 个月，就用手指直接点击标签上的数字 3，即可完成保质期限的设置。

图 4-11

步骤三：

将调整好的标签，粘贴在所需要的保险计时的物品上即可。背面有 3M 特种胶，可以重复粘贴使用。

图 4-12

步骤四：

显示提示：

当随着红色色块不断变小直至消失，则说明物品的保质期即将或已经到了。

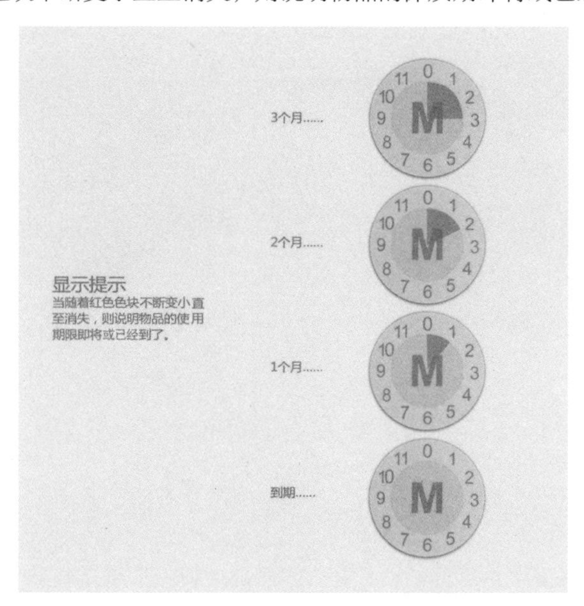

图 4-13

步骤五：

当一个智能标签使用完毕后，可放回盒子中，进行能量补充以便重复使用。标签计时如果没有走完，也可以放回盒子中，消磁装置会使其自动归零，然后重新使用。

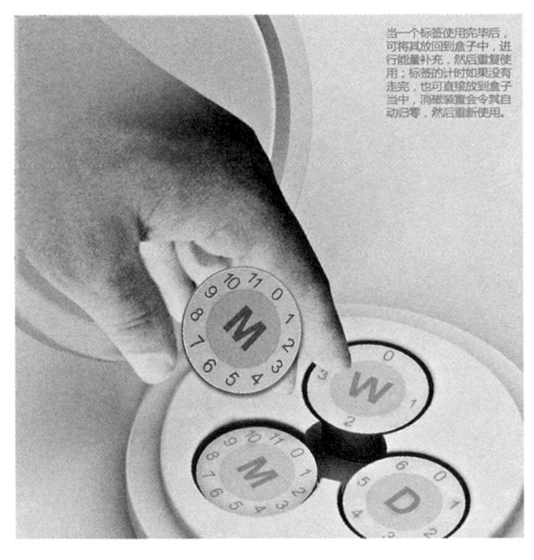

图 4-14

图 4-15

图 4-16

4.1.2　智能首饰设计

设计：刘彦伯　唐兴

该设计是学生毕业课题设计，要求提交论文和设计作品，而论文是围绕课题从设计理论到设计过程而加以展开的。设计运用创意方法中的仿生学法进行展开，结合现代智能化技术，赋予传统的首饰以现代智能化的产物。作为毕业设计，其实是对学生学习成果的一次综合考查，通过毕业设计检阅学生对设计专业课程各个层面知识的掌握。

这里主要介绍设计作品的过程。

设计课题目录

DESIGN REPORT 1
设计报告01
刘彦伯《科幻与仿生元素在智能首饰设计中的应用》

DESIGN REPORT 2
设计报告02
唐兴《穿戴产品创意的拓展与应用》

DESIGN SECTION
设计实践
设计背景与灵感来源
设计表达
技术实现
最终效果

Page 1

图 4-17

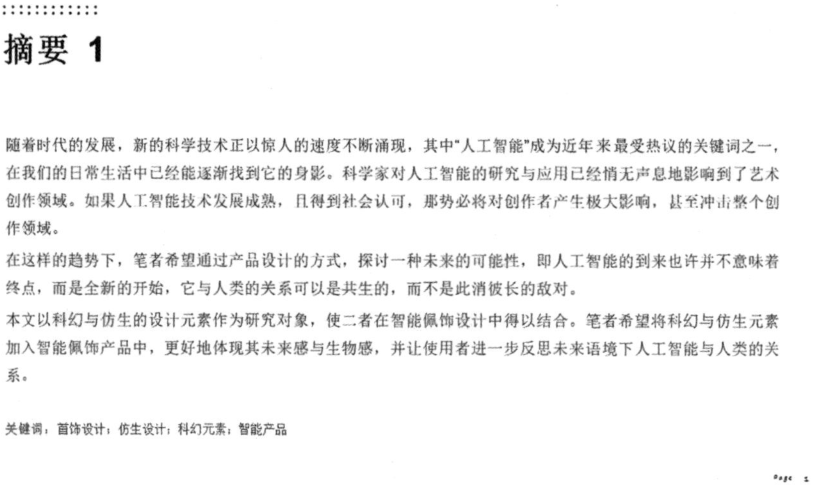

摘要 1

随着时代的发展，新的科学技术正以惊人的速度不断涌现，其中"人工智能"成为近年来最受热议的关键词之一，在我们的日常生活中已经能逐渐找到它的身影。科学家对人工智能的研究与应用已经悄无声息地影响到了艺术创作领域。如果人工智能技术发展成熟，且得到社会认可，那势必将对创作者产生极大影响，甚至冲击整个创作领域。

在这样的趋势下，笔者希望通过产品设计的方式，探讨一种未来的可能性，即人工智能的到来也许并不意味着终点，而是全新的开始，它与人类的关系可以是共生的，而不是此消彼长的敌对。

本文以科幻与仿生的设计元素作为研究对象，使二者在智能佩饰设计中得以结合。笔者希望将科幻与仿生元素加入智能佩饰产品中，更好地体现其未来感与生物感，并让使用者进一步反思未来语境下人工智能与人类的关系。

关键词：首饰设计；仿生设计；科幻元素；智能产品

Page 1

图 4-18

::::::::::::

摘要 2

随着人类社会科技的快速发展，产品智能化技术水平明显提升。同时人类与自然界的关系也受到社会各界广泛关注，现代设计产品不同程度地都在受自然因素影响的基础上进行。不光自然中生物形态丰富多样，而且其造型外观极具表现力。也因为人类源起于自然，思维印记与意识深处都受自然影响深远。在现代技术可支持的基础上，设计产品功能的丰富与否也是设计过程中需要的重要因素。

在上述背景下，本文阐述提取自然生态中动物形态特征作为外观设计元素，结合现代技术作为功能设计，在设计实践中应用到与人类接触较多的穿戴产品中的首饰、配饰。希望通过这一设计表达自然与人类文明的相互影响，引起人们对人与自然和谐相处的关注和重视。

关键词：创意设计；自然特征；抽象形态；功能创新

图 4-19

图 4-20

设计背景

BACKGROUNG

::::::::::::

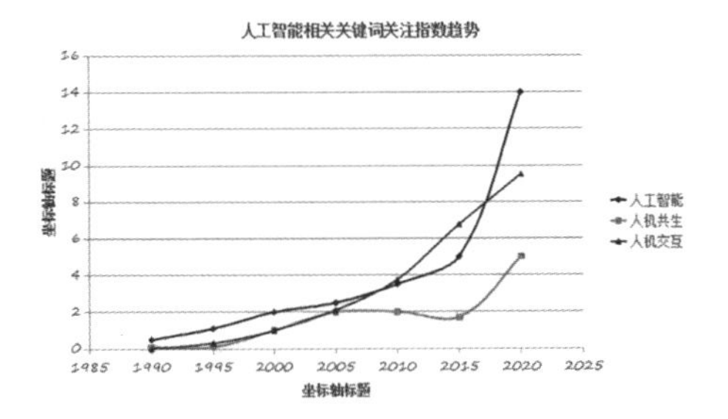

人工智能成为越来越热门的焦点，我们的生活中常常能看到它对各行各业的渗透。在艺术创作领域，人工智能的应用也在渐渐得到关注，基于深度学习的各种技术已被应用到文学、绘画、产品设计中。如果人工智能技术发展成熟，且得到社会认可，那势必将对我们创作者产生极大影响，甚至冲击整个创作领域。

在这样的趋势下，创作者开始思考乃至反思，计算机代替人类进行艺术创作的技术是否应该被接受并广泛应用，未来人类创作者该如何自处；甚至，在汹涌而来的技术洪流的冲击下，人性是否还将长存。

如果精神能够被人工智能所模拟，肉体能够被强有力的机器替代，甚至灵魂也从无际的信息海洋之中涌现，那我们便无法确证自身独一无二的价值。

图 4-21

产品定位

PRODUCT POSITIONING

受众群体

热衷科技产品、喜爱社交的各年龄段人群（主要以20-39岁的青年人群为主）

作为装饰物

- 外观新奇
- 具有科技感
- 造型个性独特
- 佩戴方式符合人机工学

作为功能性产品

- 为生活带来实际便利或乐趣
- 操作简单

作为社交工具

- 令他人印象深刻
- 用独特的方式勇敢表达自我

Page 1

图 4-22

同类产品分析

Analysis for Competitive Products

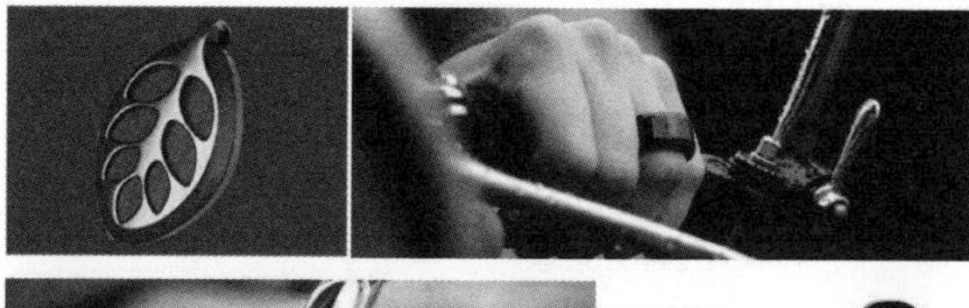

优点：

- 造型小巧
- 操作简单
- 针对问题比较明确

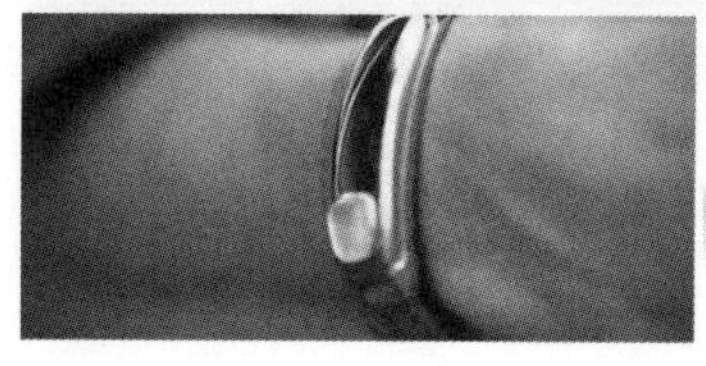

缺点：

- 无法独立使用，需配合移动设备
- 装饰性与功能性无法兼顾
- 通常只有运动追踪功能

Page 1

图 4-23

设计过程

DESIGN PROCESS

草图绘制
佩戴方式
功能设计
内部结构
LOGO设计
展示设计

Page 1

图 4-24

前期草模尝试

MODEL TEST

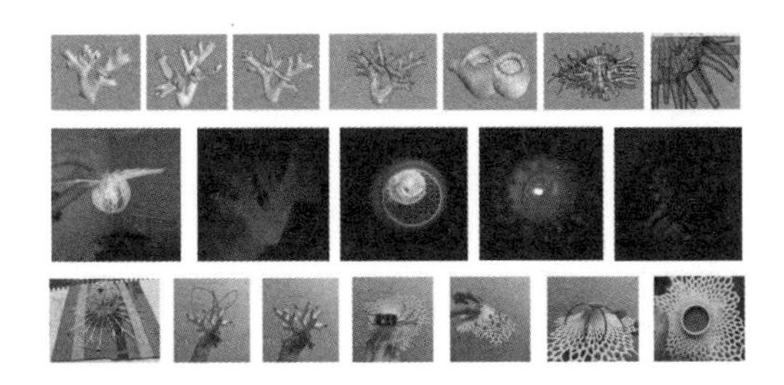

Page 1

图 4-25

草图绘制

SKETCH

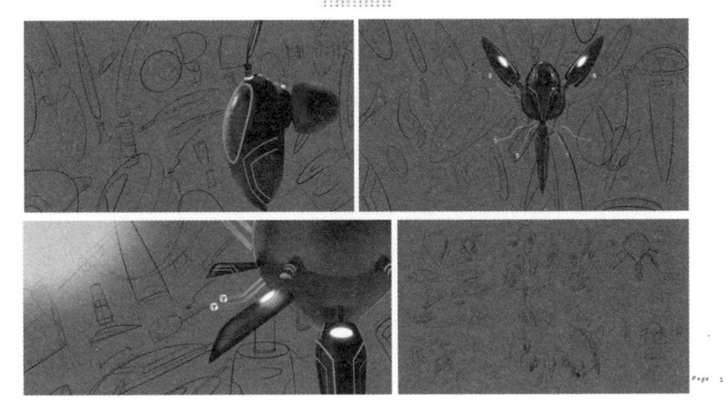

Page 1

图 4-26

文献查询

LITERATURE QUERY

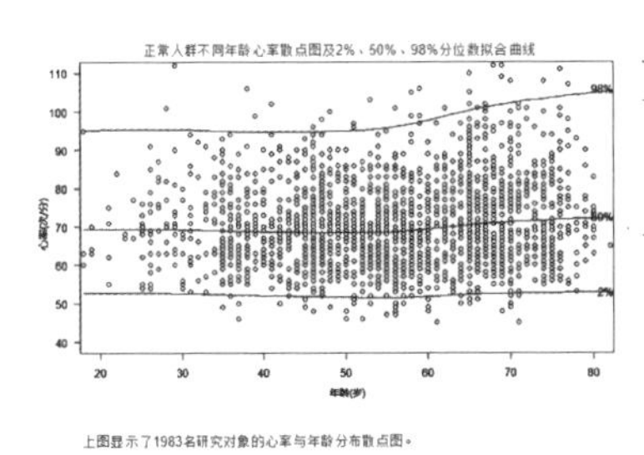

上图显示了1983名研究对象的心率与年龄分布散点图。

得出结论，不同年龄的正常人群平均心率为 (70.8±11.3) 次/分，中位数69次/分。

不同年龄段男性与女性心率值范围

年龄组	男性(n=960)		女性(n=1 023)		合计(n=1 983)		P 值
	例数	心率值	例数	心率值	例数	心率值	
≤30 岁	32	65(54,101)	40	74(56,95)	72	70(54,107)	0.0386
30~39 岁	101	68(50,99)	92	70(55,94)	193	69(52,96)	0.2243
40~49 岁	184	67(51,91)	200	70(56,94)	384	69(53,94)	0.0005
50~59 岁	238	68(48,97)	259	69(50,97)	497	69(50,97)	0.9170
60~69 岁	244	69(51,100)	282	72(54,106)	526	71(51,101)	0.0008
≥70 岁	161	69(52,106)	150	73(56,101)	311	71(53,101)	0.0196
合计	960	68(51,99)	1 023	71(54,99)	1983	69(55,101)	0.0205

上图显示，男性心率范围为68 (51, 99) 次/分，女性心率范围为71 (54, 99) 次/分。男性平均心率低于女性[(68.2±13.1) 次/分vs (73.5±8.3) 次/分，P=0.038 6]。在<30岁、40~49岁、60~69岁和≥70岁年龄段女性平均心率高于男性 (P值分别为0.038 6、0.000 5、0.0008、0.196)，30~39岁和50~59岁段男性和女性心率相似。

得出结论，男性与女性虽然心率范围不同，但差别并不大，平均值相差3次/分。

Page 1

图 4-27

各运动强度等级的对应心率范围

强度	最小强度	小强度	中等强度	大强度	最大强度
心率指数	1.2	1.2-1.5	1.5-1.8	1.8-2	2以上
对应心率	96次以下	96-120次	120-144次	144-160次	160次以上

关于寒冷与心脏功能的关系

心脏特异性ETA受体敲除减轻寒冷刺激导致的心肌肥厚和收缩功能障碍

【张英梅，李琳琳，华铁男，等。J Mol Cell Biol. 2012, 4(2): 97-107】

寒冷刺激与氧化应激及心脏功能异常有关。内皮素(endothelin, ET)系统在维持心肌细胞内环境稳定中起重要作用，可能参与寒冷刺激引起的心血管功能障碍。本研究旨在明确ET-1在寒冷刺激导致的心脏结构、功能异常中的作用。野生型和ETA受体敲除小鼠置于正常或寒冷环境（4℃）中2周、5周后检测心脏形态、收缩力、细胞内Ca^{2+}，瞬时受体电位香草酸亚家族成员1（transient receptor potential vanilloid, TRPV1），生物合成和氧化磷酸化的线粒体蛋白〔包括解耦联蛋白2（uncoupling protein 2, UCP2），热休克蛋白90（heat shock protein 90, HSP90），过氧化酶增殖激活受体-γ共反应因子(peroxisome proliferator-activated receptor gamma coactivator 1-alpha, PGC1α)等〕的表达。寒冷刺激引发心肌肥厚，降低心肌收缩功能，包括心肌细胞缩短率、收缩峰值、最大收缩和舒张速率，减少细胞内Ca^{2+}释放，延长细胞舒张时间、产生ROS、超氧化物和凋亡，这些改变都可以部分被ETA受体敲除恢复。Western blot结果发现，寒冷刺激导致野生型小鼠心脏组织中TRPV1、PGC1α表达下调，同时UCP2上调，激活糖原合酶激酶3β(glycogen synthase kinase 3 beta, GSK3β)，GATA4和环腺苷酸反应要素结合蛋白(cAMP response element-binding, CREB)，而ETA受体敲除可部分抵消这些变化。HSP90蛋白水平并未发生变化。TRPV1激活剂SA13353减轻寒冷刺激及ET引起的心脏异常，而TRPV1的抑制剂Capsazepine则可引起与寒冷刺激及ET相仿的心肌损伤。GSK3β抑制剂SB216763减轻寒冷刺激引起的心脏收缩功能异常和ET1导致的TRPV1表达下调，却并未改善心肌重构。这些数据提示：ETA受体敲除通过TRPV1及保护线粒体功能，保护寒冷刺激引起的心肌重构和功能异常。

“寒冷刺激与氧化应激及心脏功能异常有关”

“对于冻僵患者，首先要恢复患者中心部位的体温，不能先将四肢部分复温，因为冻僵时四肢的血管处于强烈收缩状态，一旦四肢复温，将引起外周部位的血管扩张，血压很快下降到零，从而引起严重的复温休克。同时，外周冷血回流心脏，使心脏的温度进一步“继发下降”，有可能发生心室颤动而死亡。”

Page 1

图 4-28

功能设计

FUNCTION DESIGN

形影1 

一个具有辅助社交功能的项链/胸针两用佩饰。

采集心率

- 与耳部的传感器无线连接
- 采集心率模拟信号，通过单片机实现灯光的变化

灯光变化

- RGB全彩灯珠可以实现多种颜色的变换
- 呼吸式闪烁，呼吸速率根据使用者心率变化

三种模式

- 心率平缓时，灯光显示绿色，缓慢呼吸。
- 心跳略急促时，灯光由绿色逐渐变蓝，呼吸闪烁速率加快。
- 心跳非常快时，灯光逐渐变为红色。

形影2 

一个具有加热功能的胸针佩饰。

感应环境温度

- 环境温度低于18摄氏度时加热模式开启
  环境温度低于0度时加热目标温度升高
- 石墨烯散热片到达55摄氏度时自动断电，防止烫伤。

感应体表温度

- 体表温度达到37摄氏度时自动断电

两种模式

- 分为自动模式和手动模式，切换到手动模式后可以自行调节加热片的目标温度。

形影3 

传感器

采集心率

- 与1号产品无线连接，采集心率与脉搏，将收集到的模拟信号发送至单片机。

灯光变化

- RGB全彩灯珠可以实现多种颜色的变换，灯光颜色可手动调整。

Page 2

图 4-29

主控模块

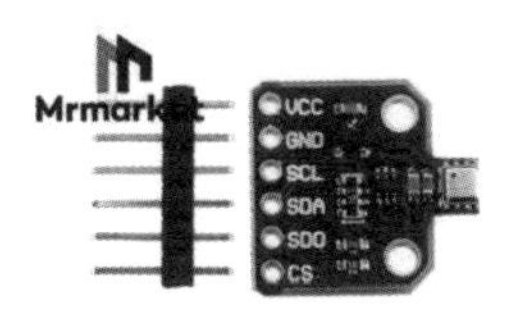

1 环境传感
BME680环境传感器

可测量可挥发性有机物、温度、湿度、气压这四个参数，非常适用于监测空气质量。由于采用了MEMS技术，该传感器体积小、功耗低，因此也适用于低功耗场合，如可穿戴等。

2 心率监测
PulseSensor

一款光电反射式模拟传感器。将其佩戴在手指、耳垂等处，可将模拟信号传输给单片机用来转换为数字信号，也可以传到显示屏上显示波形。

Page 1

图 4-30

电路原理图

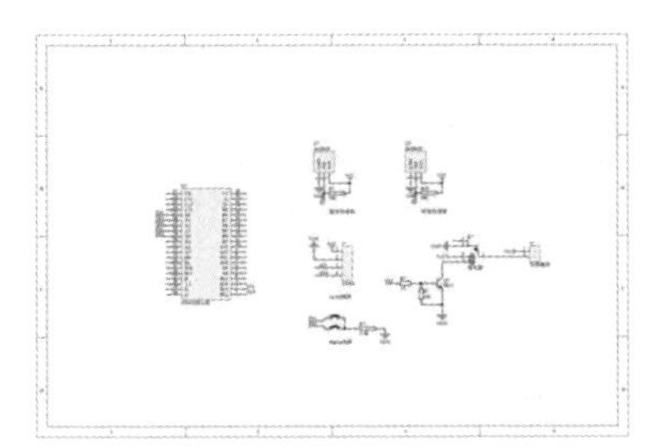

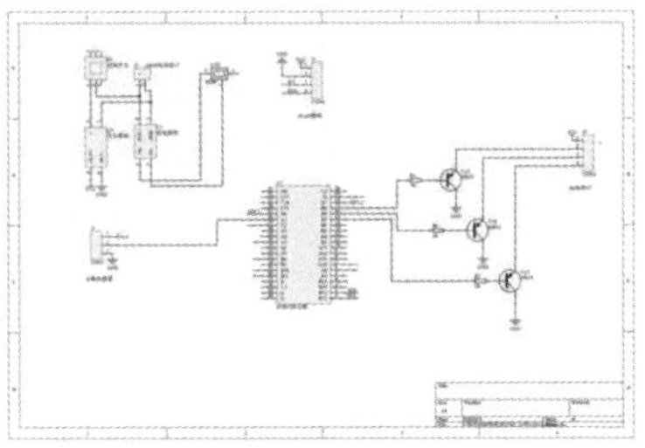

HEART RATE MONITOR
心率监测

传感器佩戴在耳部，收集心率信号，将其传输到单片机，在STM32显示屏上显示波长，并连接RGB灯珠，灯光的闪烁频率和颜色随心率变化。

HEATING SYSTEM
发热系统

连接两个传感器，一个用来检测环境温度，以切换加热模式；另一个监测人体温度，防止温度过高引起的不适和烫伤。

Page 1

图 4-31

材料选择

外壳

铝合金

具有良好的导热性，密度小，体积轻便，耐高温。硬度不高，易于塑形。

灯光

光导材料

光学级亚克力（AcrylicPMMA）或软性光导纤维。导光均匀度高，转换率高，材料密度低，可切割或弯折成任意尺寸。

内部

ABS合金

具有良好的机械强度、韧性和阻燃性，耐高温。ABS/PC合金中PC贡献耐热性、韧性、冲击强度、强度阻燃性、ABS优点为良好加工性、表观质量和低密度。

Page 1

图 4-32

内部结构

INTERIOR STRUCTURE

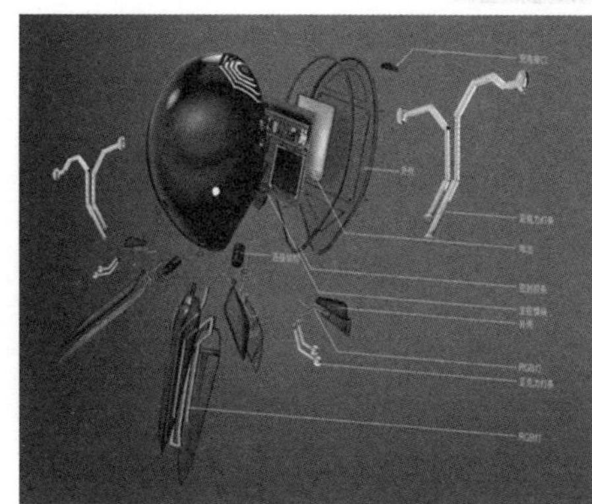

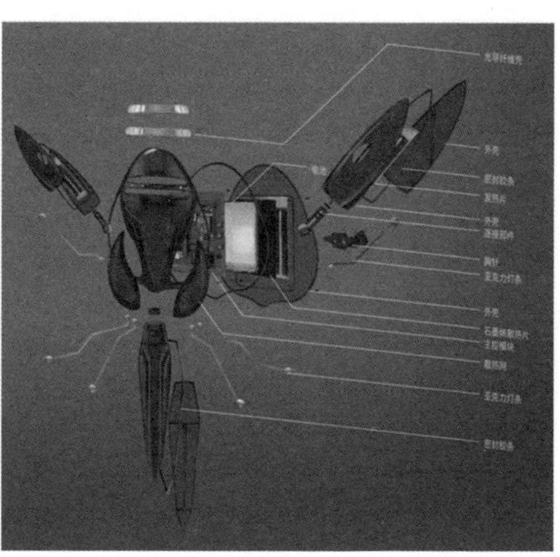

Page 1

图 4-33

图 4-34

LOGO设计

LOGO DESIGN

取"形影"的拼音首字母X与Y为设计元素，形+影，X与Y相叠，就像物体与它的影子。字母X被分割成立体效果，代表三维的物体，而字母Y是平面的，代表物体的投影，这也切合了"形影"这个词语。直线与棱角赋予了LOGO一定的科技感，与我们的设计风格相符。

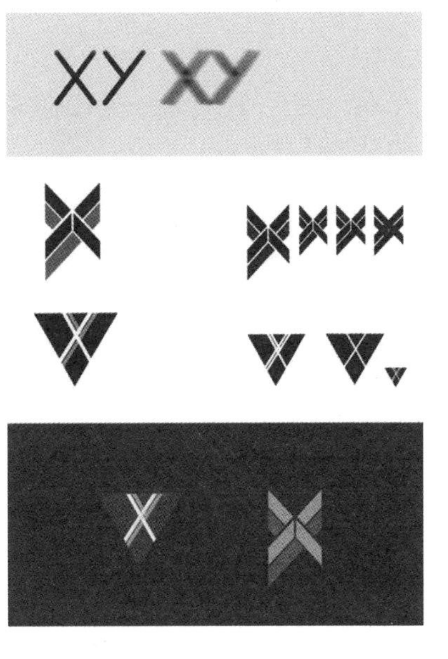

图 4-35

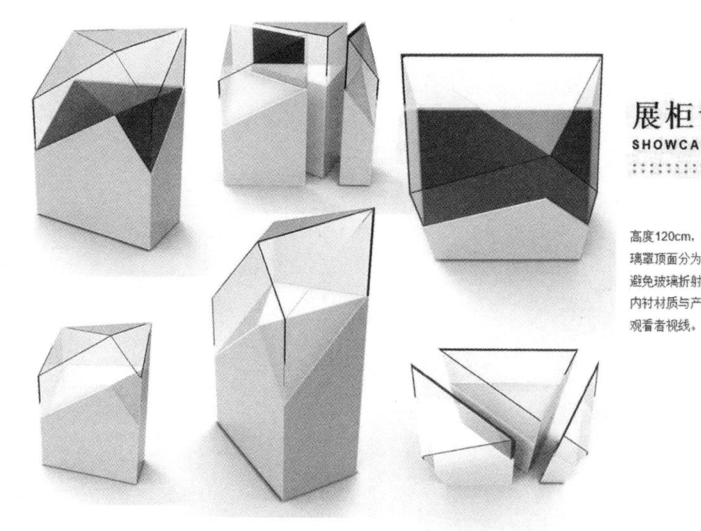
展柜设计
SHOWCASE DESIGN
高度120cm，符合普通展柜的尺寸，便于观看。玻璃罩顶面分为三个部分，倾斜角度与对应展品平行，避免玻璃折射影响视线。
内衬材质与产品互补，减少反光。台面倾斜，迎合观看者视线。
Page 1

图 4-36

产品展示
PRODUCT RENDERING
产品效果图
产品尺寸
展陈效果图
Page 1

图 4-37

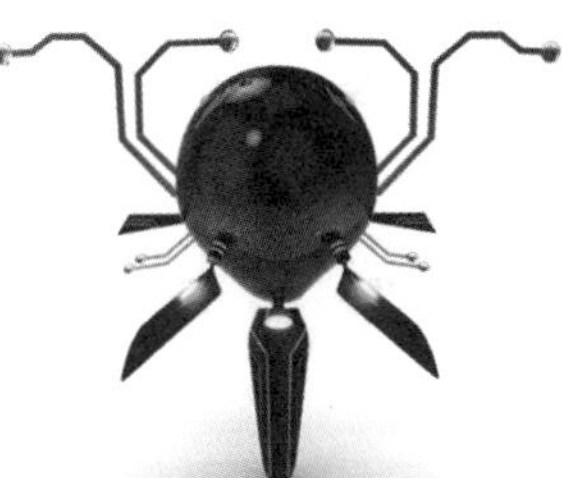
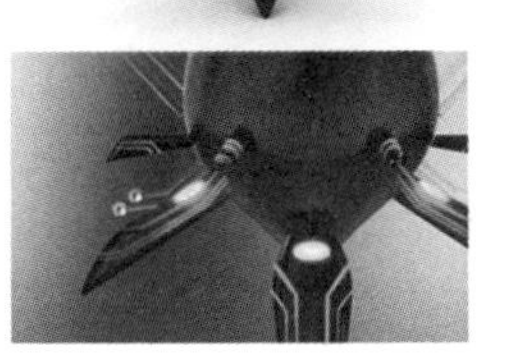
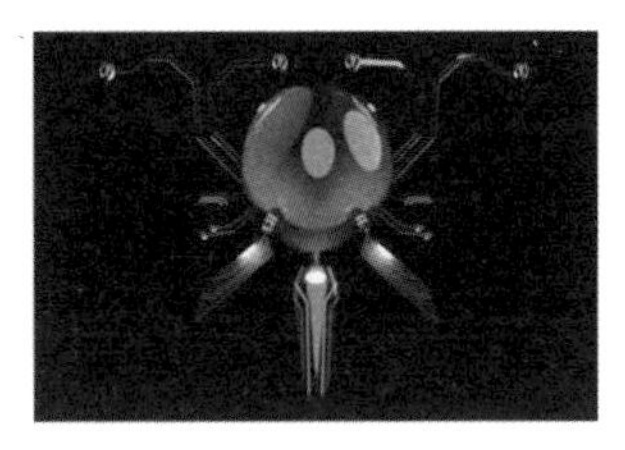
产品效果图
RENDERINGS
以蜻蜓等昆虫作为设计灵感，为了突出"共生"的主题。不
同颜色灯光的流动与闪烁反映了使用者在佩戴过程中的心
情变化。在某些社交场合中，使用者可以选择以此来表达
自己的情绪。
所有部件都可以活动，可以通过自行调整部件的倾斜角度
来调整其对身体的贴合程度。
Page 1

图 4-38

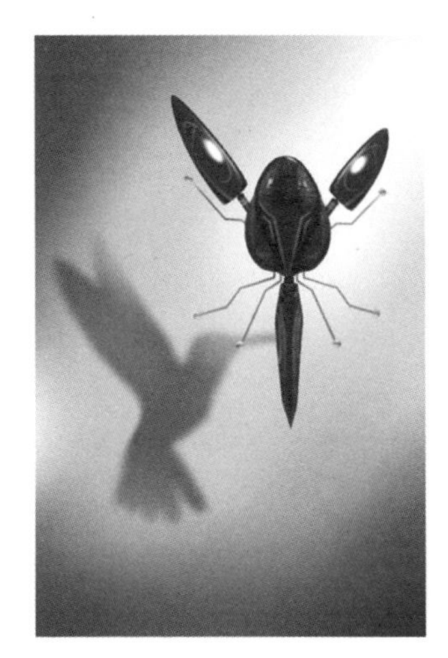

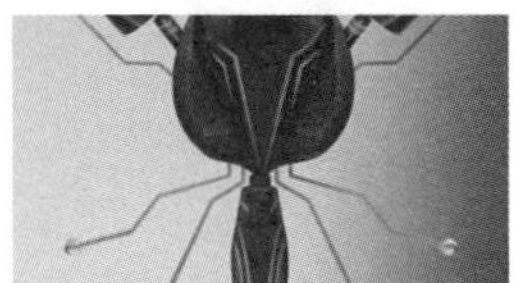
它可以作为一个加热器，也可以作为单纯的装饰。使用者
可以将其佩戴在衣服上的任何位置。
内含加热片，通过感知环境温度，自动调整加热
模式。（也可手动调整）
灯光的颜色可以自行调整。
Page 1

图 4-39

图 4-40

产品尺寸

DIMENSIONS

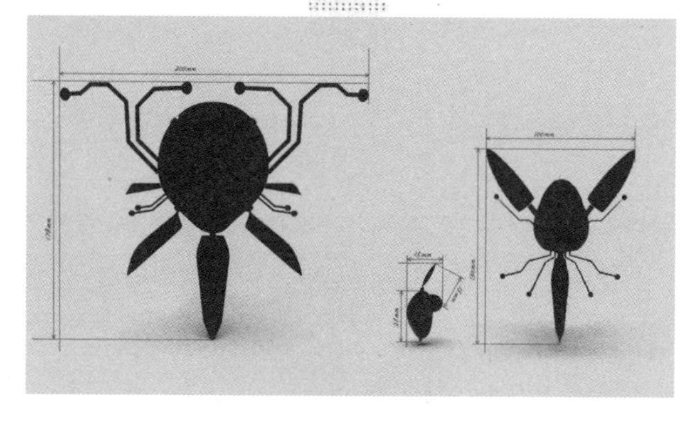

图 4-41

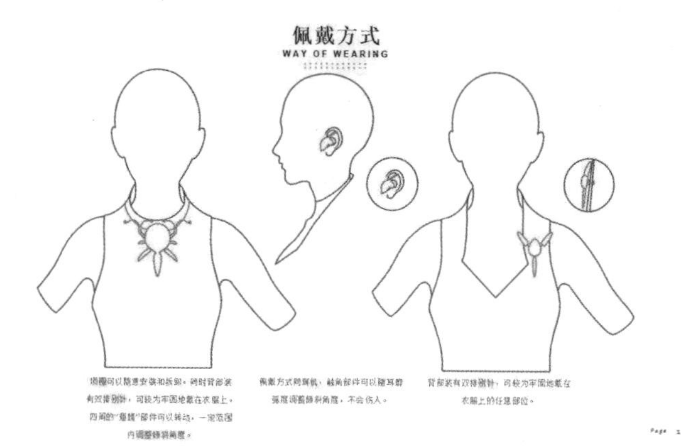

图 4-42

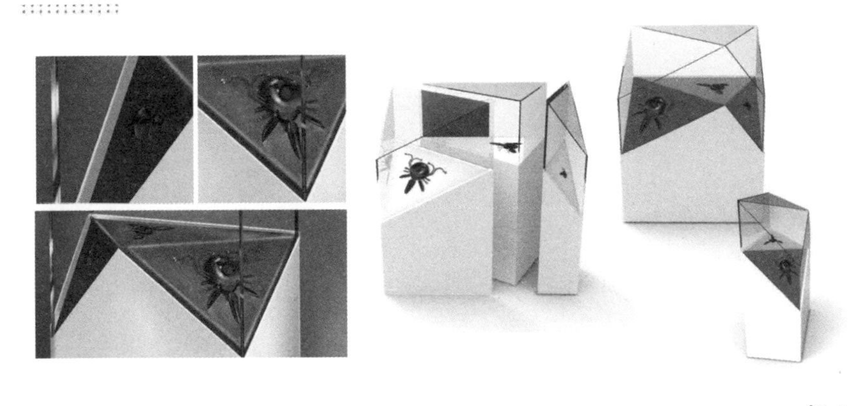

图 4-43

4.2 意念衍生矩阵训练

4.2.1 未来卫生间概念设计

设计：钱卓韵，诸晓燕，徐菲叶

该作业是一个设计创意思维方法的训练。对于未来设计的创新型设计开发，需要的创意思维是发散性思维所引申出来的创意。意念衍生矩阵法的训练，就是对信息使用不同方式的再处理而发散思维出创意的训练。该方法“意念衍生矩阵法”的训练，由于是对方法的消化理解，要求学生细化到每一个步骤的训练，从每一个步骤中衍生出创意想法的训练。

设计元素

卫生间设计元素按空间、设施、功能、人的行为、形式分为五类，如下：

空间：
地面，墙与隔间，天花

设施：
门窗，灯，坐便器，盥洗设备——水池，盥洗设备——水龙头，淋浴设备——花洒，淋浴设备——浴池、镜子、毛巾架

功能：
照明、可变化、烘干、感应、发声、防滑、防潮/水蒸气、通风换气、温度调节、气味处理、能源利用——水、能源利用——电、能源利用——热能、储物、取暖、室内种植

人的行为：
（蹲、坐、躺、站等）动作、唱歌、看书报、喝茶、看电影、SPA、游戏、健身

形式：
色彩、材料、形态、尺度

将设计元素按意念衍生矩阵分析法制表，如右图：

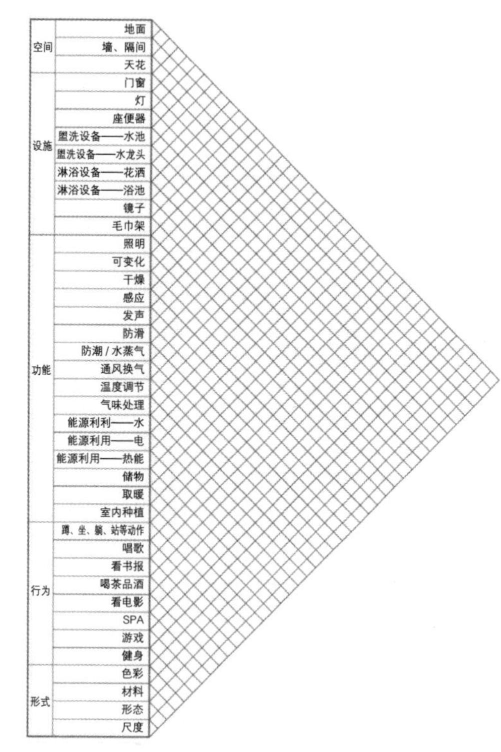

图 4-44

创意点筛选

1. 将设计元素组合，通过设计应用发散，进行创意点衍生。

2. 筛选出具有潜力的创意点。

3. 归纳不同的创意点，大致可归为三个主题：新能源、健康、人性化

如右图：

新能源——

健　康——

人性化——

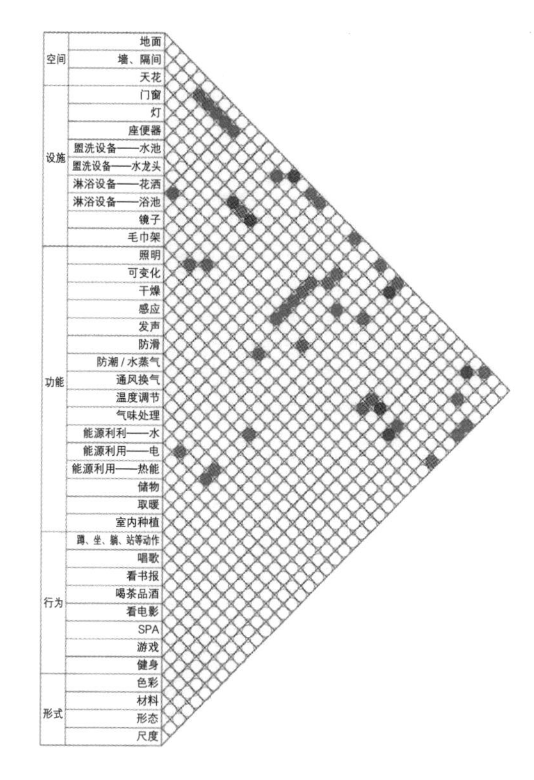

图 4-45

概念衍化

主题一：新能源

组合： 地面+防滑+防潮/水蒸气+材料

概念1：

铺地材料：石+木+植物

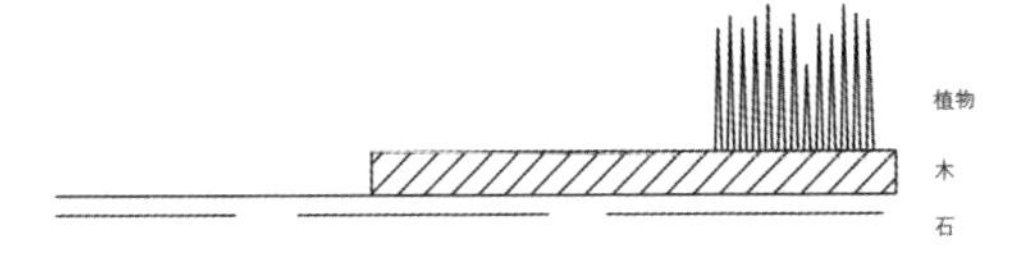

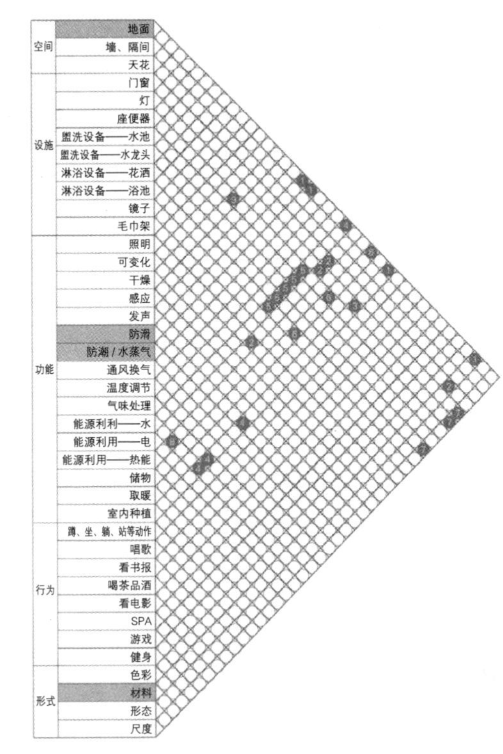

图 4-46

概念衍化

主题一：新能源

组合：门窗+灯+照明+能源利用（电）+材料

概念2：

太阳能玻璃转化电能提供照明

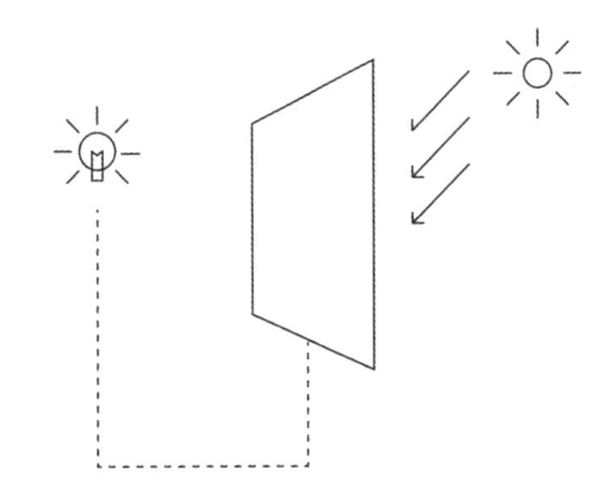

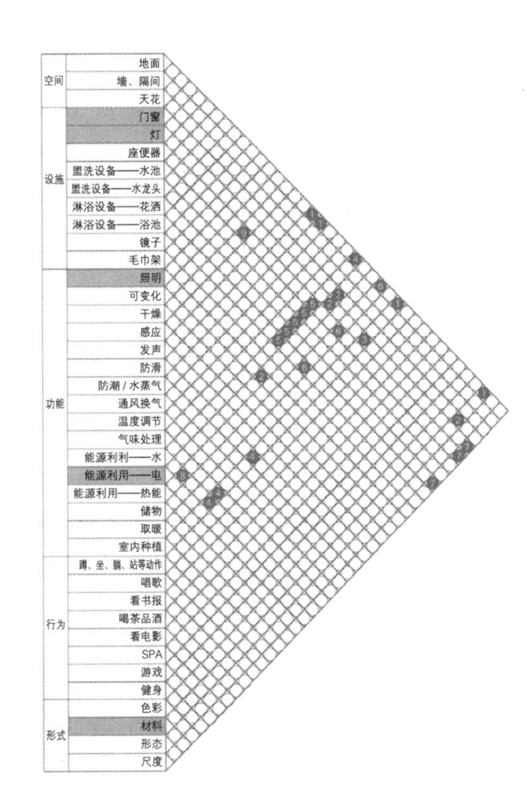

图 4-47

概念衍化

主题一：新能源

组合：灯+室内种植

概念3：

发光植物照明

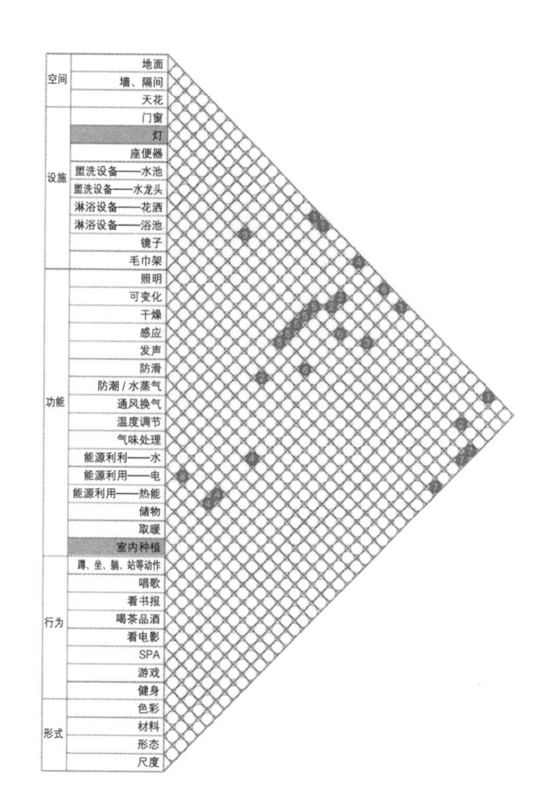

图 4-48

概念衍化

主题一：新能源

组合：地面+防滑+气味处理+能源利用（水）+室内种植

概念4：

苔藓地毯吸收水分、净化水质

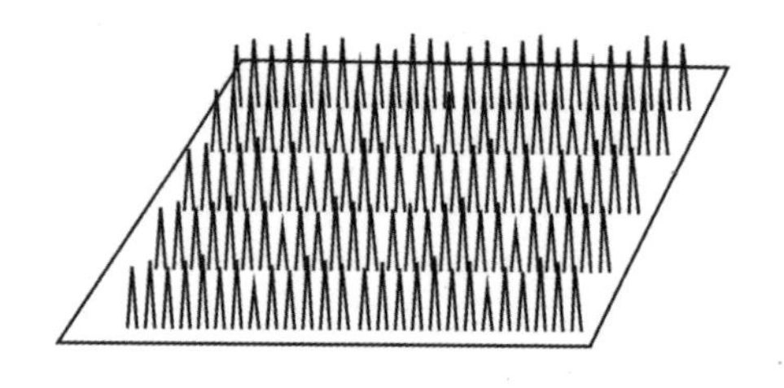

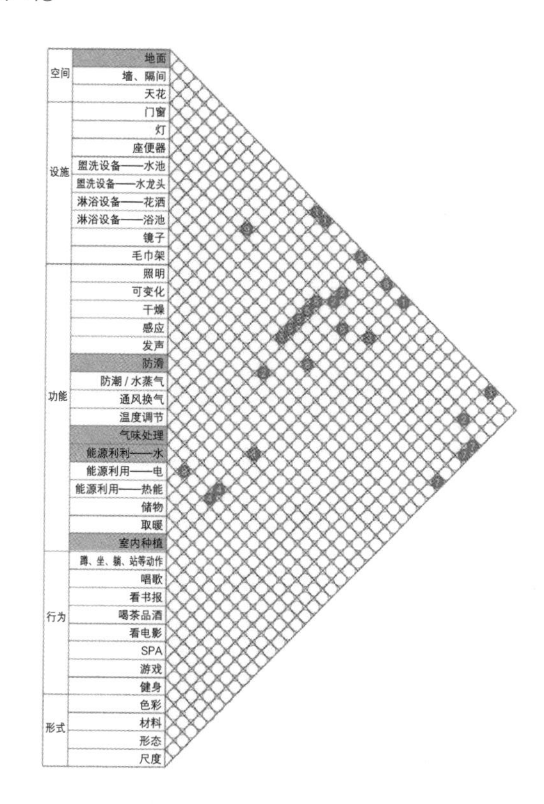

图 4-49

概念衍化

主题一：新能源

组合：坐便器+盥洗水池+水龙头+花洒+浴池+能源利用（水）

概念5：

回收洗澡、洗手水，进行马桶冲洗

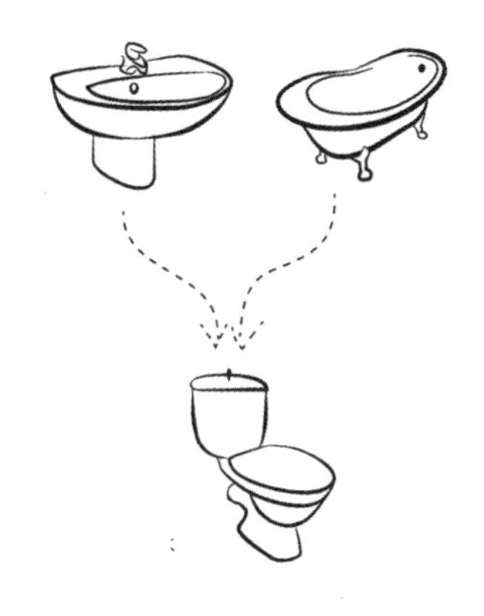

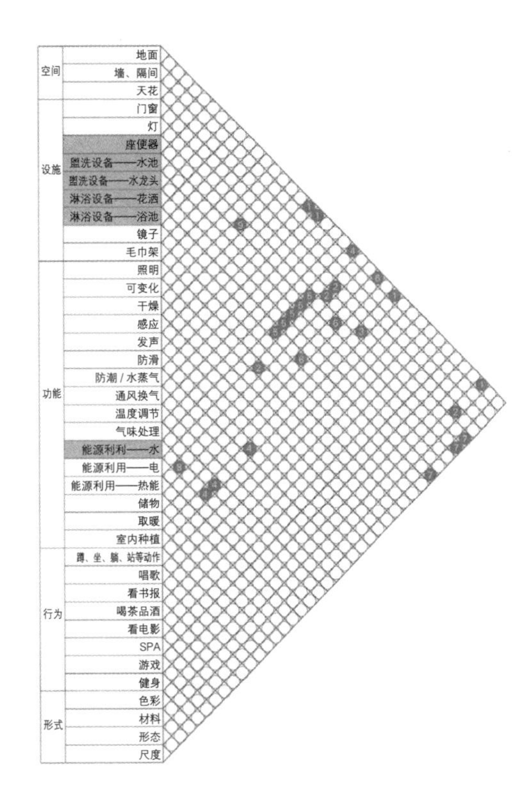

图 4-50

概念衍化

主题一：新能源

组合：坐便器+浴池+储物

概念6：

余热回收，加热马桶，加热地砖

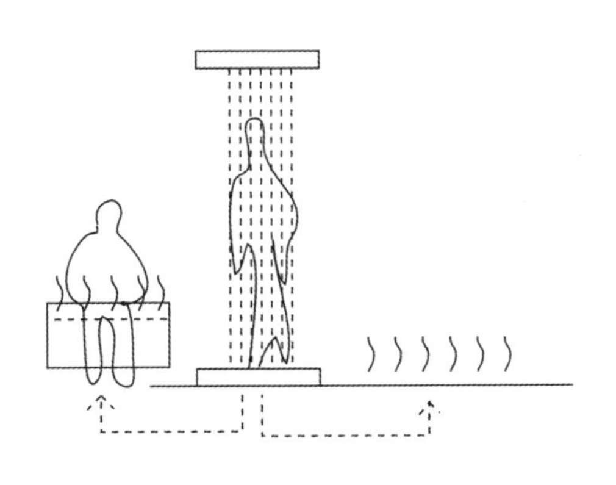

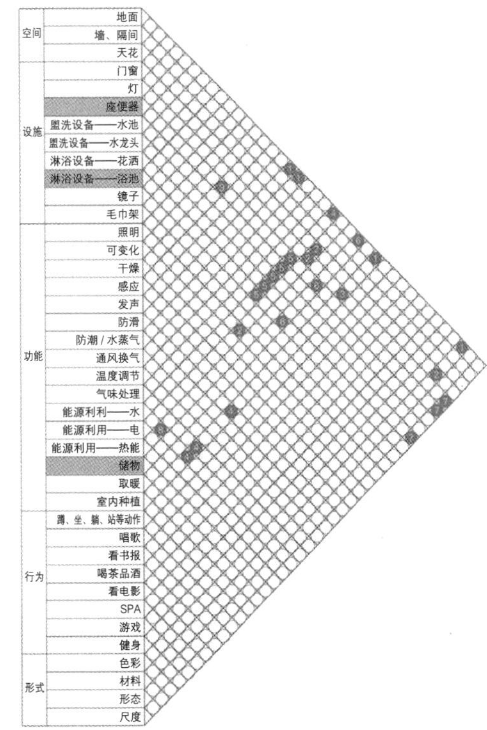

图 4-51

概念衍化

主题一：新能源

组合：灯+坐便器+花洒+尺度

概念7：

集成化厕所，减少占用空间，减少生产成本

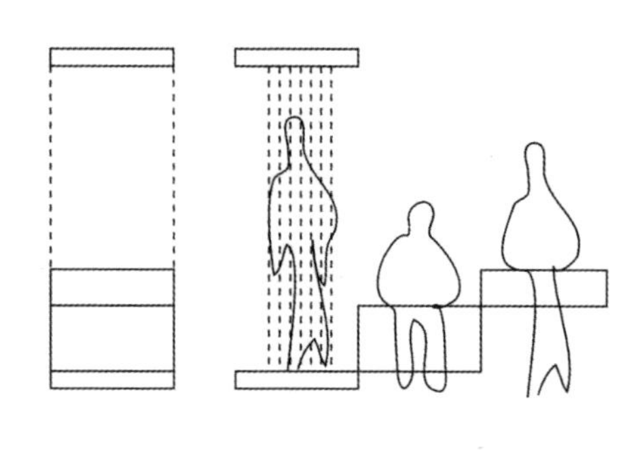

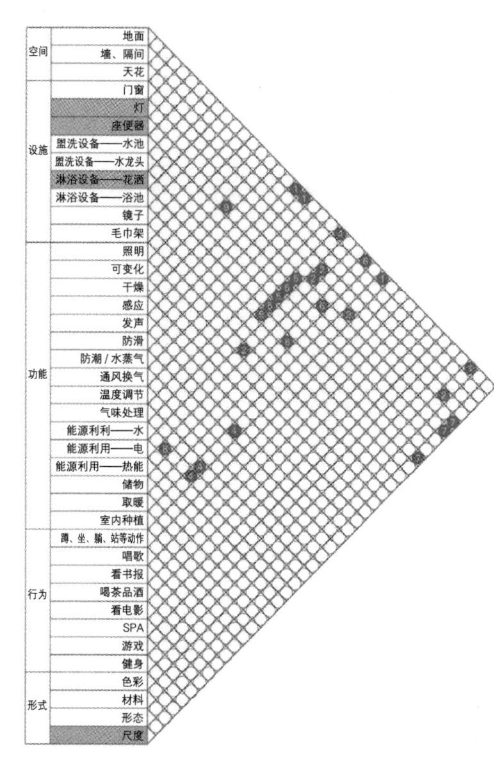

图 4-52

概念衍化

主题一：新能源

组合：能源利用（水）+能源利用（热能）

概念8：

太阳能热水器

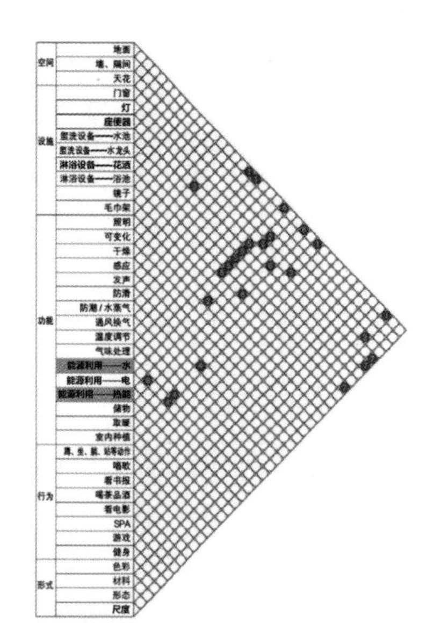

组合：座便器+干燥

概念9：

马桶冲洗吹干，无纸化

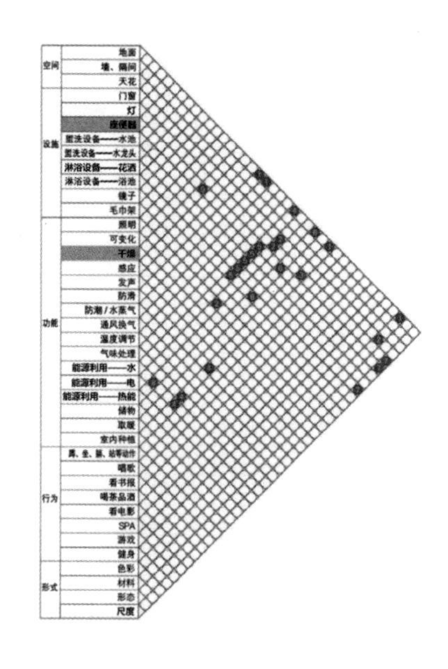

图 4-53

概念衍化

主题二: 健康

组合: 地面+干燥

概念1:

地面感应足底，采集体温、体重、心跳、血压等健康指标

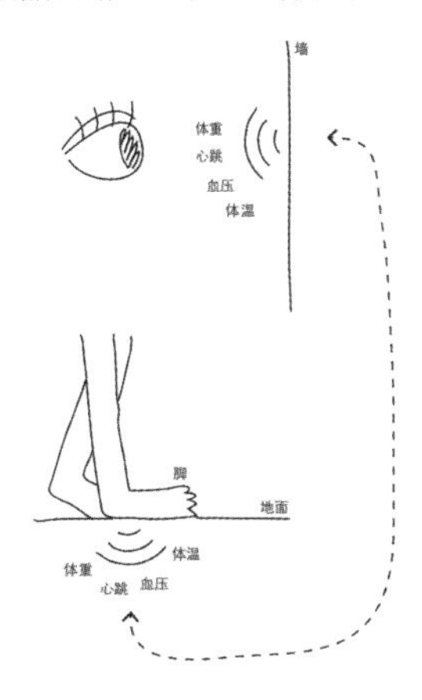

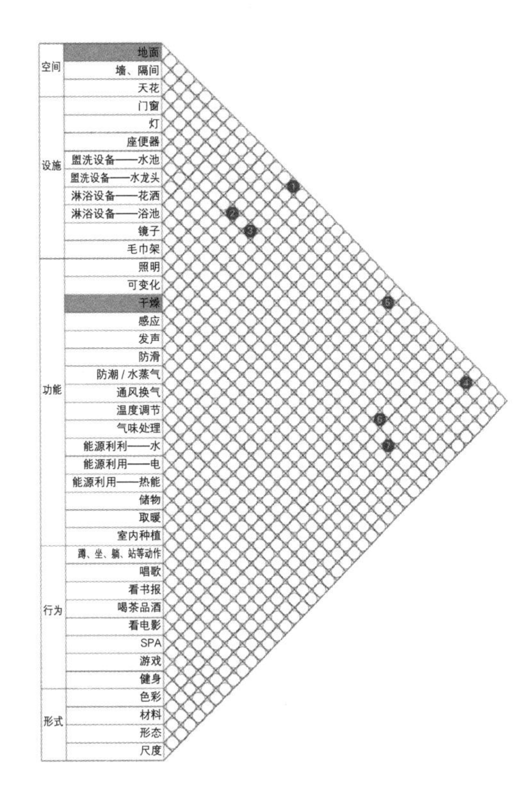

图 4-54

概念衍化

主题二: 健康

组合: 坐便器+可变化

概念2:

可升降坐便器，方便行动不便者使用

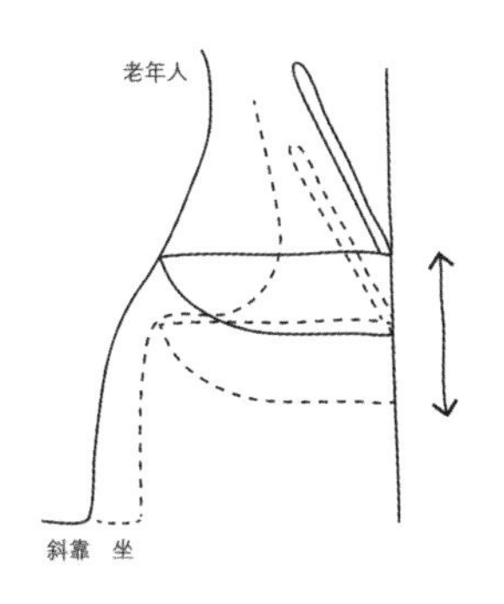

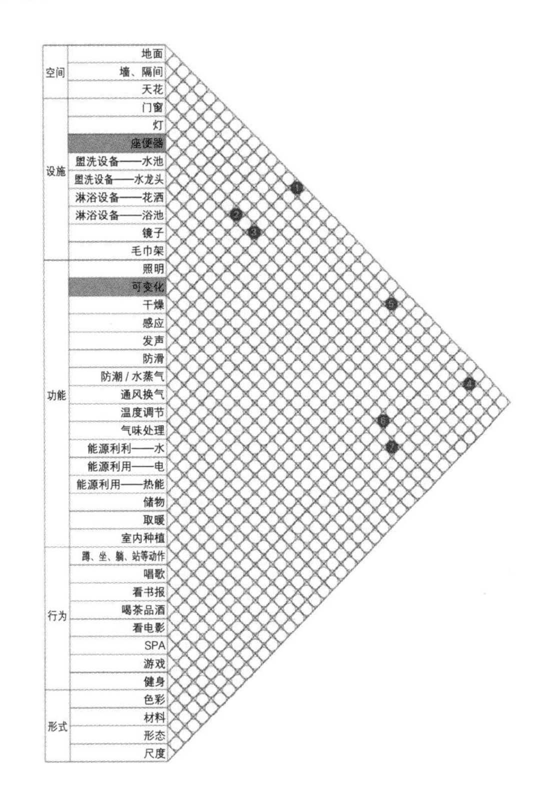

图 4-55

概念衍化

主题二: 健康

组合: 坐便器+感应

概念3:

可检测尿液、粪便质量并预报身体状况的坐便器

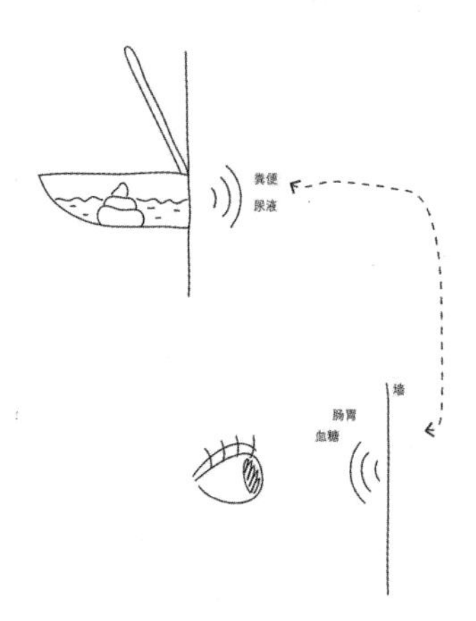

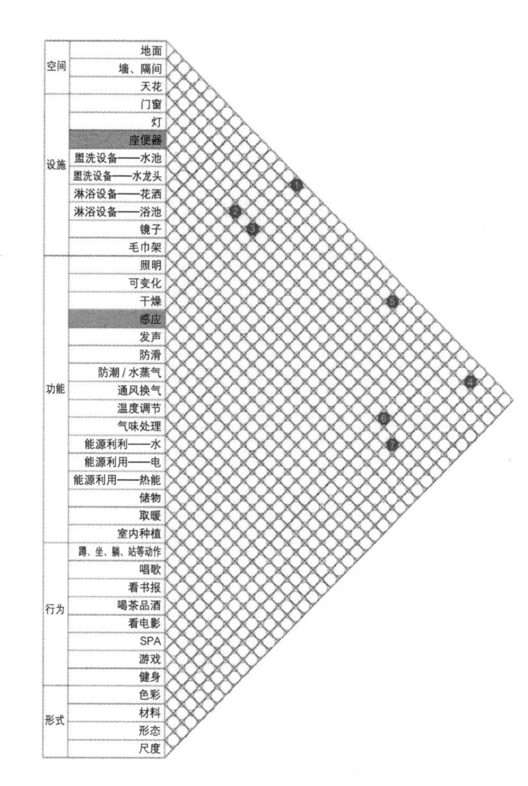

图 4-56

概念衍化

主题二: 健康

组合: 墙、隔间 +色彩

概念4:

根据空气质量自动改变颜色的墙面

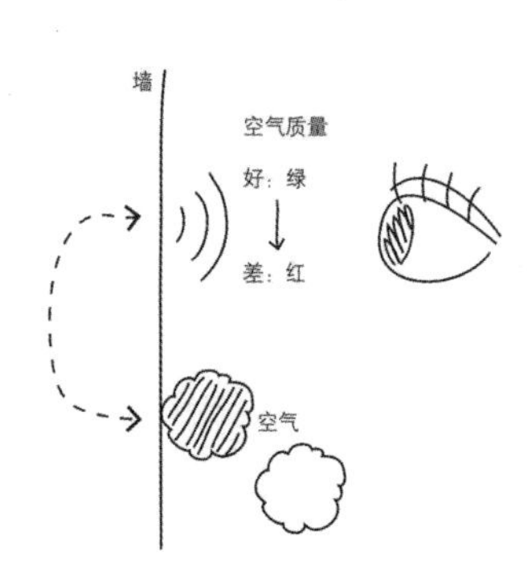

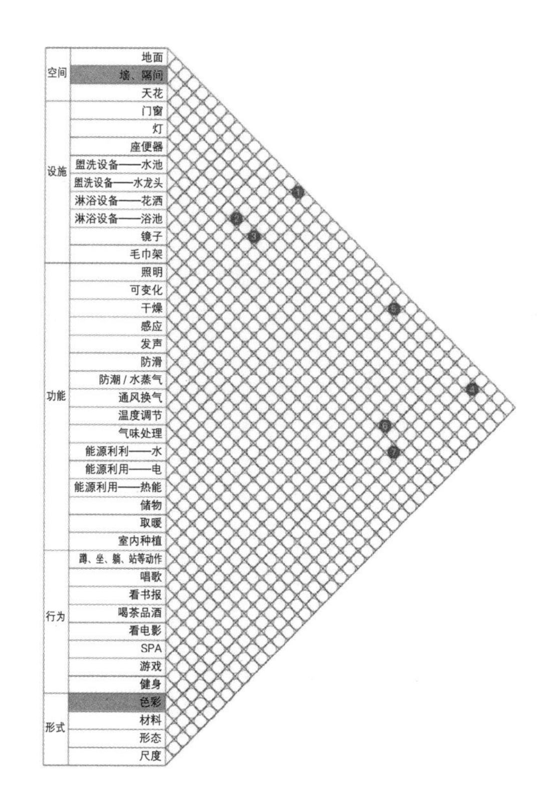

图 4-57

概念衍化

主题二：健康

组合：墙、隔间 +室内种植

概念5：

墙面绿植，净化空气，吸收水汽

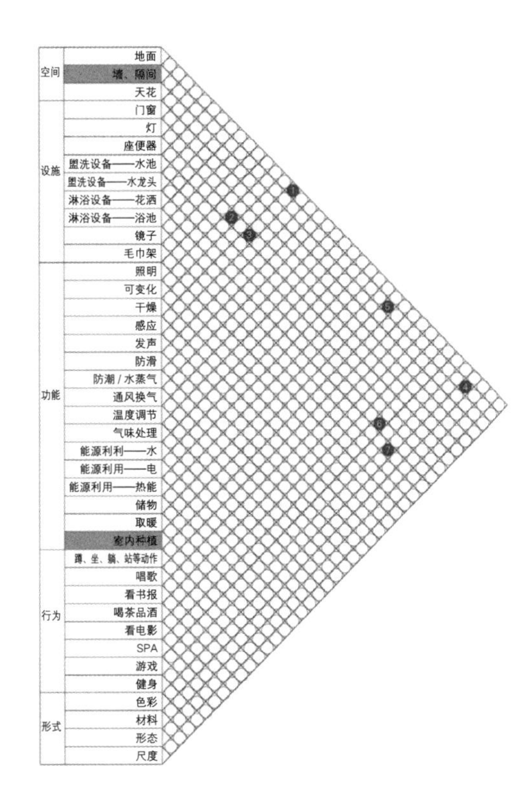

图 4-58

概念衍化

主题二：健康

组合：花洒 +SPA

概念6：

喷射水柱按摩人体的花洒装置

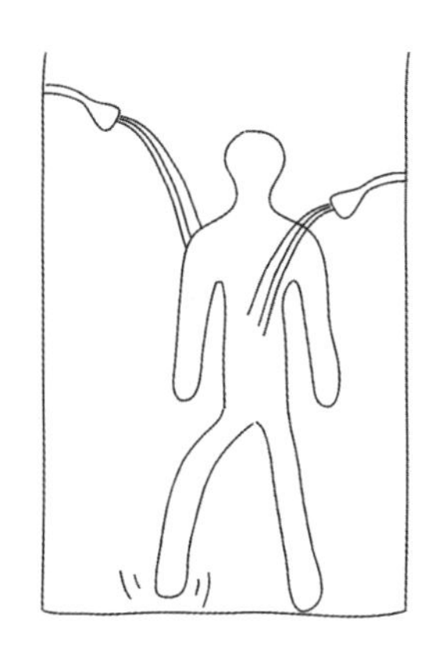

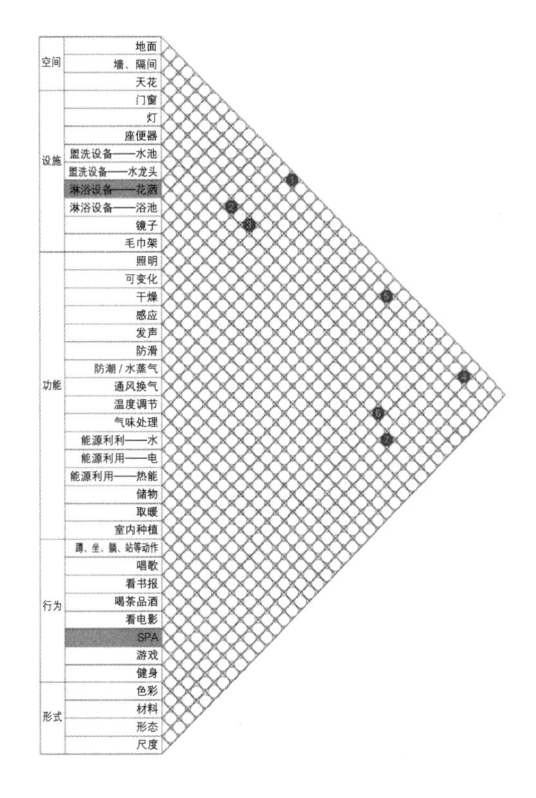

图 4-59

概念衍化

主题二: 健康

组合: 浴池+健身

概念7:

可边洗浴边玩跳舞机的浴池

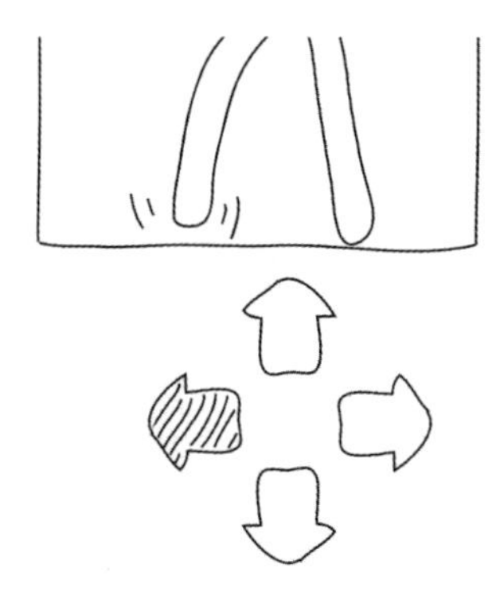

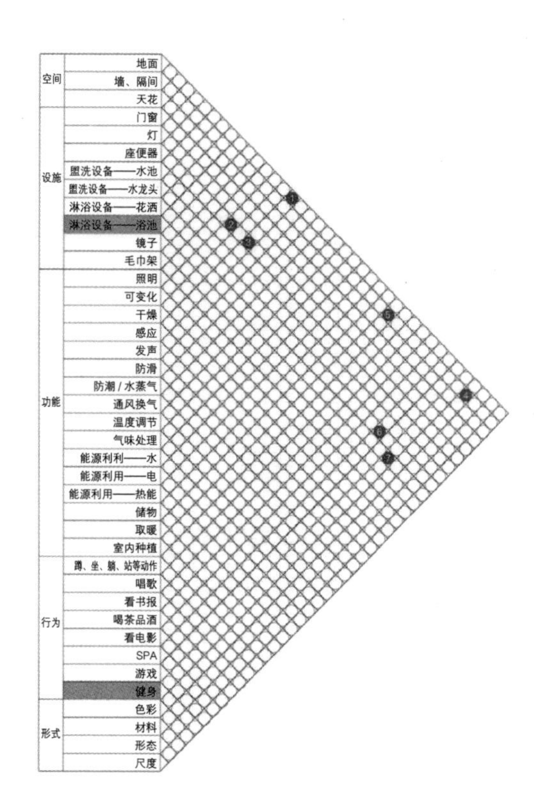

图 4-60

概念衍化

主题三: 人性化

组合: 浴池+花洒

概念1:

从淋浴旋转成为盆浴的浴池

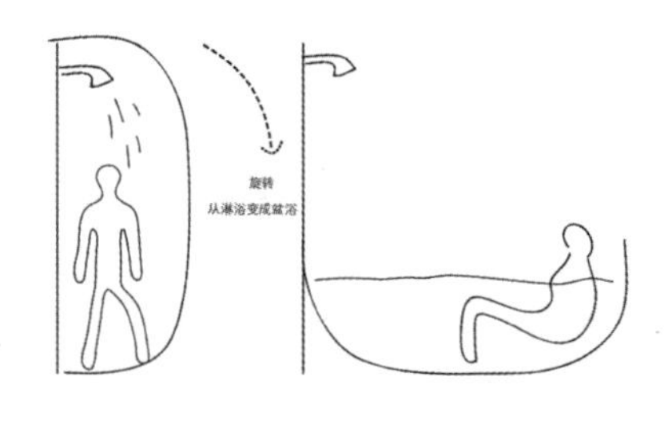

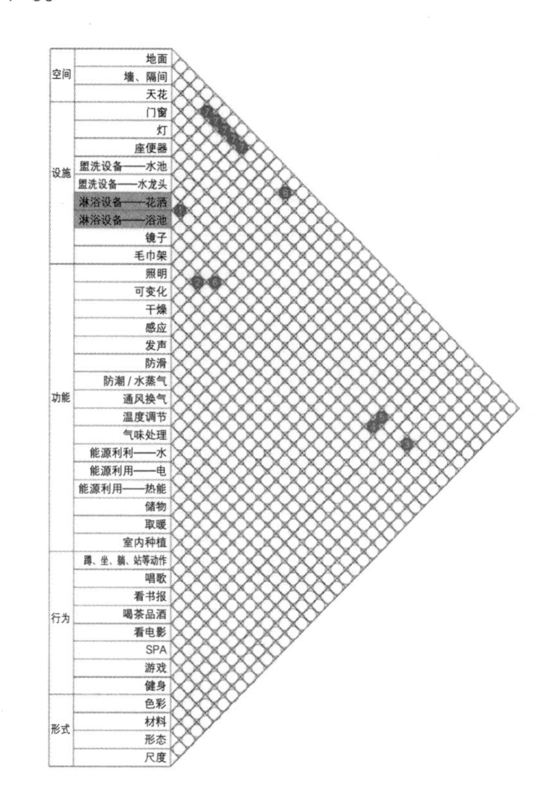

图 4-61

概念衍化

主题三: 人性化

组合: 毛巾架+干燥

概念2:

毛巾架可风干毛巾，取下又可以成为电吹风

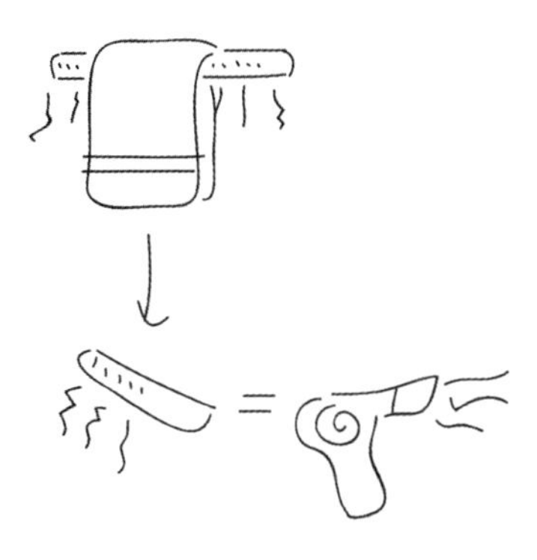

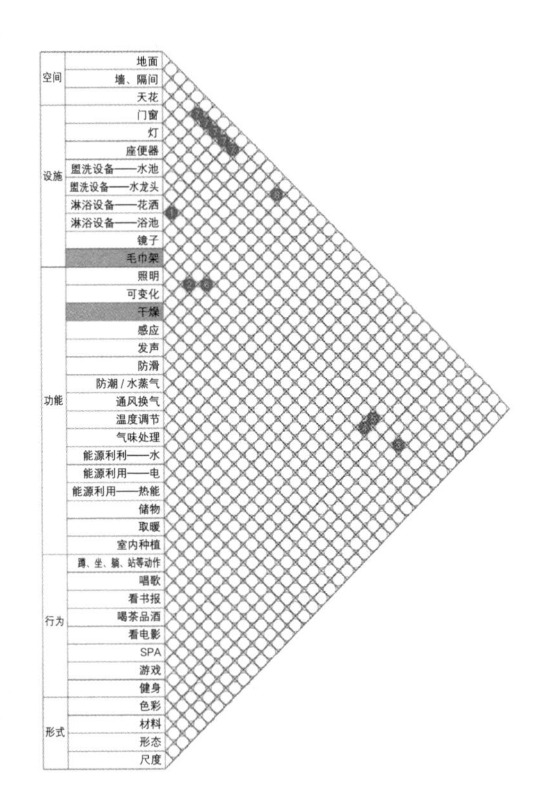

图 4-62

概念衍化

主题三: 人性化

组合: 花洒+健身

概念3:

锻炼的时候出水

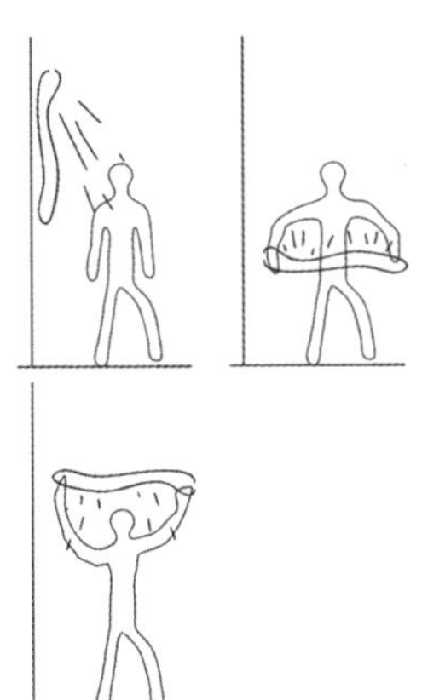

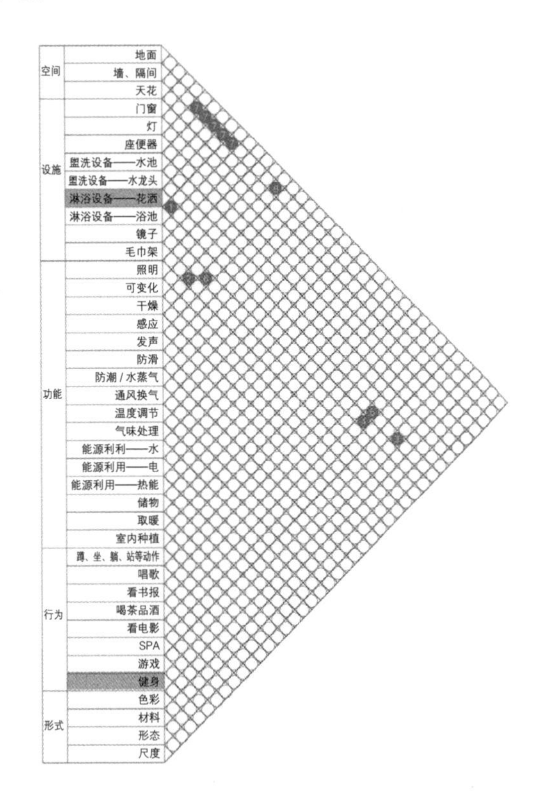

图 4-63

概念衍化

主题三: 人性化

组合: 浴池+看电影

概念4、5:

洗浴时看电影

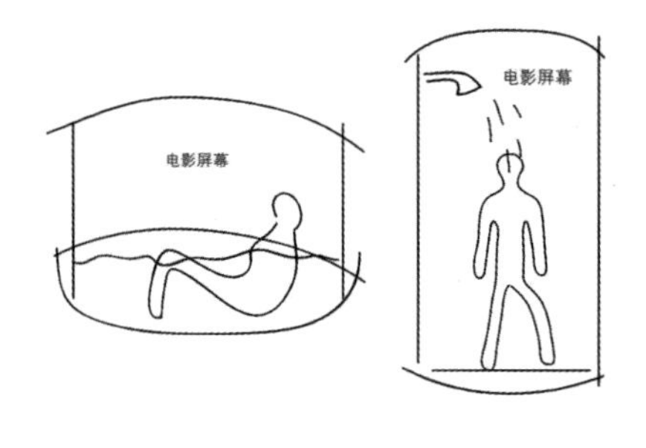

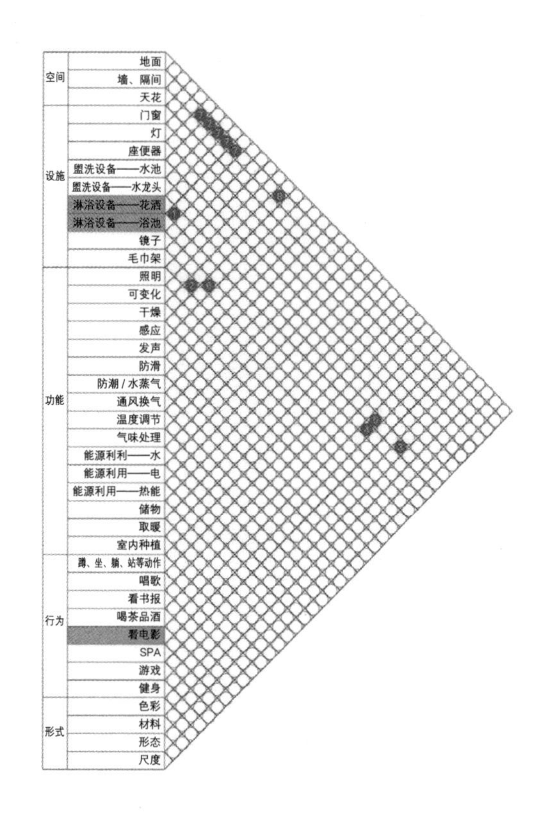

图 4-64

概念衍化

主题三: 人性化

组合: 墙、隔间+坐便器+水池+水龙头+花洒+浴池

概念6:

模块化设计, 组成一面墙体

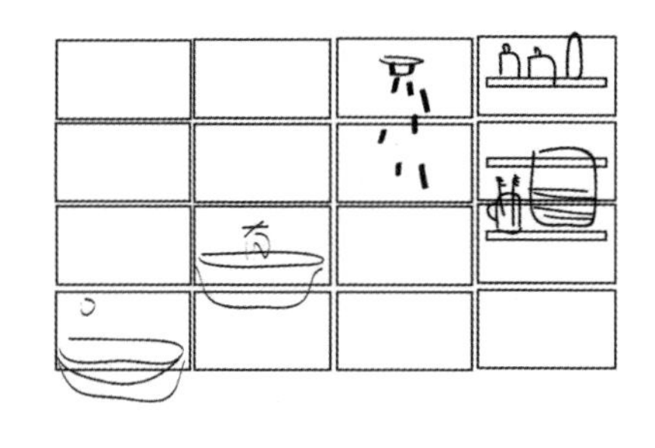

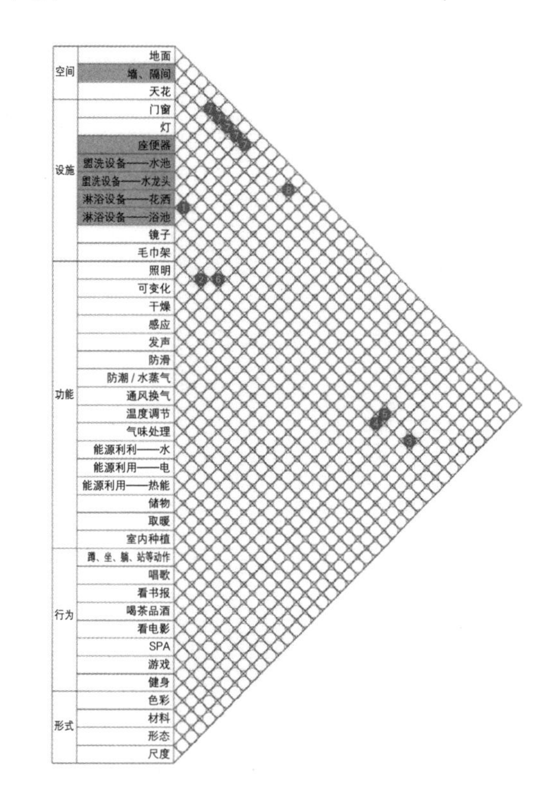

图 4-65

概念衍化

主题三：人性化

组合：墙、隔间+干燥

概念7:

与墙融为一体的空气调节器， 洗完澡身上瞬间变干

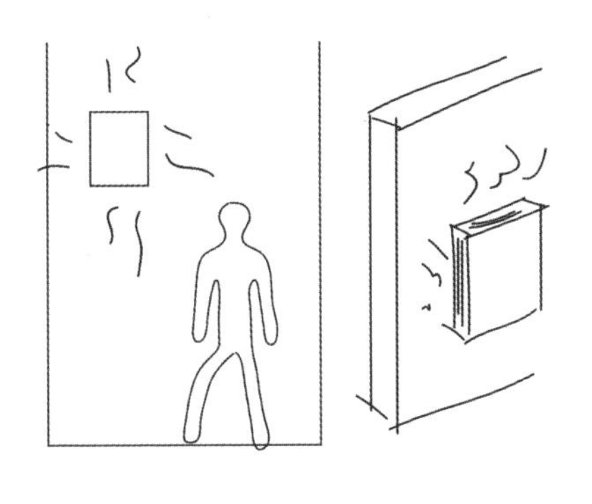

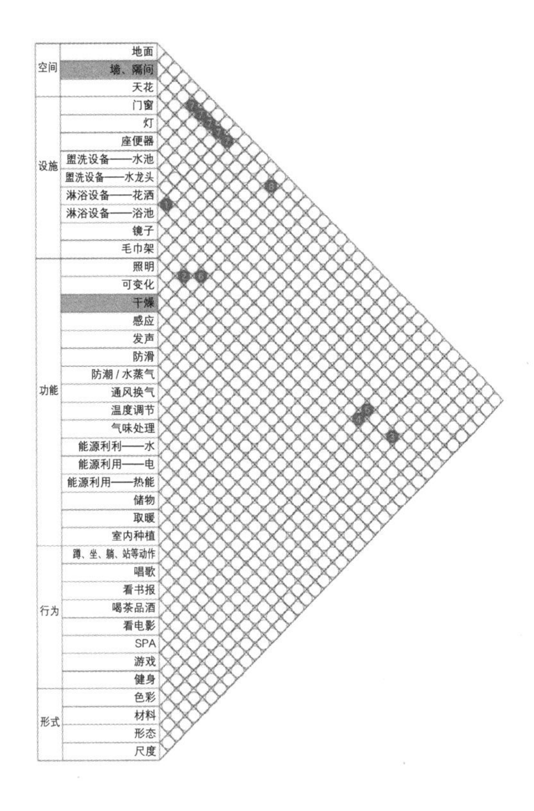

图 4-66

使用人群

类型一：单身贵族/男
特点：热爱运动/时尚/休闲娱乐/新新人类
尺度定位：小型集成化空间

创意：

A1：防滑生态铺地
A2：太阳能玻璃
A3：发光植物照明
A4：苔藓地毯
A5：中水回收
A6：余热回收
A7：集成化厕所

B1：地面感应&身体检测
B2：人性化坐便器
B3：坐便器&身体检测
B4：墙面&空气质量检测
B5：墙面种植
B6：按摩花洒

C1：智能浴池
C2：吹风架
C3：健身花洒
C4：浴池影院
C5：墙面&干燥器

图 4-67

使用人群

类型二：单身贵族/女
特点：热爱音乐/电影/休闲娱乐/新新人类
尺度定位：小型集成化空间

创意：

A1：防滑生态铺地
A2：太阳能玻璃
A3：发光植物照明
A4：苔藓地毯
A5：中水回收
A6：余热回收
A7：集成化厕所

B1：地面感应&身体检测
B2：人性化坐便器
B3：坐便器&身体检测
B4：墙面&空气质量检测
B5：墙面种植
B6：按摩花洒

C1：智能浴池
C2：吹风架
C3：健身花洒
C4：浴池影院
C5：墙面&干燥器

图 4-68

使用人群

类型三：核心家庭
特点：热爱生活/自然/休闲娱乐/养身
尺度定位：舒适健康空间

创意：

A1：防滑生态铺地
A2：太阳能玻璃
A3：发光植物照明
A4：苔藓地毯
A5：中水回收
A6：余热回收
A7：集成化厕所

B1：地面感应&身体检测
B2：人性化坐便器
B3：坐便器&身体检测
B4：墙面&空气质量检测
B5：墙面种植
B6：按摩花洒

C1：智能浴池
C2：吹风架
C3：健身花洒
C4：浴池影院
C5：墙面&干燥器

图 4-69

使用人群

类型四：独居老人
特点：关注身体健康/自然/养身
尺度定位：舒适健康空间

创意：

A1: 防滑生态铺地
A2: 太阳能玻璃
A3: 发光植物照明
A4: 苔藓地毯
A5: 中水回收
A6: 余热回收
A7: 集成化厕所

B1: 地面感应&身体检测
B2: 人性化坐便器
B3: 坐便器&身体检测
B4: 墙面&空气质量检测
B5: 墙面种植
B6: 按摩花洒

C1: 智能浴池
C2: 吹风架
C3: 健身花洒
C4: 浴池影院
C5: 墙面&干燥器

图 4-70

使用人群

类型五：三代同堂家庭
特点：关注身体健康/自然/休闲娱乐/养身/热爱生活
尺度定位：舒适健康空间

创意：

A1: 防滑生态铺地
A2: 太阳能玻璃
A3: 发光植物照明
A4: 苔藓地毯
A5: 中水回收
A6: 余热回收
A7: 集成化厕所

B1: 地面感应&身体检测
B2: 人性化坐便器
B3: 坐便器&身体检测
B4: 墙面&空气质量检测
B5: 墙面种植
B6: 按摩花洒

C1: 智能浴池
C2: 吹风架
C3: 健身花洒
C4: 浴池影院
C5: 墙面&干燥器

图 4-71

空间设计

以0.75m×0.75×0.75m为空间的单位模数，进行空间布局组合，得到两类空间尺度，以分别适应上述五类人群需求。

模块化空间——所有的卫浴产品、空间元素（天花、墙、地面）的单位模数皆限定于该尺寸内，可根据未来卫生间的大小自由排列、组合、调整元素的布局。

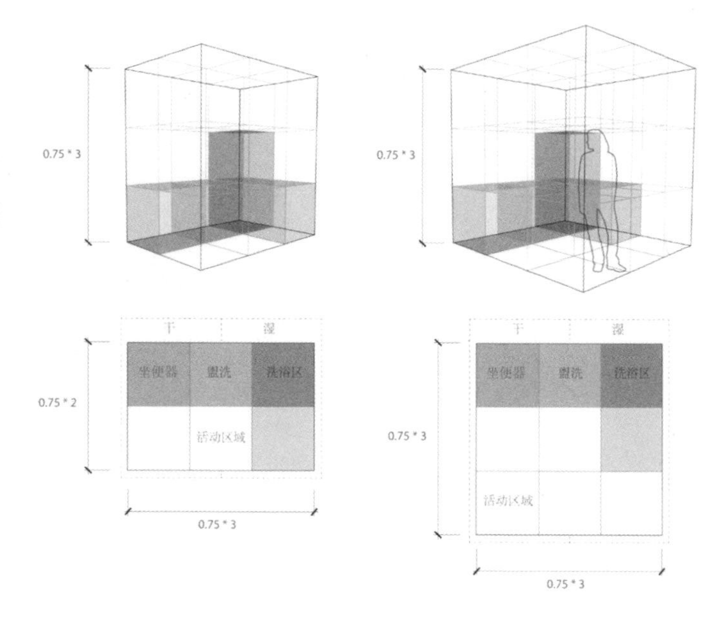

图 4-72

空间效果

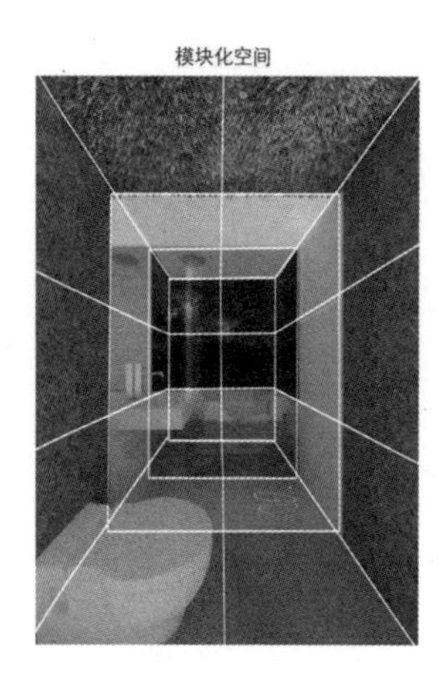

图 4-73

功能分析

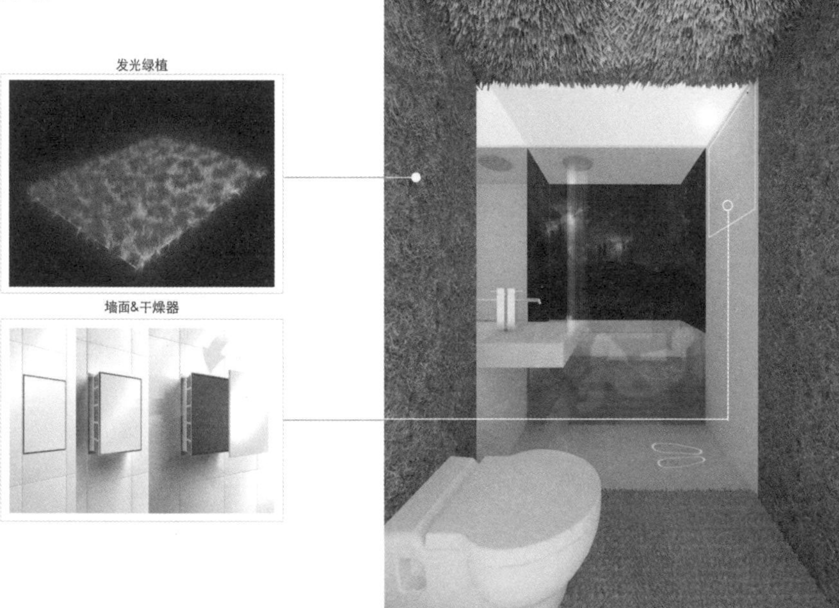

图 4-74

功能分析

地面、墙面

图 4-75

功能分析

墙面

空气质量检测墙

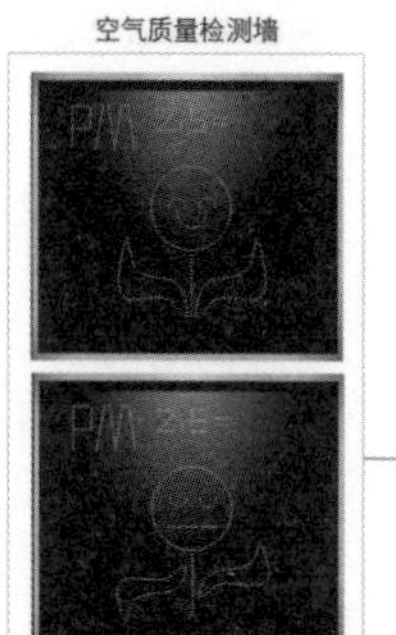

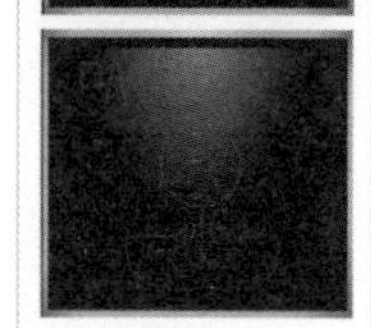

智能墙面可检测卫生间空气质量，并以直观的形式呈现于墙面。

图 4-76

功能分析

地面

墙面&干燥器

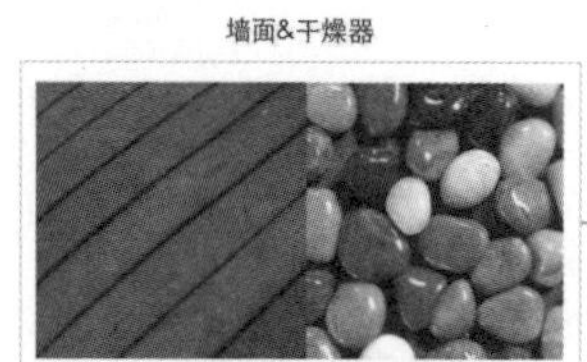

铺地为石材或木材等自然材料，可持续。

苔藓地毯

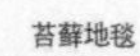

苔藓地毯可吸收卫生间内多余水汽，且美化环境。

图 4-77

功能分析

天花

太阳能发电窗

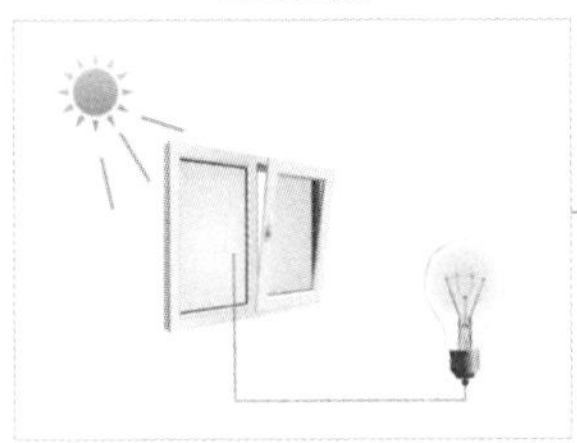

玻璃窗将太阳能转化为电能，供其他电器使用。

图 4-78

功能分析

淋浴产品

浴池影院

围合淋浴空间的玻璃从地面升起，外围墙面播放电影。

图 4-79

功能分析

淋浴产品

浴池影院

围合盆浴空间的玻璃从地面升起，外围墙面播放电影。

图 4-80

功能分析

淋浴产品

健身花洒

扭曲、拉伸花洒，淋浴同时锻炼。

图 4-81

功能分析

淋浴产品

吹风架

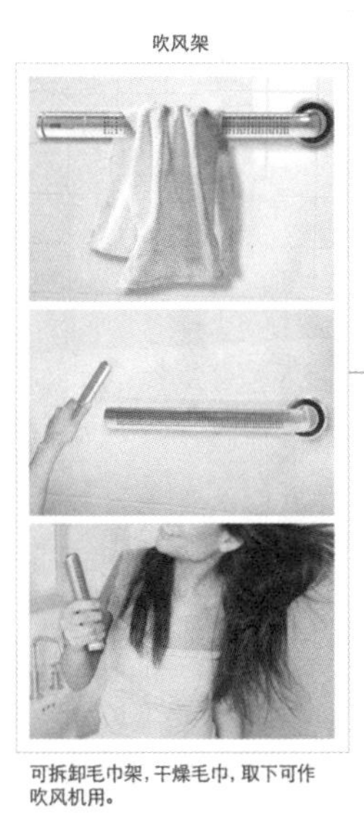

可拆卸毛巾架，干燥毛巾，取下可作吹风机用。

图 4-82

功能分析

坐便器

坐便器&身体检测

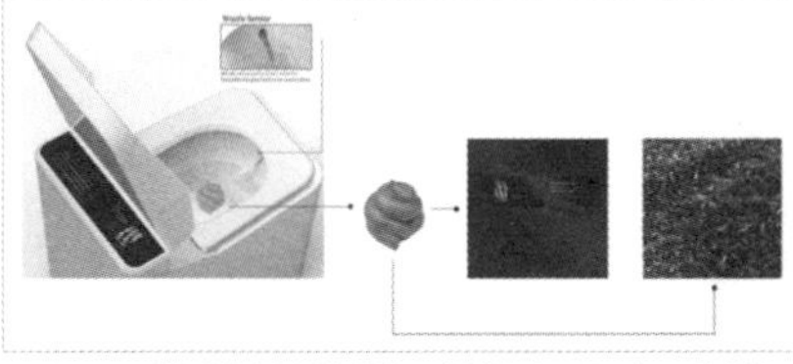

坐便器通过排泄物来检测身体状况，检测结果呈现于墙面，排泄物经过处理作为绿植墙面的有机肥。

升降坐便器

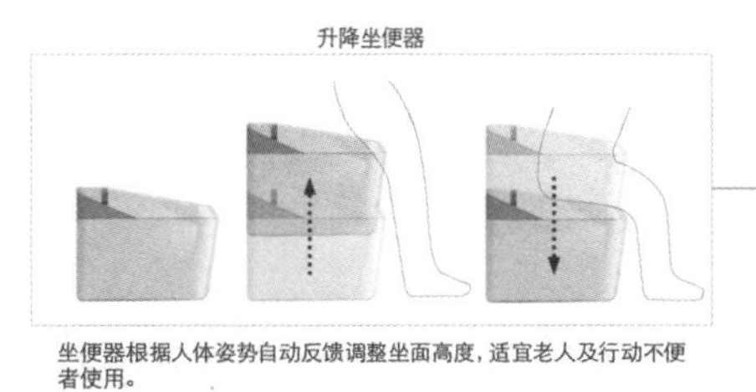

坐便器根据人体姿势自动反馈调整坐面高度，适宜老人及行动不便者使用。

图 4-83

功能分析

能源系统

中水循环系统

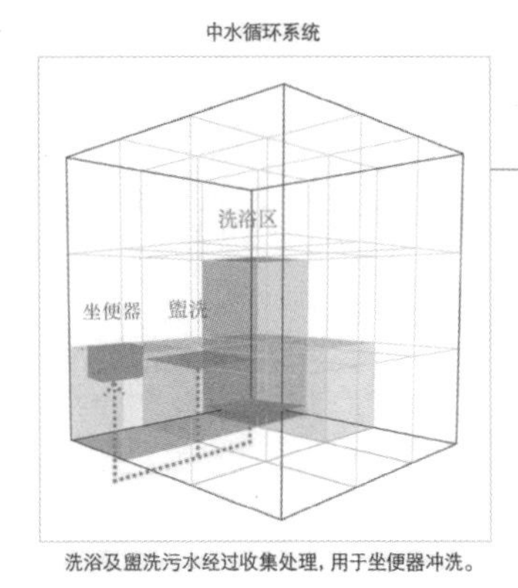

洗浴及盥洗污水经过收集处理，用于坐便器冲洗。

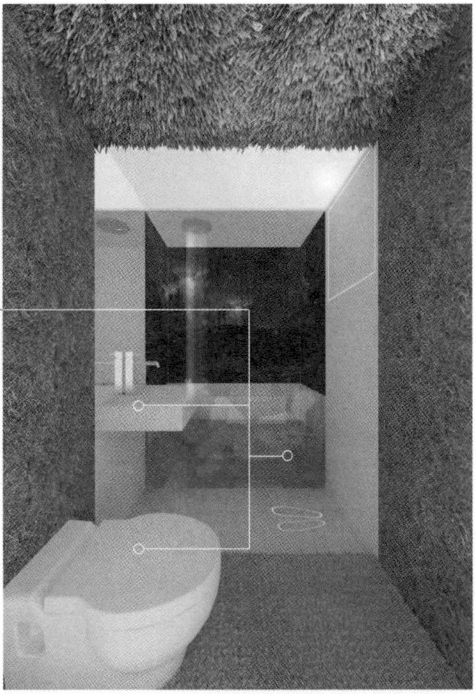

图 4-84

功能分析

能源系统

余热回收系统

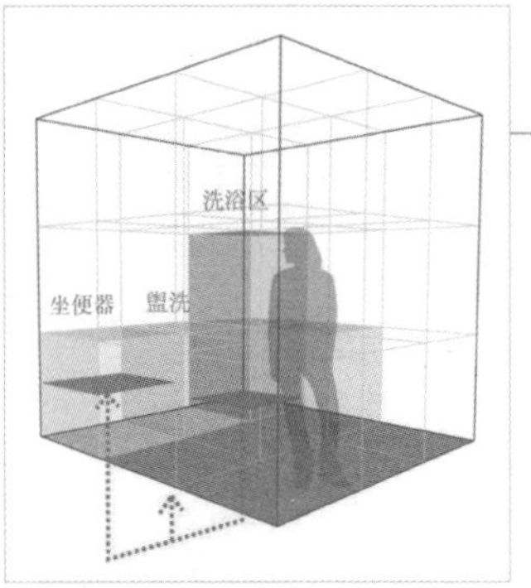

洗浴区

坐便器

盥洗

洗浴热污水进入热能回收系统，系统收集热能，并为马桶盖、热水管供热。

图 4-85

4.3 非遗传统文化元素整合

在现代化快速发展的时代，除了与时代同步的现代设计，在面对非物质文化遗产及与其相关的设计项目时，如何将非遗传统文化元素整合进设计中，是我们经常会遇到的一种课题。譬如在苏州城区改造建设中的城市家具设计、江西上饶地区的城区道路建设中的城市家具设计等，业主都要求在设计中融入非遗传统文化元素，以体现在现代化建设的同时又继承了非遗传统文化。这样的设计创意可通过运用信息资料法展开。在进行设计课程时，经常将实际的项目课题融入教学训练中，培养学生的实践操作能力。

4.3.1 书院大桥设计

设计：丁毅、洪子潇

书院大桥设计主要是针对大桥的环境设计，即大桥的照明灯具、围栏、桥头堡、铺地等城市家具设计。为了将非遗传统文化元素在环境设计中加以运用，提取传统文化中的无形与有形元素，并转化为环境设计中具体的可视形象是设计的重要环节。通过调查、分析、归纳、提取及整合，最终提出设计方案。

路灯设计：灯头挑出造型采用南宋官帽挑出帽柄造型元素，以南宋鹅湖书院为背景，以官帽代学子苦读选拔功名之意。

桥头堡设计：基座用石块分层表现，寓意莘莘学子十年寒窗，步步登高。顶上的书本以镂空形式表现鹅湖书院代表建筑的剪影像，利用天空自然景色参与其中作为视觉形象；且内嵌灯光效果。主题整体形象点题明确（书院）。

护栏设计：采用青石材为基底，使之结构稳固有一定抗风抵御能力。围栏框造型来源于南宋各种建筑群的抽象剪影形态。围栏中间以本地文化浮雕配之，强化传统文化内容。

整体方案以现代表现方式为主，部分传统元素融合其中，体现现代与传统的结合。大部分材料为石材，方便加工同时又有很好的稳定性，减少维修成本。

前期调研

周边环境调研

自然环境

人文环境

人与自然统一

林木、村庄、溪流、小桥、阡陌、水碓，错落有致地点缀在广阔的田畈上。唐诗“鹅湖山下稻粱肥，豚栅鸡栖半掩扉。桑柘影斜春社散，家家扶得醉人归”，描写的就是这一带富庶恬适的田园风情

\+

1175 年（南宋淳熙二年），朱熹、吕祖谦、陆九龄、陆九渊在此聚会讲学。四子殁，信州刺史杨汝砺筑“四贤祠”以资纪念。1250 年（淳祐十年），朝廷命名为“文宗书院”。1453 年（明景泰四年）重建时，称“鹅湖书院”

图 4-86

概念说明

风格特点说明

历史文化

当下环境

历史与当下融合

这片区域有着浓厚的历史文化气息，将这份文化传达出去，会有更多的人了解这里，记住这里，文化也是城市向外界传递信息的一张名片

\+

周边的住宅楼以及来往的行人，都是随着时间不断更新发展的。环境是在不断调整的状态中，书院大桥也属于变化之一，对于城市环境是一个新的加载

图 4-87

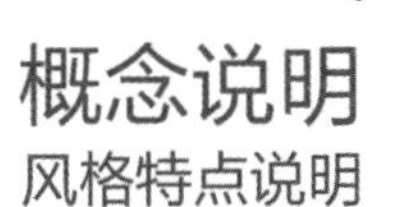

传统特质

传统文化的形态丰富多变，同时当地也已经存在着很多的传统建筑，它们主要通过石材浮雕等手法呈现传统特质，石材将是设计中的重要材质

传统与现代融合 

图 4-88

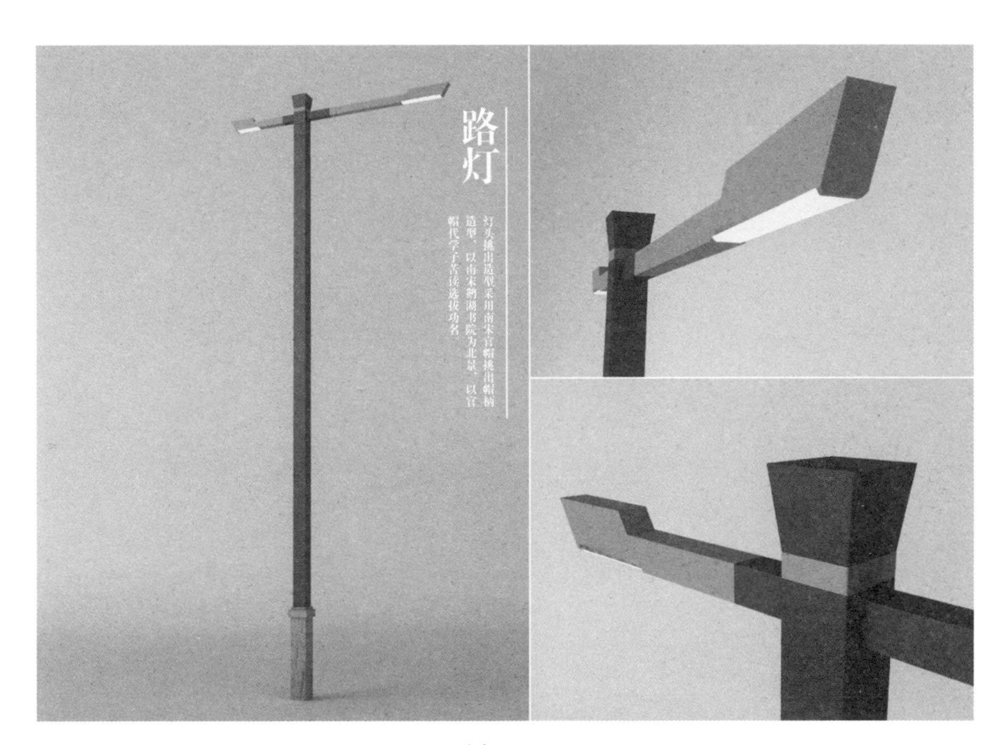

图 4-89

图 4-90

图 4-91

12W LED洗墙灯

长1000mm 宽46mm 高46mm

图 4-92

图 4-93

图 4-94

图 4-95

图 4-96

图 4-97

第五章　交互设计

5.1　打破传统思维模式

设计的首要因素是要有创意，所以在设计的第一阶段如何提出有价值的创意点子是关键；而要提出创新的创意点，必须要有创意思维方法，而创意思维训练方法的养成，首先必须打破传统思维模式，亦即打破固有的思维定式。打破传统思维模式才能打开脑洞，交互设计中的打破传统思维模式也是在系统调查分析的基础上，发散提出创意，这里交互设计本身也是作为解决问题的方法之一而进行展开的。

5.1.1　堵车对策

设计：陈 肯

随着现代化的发展，城市交通问题越来越突出。其中，随着投放市场的汽车大量增加，其增长速度远超城市道路的建设速度，造成城市交通的日益拥堵。针对堵车现象，如何通过设计思维找到缓解交通拥堵的对策，是摆在设计师面前的一个很现实的社会课题。

引入

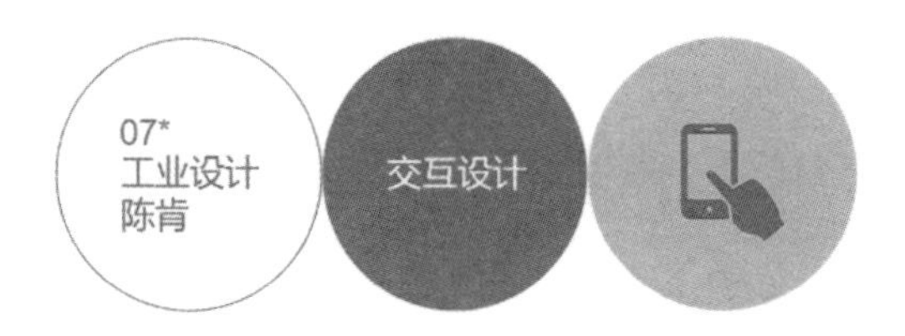

图 5-1

设计项目计划 | 阶段概览

Phase 0
项目导入和调研
做什么？

Phase 1
初步方案：功能探讨
是什么？

Phase 2
方案深入：将功能形式化
什么样？

Phase 3/4
方案剖析：如何使用
细节

图 5-2

设计项目计划 | 初步时间计划

	02.28-03.04	03.07-03.11	03.14-03.18	03.21-03.25	03.28-04.01	04.04-04.08	04.11-04.15	04.18-04.22
背景研究、典型产品分析	■				■	■		■
头脑风暴、概念产生		■						
功能需求的挖掘和归纳			■		■			
交互原型（操作流程）设计			■	■	■			
平面界面设计					■	■		
撰写代码编程、交互动画设计						■	■	
软件展示动画制作								■

调研始终穿插于整个项目。

更新时间：2011.05.15

图 5-3

PHASE 0. 25%

项目导入和调研*

图 5-4

大背景

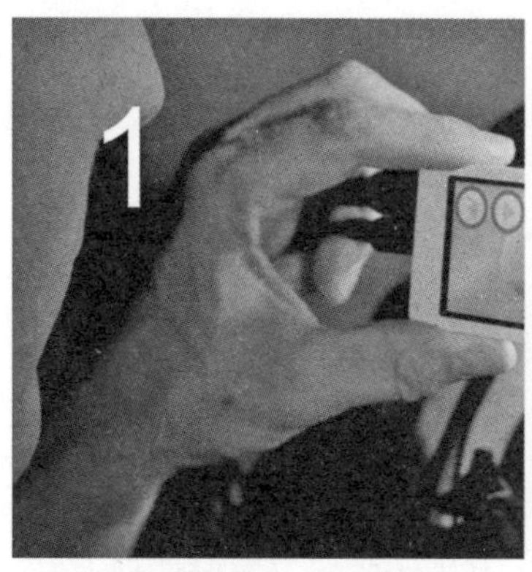

产品交互设计的大背景和触摸技术下的产品的成功

图 5-5

传统工业产品设计和交互设计的发展

交互设计是在产品设计发展过程中，从关注可用性，晋升到关注易用性的过程。最早的产品都是满足人的功能需求，而随着人类生活水平的提高，产品被逐渐要求从人的感受出发，包括视觉、听觉、触觉等。

产品设计的发展方向

交互设计涉及很多领域，是一个跨界的设计。而随着硬件的革新、科学技术的发展，触屏化的电子产品得到了人们极大的认可，给人们生活带来了方方面面的便利。因此产品设计行业在大方向上都在往虚拟化方向发展，以触摸介质为载体，带来交互体验更好的新一代产品。

图 5-6

苹果带来的革命

触摸产品成为提升体验的成功载体。

如今我们已经切身感受到平板电脑、触摸屏手机成为电子产品的明星，因为触控操控界面极大地赢得了消费者的欢心。
其实触摸设备出现得非常早，即使是在数年之前，人们对触摸手机还毫无兴趣。但iPhone&iPad创新引进Multi-touch让触摸体验瞬间提升，掀起触屏手机和平板电脑的商业狂潮，从而激发出基于触屏手机和平板电脑的井喷式软件开发与设计。

行业洗牌

苹果产品的成功是有辐射效应的，它的巨大成功带来的丰厚利润给整个行业带来翻天覆地的变化：消费类电子产品集体触屏化发展。

”

图 5-7

触摸设备的灵魂

软件是硬件的灵魂

触摸产品的发展可以说是井喷式的。随着苹果产品，尤其是iPhone和iPad的普及，App Store的软件下载使用呈现井喷式发展趋势，其应用范围相当广泛，如通信、GPS、地图、游戏、文档管理、社交网络、多媒体功能等。

国内市场的巨大契机

由于国内电子产品需求巨大，相应交互软件也具有相当大的需求缺口，因此国内市场潜力巨大。

图 5-8

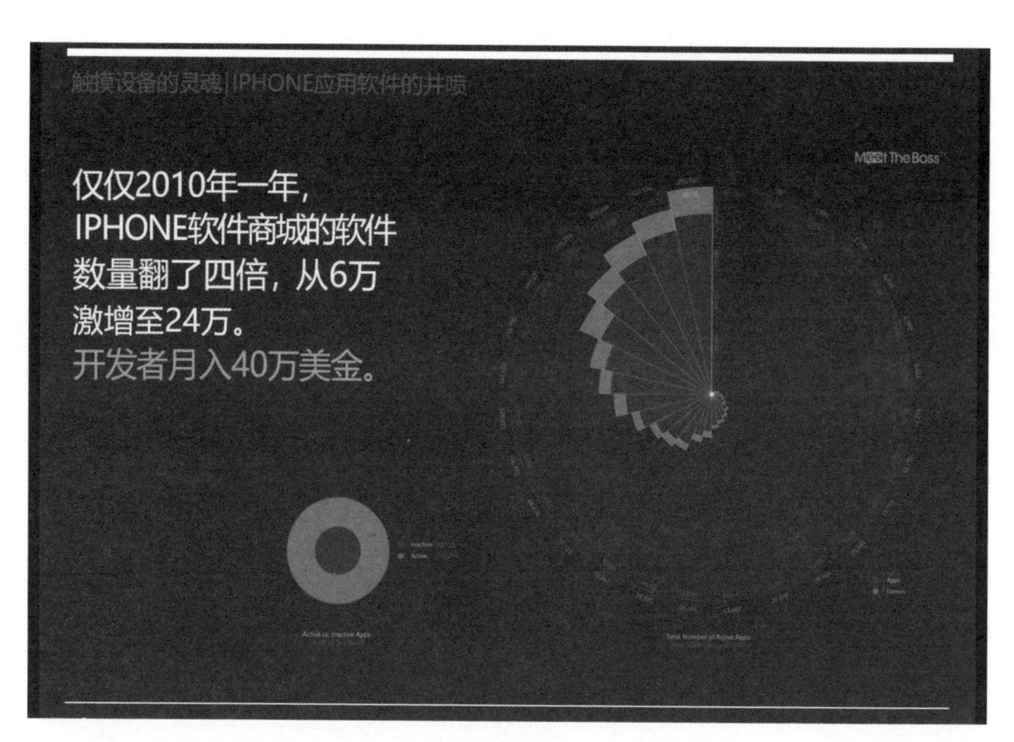
触摸设备的灵魂|IPHONE应用软件的井喷
Meet The Boss
仅仅2010年一年，
IPHONE软件商城的软件
数量翻了四倍，从6万
激增至24万。
开发者月入40万美金。

图 5-9

触摸设备的灵魂｜ 中国市场的巨大契机
国内市场发展迅猛。
高额利润意味着中文软件
的巨大市场契机。
QQ2010
周末画报
CCTV1
走近科学
焦点访谈
CCTV2 财经频道
健康之路

图 5-10

工业设计师、用户体验设计师、UI设计师、产品设计师……

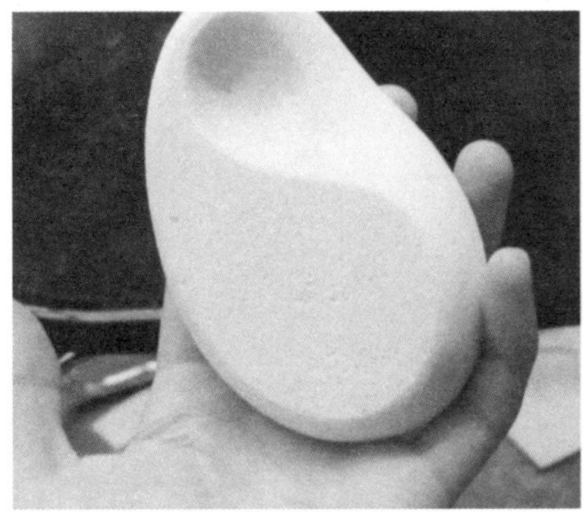

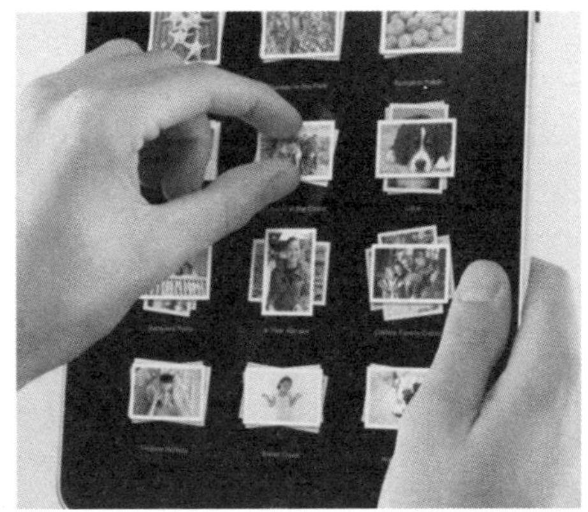

工业设计与交互设计的共通性

产品设计师有更好的宏观判断力，把握交互软件产品的开发和运营。因为无论是工业设计还是交互设计，对设计师的能力要求是共通的：在本科四年学习中对产品功能、外观、人机互动、概念创意、商业盈利模式等全方面能力训练的积累，可以很好地运用到交互产品设计中。

图 5-11

市场分析 | 流行应用的功能和形式特点

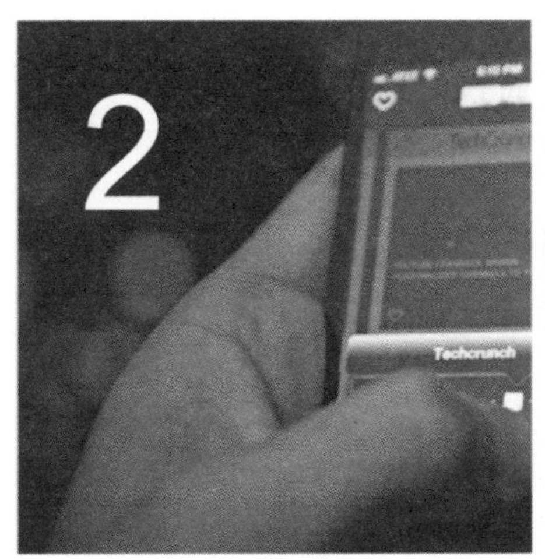

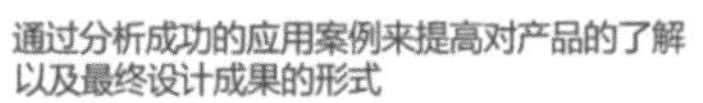
通过分析成功的应用案例来提高对产品的了解
以及最终设计成果的形式

图 5-12

成功案例一 | PROJECT NOAH | 真实感

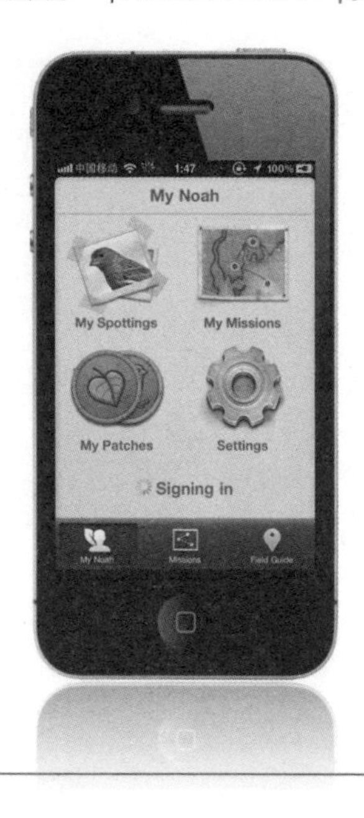

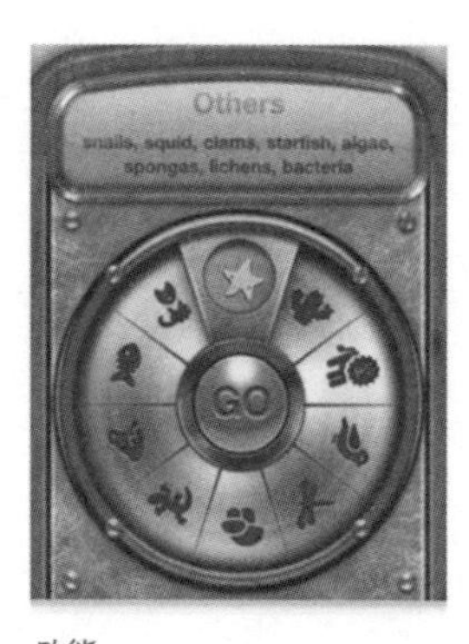

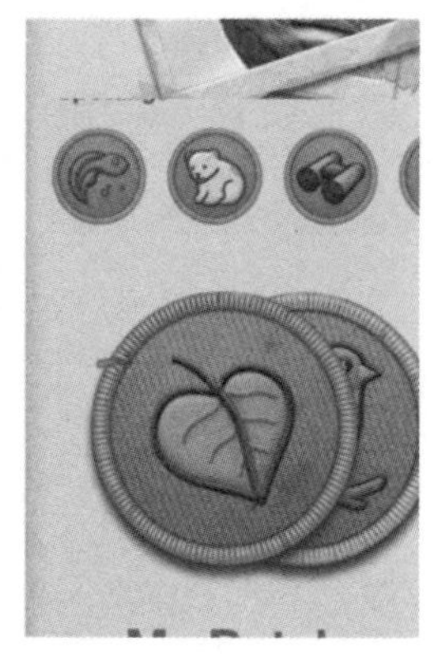

功能

用户的核心操作为挑选自己感兴趣的任务，然后拍摄野生动植物的照片去完成这个任务。在这个过程中用户可以跟踪自己的行程，以及与有共同爱好的人之间的分享。

形式

采用了极强的写实风格图像，细节精湛。整体风格富有怀旧感，很好地结合了探索自然的主题，增强了代入感。

图 5-13

成功案例二 | AWESOME NOTE | 操作体验舒适

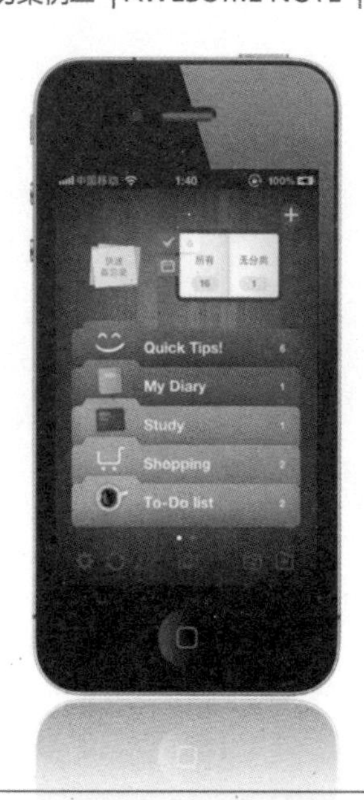

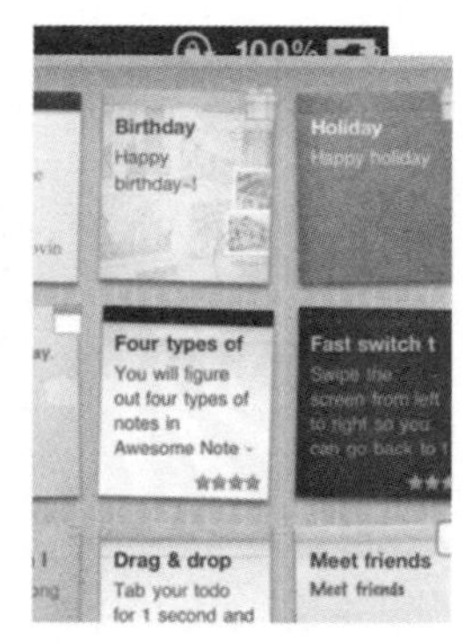

功能

信息归纳功能强大，能很直观地将便签和待办事项放入文件夹中，可以按照用户习惯的使用逻辑来安排。

加上直观的图形，很贴近现实生活中的文档归纳方式。

形式

色彩鲜明，细节上处理得很干净，适当采用了一些立体效果和材质，主要为了增加趣味性和轻松感。

图 5-14

成功案例三 | FLUD | 华丽感与趣味性

功能

本质上是一款电子杂志，但具有更新性质的是，它会收集来自用户社区网络中的个人用户发布的信息，整合为最具个性化的杂志，并再次分享给别人。

形式

该软件的形式魅力高于功能。色彩上有强烈的现代感，红色和黑色视觉分明，字体也十分优雅，线状的小图标非常精致。操作体验上，采用横向滑动的方式而不是传统的翻页。

图 5-15

成功案例四 | INSTAGRAM | 社区化与信息指数化扩张

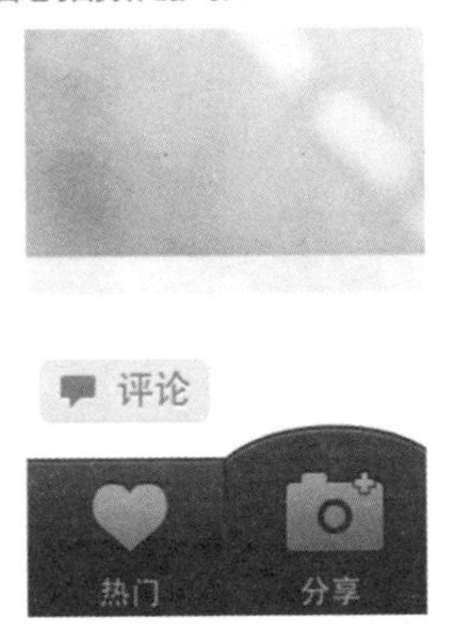

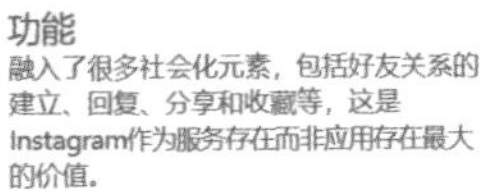

功能

融入了很多社会化元素，包括好友关系的建立、回复、分享和收藏等，这是Instagram作为服务存在而非应用存在最大的价值。

形式

色彩偏稳重，可说是十分朴素，但布局上巧妙地增加了照片出现的概率和面积，以至于整体界面色彩还是十分丰富的。

图 5-16

好的交互软件所需具备的条件

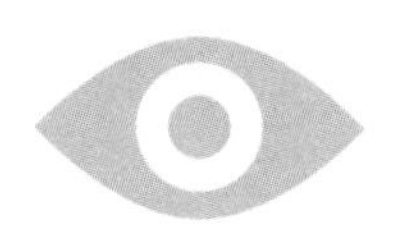

细节精美

社区化

图 5-17

头脑风暴 | 外出生活和移动软件，需求和问题

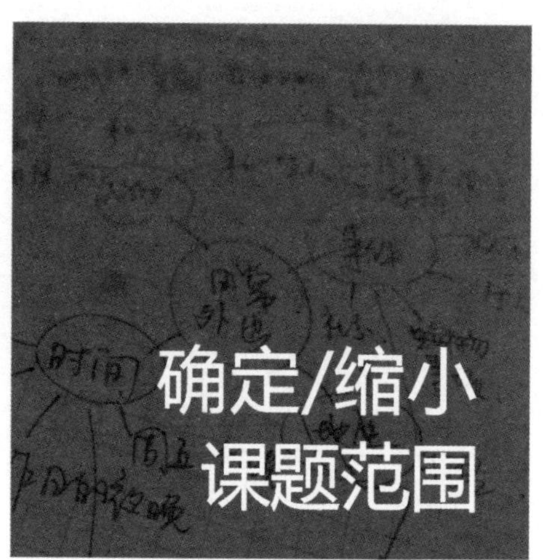

参与者6人，时间20分钟

图 5-18

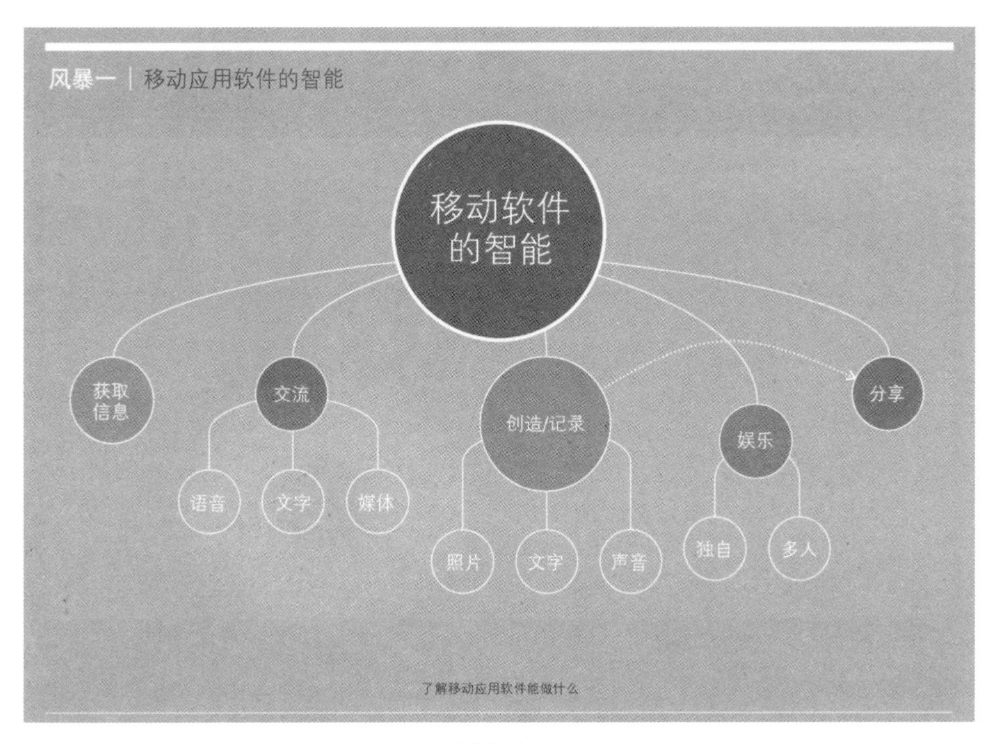
风暴一 | 移动应用软件的智能
移动软件的智能
获取信息
交流
创造/记录
娱乐
分享
语音
文字
媒体
照片
文字
声音
独自
多人
了解移动应用软件能做什么

图 5-19

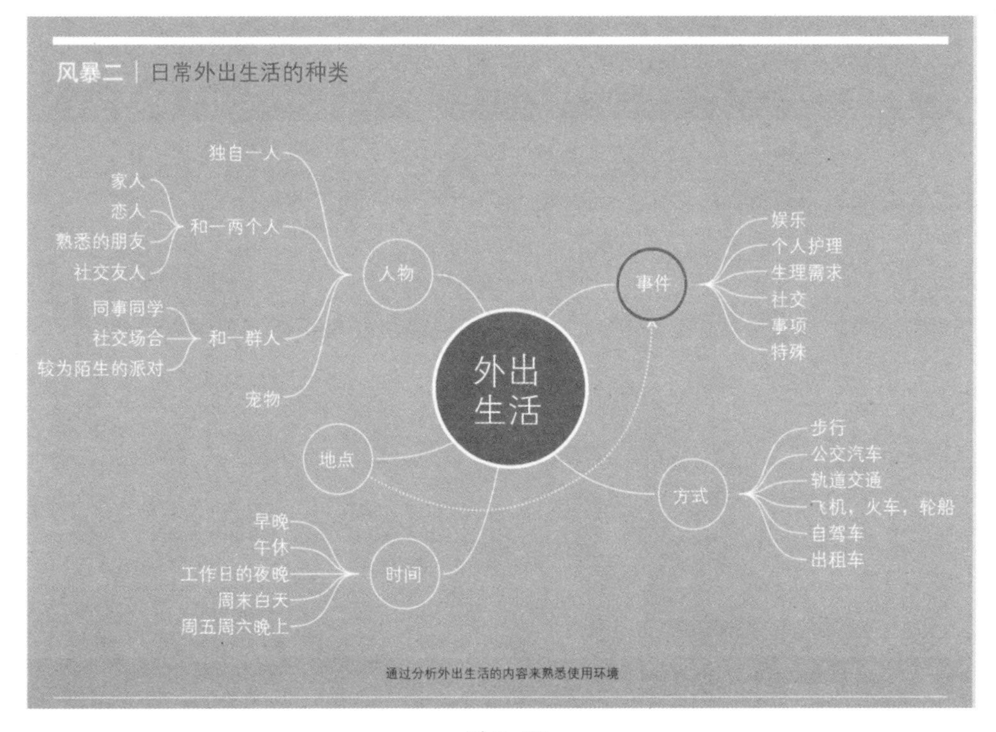
风暴二 | 日常外出生活的种类
外出生活
人物
独自一人
和一两个人
家人
恋人
熟悉的朋友
社交友人
和一群人
同事同学
社交场合
较为陌生的派对
宠物
事件
娱乐
个人护理
生理需求
社交
事项
特殊
地点
方式
步行
公交汽车
轨道交通
飞机，火车，轮船
自驾车
出租车
时间
早晚
午休
工作日的夜晚
周末白天
周五周六晚上
通过分析外出生活的内容来熟悉使用环境

图 5-20

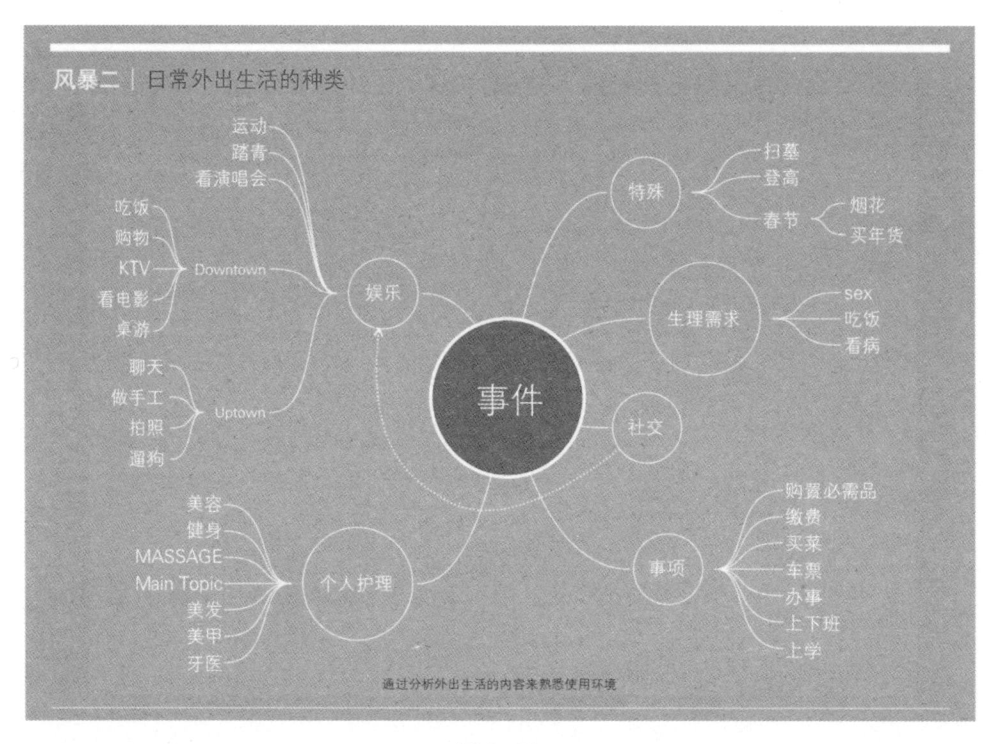

风暴二 | 日常外出生活的种类
事件
娱乐
Downtown
吃饭
购物
KTV
看电影
桌游
运动
踏青
看演唱会
Uptown
聊天
做手工
拍照
遛狗
特殊
扫墓
登高
春节
烟花
买年货
生理需求
sex
吃饭
看病
社交
个人护理
美容
健身
MASSAGE
Main Topic
美发
美甲
牙医
事项
购置必需品
缴费
买菜
车票
办事
上下班
上学
通过分析外出生活的内容来熟悉使用环境

图 5-21

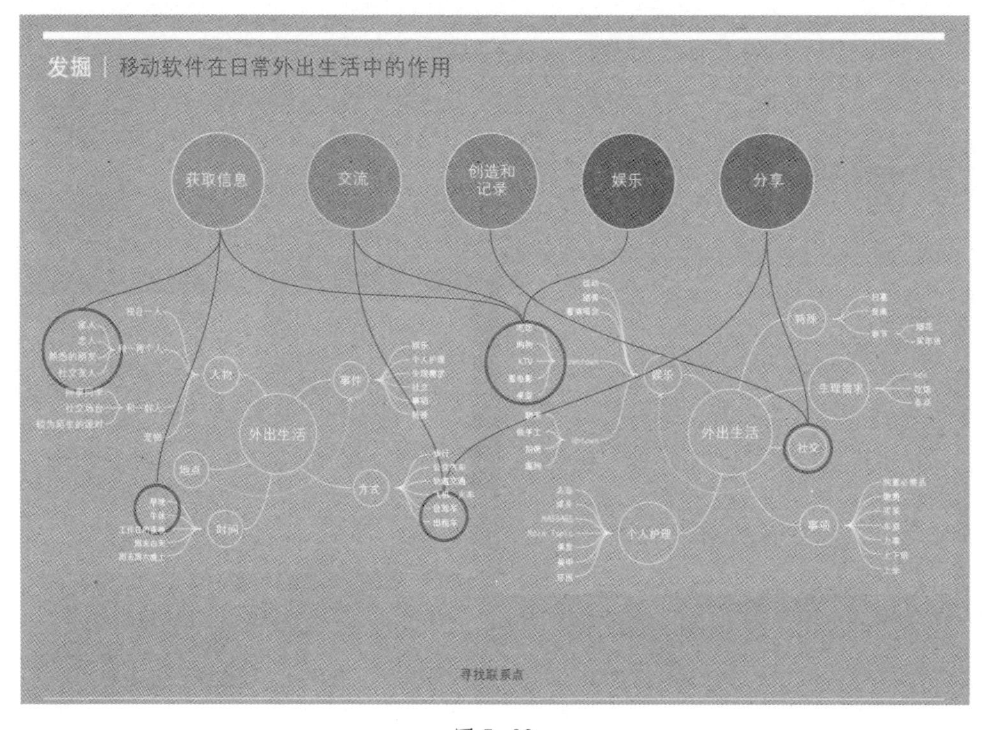

发掘 | 移动软件在日常外出生活中的作用
获取信息
交流
创造和记录
娱乐
分享
外出生活
人物
地点
时间
事件
方式
外出生活
娱乐
特殊
生理需求
社交
个人护理
事项
寻找联系点

图 5-22

概念一 | 身边的秘密地点

情境

每天经过的地方其实有很多意想不到的秘密地方：很漂亮的秘密庭院、很便宜的美味小吃、留下怪癖印迹的墙角····
把你发现的惊人秘密告诉别人，探索周围你不曾知道的秘密地点。

图 5-23

概念二 | 陪你逛街

情境

发现好地方的时候，告诉别人。于是当你逛到一个地方的时候，你就可以知道附近大家推荐的地方。
除此之外，还可以得知由商家推送的团购、打折、签售、积分等服务。

图 5-24

概念三 | 交通拥堵

情境

在堵车的时候，得知哪堵了，他们都堵成什么样子了。告诉别人自己这里都堵成什么样子了。
吐槽，满足发泄的需求，找事情分散他的不愉快心情。

图 5-25

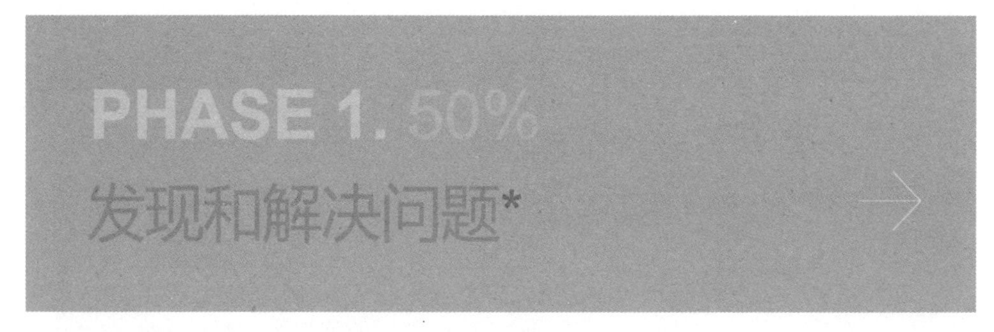

图 5-26

用户调研 | 堵车的经历和对策

通过了解用户对堵车的遭遇和处理办法，来改善用户的出行体验

图 5-27

社会背景

塞车文化的盛行

"塞车算什么？您得研究有车族的心理，愿意花两个小时上班的车主儿，根本不在乎再多花两个小时。" "什么叫马路天使您知道吗？马路天使就是，走什么路都选最堵的，不选最快的。" 而在堵车中创造一些"作品"，也成了人们在漫漫归途中"解闷儿"的方式。

现象产生的原因

社会角度：城市规划不合理、道路设计不科学、公共交通不尽如人意、私家车数量增加、"交通道德"的缺失

个人角度：不按规定车道行驶、见缝插针不懂让行、不合理规划出行路线、小事故当街理论、占用对向车道、错过路口冒险变线、绿灯前起步慢吞吞

图 5-28

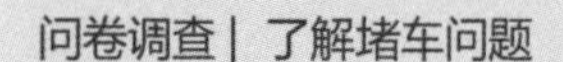

1.通常你的出行方式是?
A.乘公交车 B.开车 C.步行 D.乘地铁

2.你经常遇到堵车吗?
A.偶尔遇到堵车 B.经常经历堵车 C.很少经历堵车

3.遇到堵车你的情绪是?
A.焦急，什么时候才能走啊 B.感叹，今天运气真差
C.愤怒，怎么又堵了 D.后悔，不这么走就好了 E.其他

4.面对堵车，你会怎么做?
A.主动疏通道路 B.无奈地等待 C.改道而行 D.换一种交通工具 E.其他

5.在车上堵车时，你一般做什么来打发时间?
A.玩手机 B.听歌 C.看着前方 D.发呆或休息 E.和人抱怨 F.其他

6.你会用什么方式化解不良情绪?
A.听音乐或广播来舒缓情绪
B.做点事来转移注意力，如打电话聊天、手机上网、看新闻等
C.我没什么办法化解我的不良情绪，闷着
D.我会肆意发泄不良情绪
E.其他

问卷调查

调查范围:
北京、上海、深圳等一线城市

样本数量:
511份

图 5-29

问卷结果分析

通常你的出行方式是?

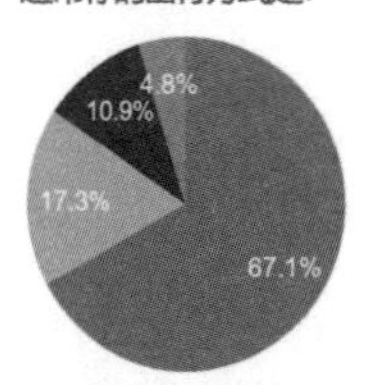

● 乘公交车 ● 开车 ● 步行
● 乘地铁

你经常遇到堵车吗?

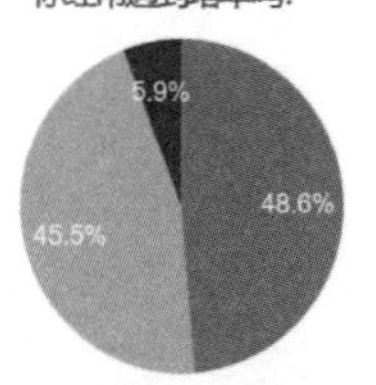

● 偶尔遇到堵车 ● 经常经历堵车
● 很少经历堵车

遇到堵车你的情绪是?

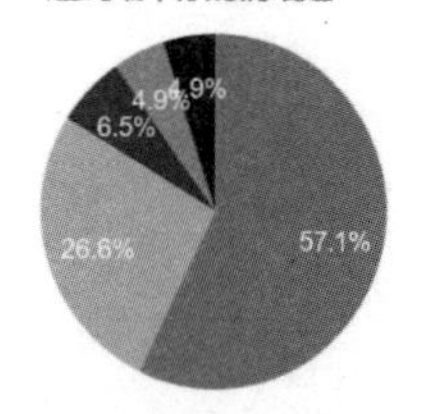

● 焦急，什么时候才能走啊 ● 感叹，今天运气真差
● 愤怒，怎么又堵了 ● 后悔，不这么走就好了
● 其他

面对堵车，你会怎么做?

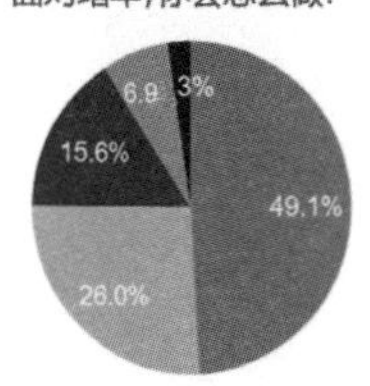

● 无奈地等待 ● 改道而行
● 换一种交通工具 ● 主动疏导道路
● 其他

在车上堵车时，你一般做什么来打发时间?

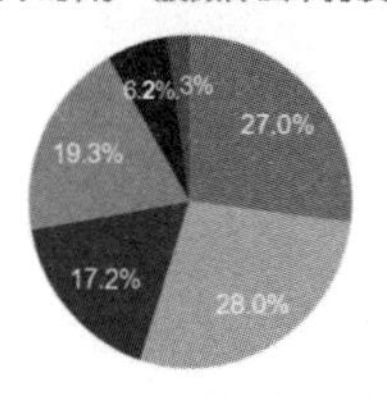

● 玩手机 ● 听歌
● 看着前方 ● 发呆或休息
● 和人抱怨 ● 其他

你会用什么方式化解不良情绪?

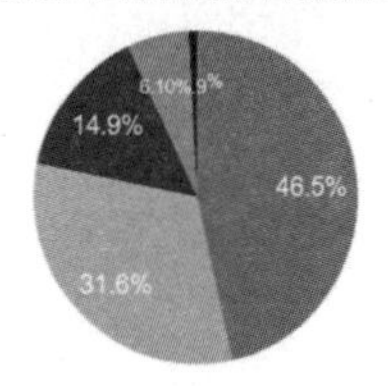

● 听音乐或广播来舒缓情绪
● 做点事来转移注意力，如打电话聊天、手机上网、看新闻等
● 我没什么办法化解我的不良情绪，闷着
● 我会肆意发泄不良情绪
● 其他

图 5-30

问卷调研发现和总结

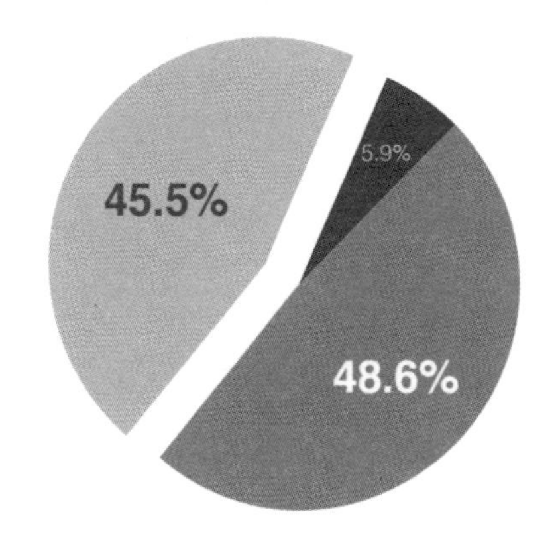

你经常遇到堵车吗？

在上海等一线城市，堵车极为普遍，几乎成为日常生活的一部分。

图 5-31

问卷调研发现和总结

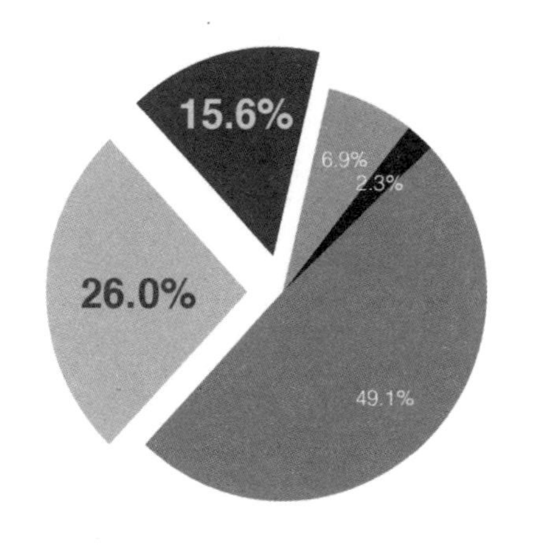

面对堵车你会怎么做？

大多数用户选择忍耐并等待，但仍有超过四成用户愿意主动采取措施，尽快到达目的地。

图 5-32

问卷调研发现和总结

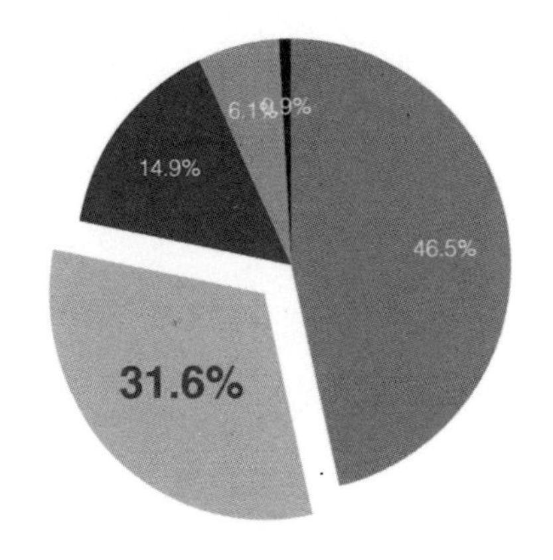

你会用什么方式化解不良情绪？

大多数用户会积极舒缓情绪，其次通过做别的事情来分散注意力，例如手机上网和聊天。

图 5-33

需求分析 | 用户可能需要的所有功能

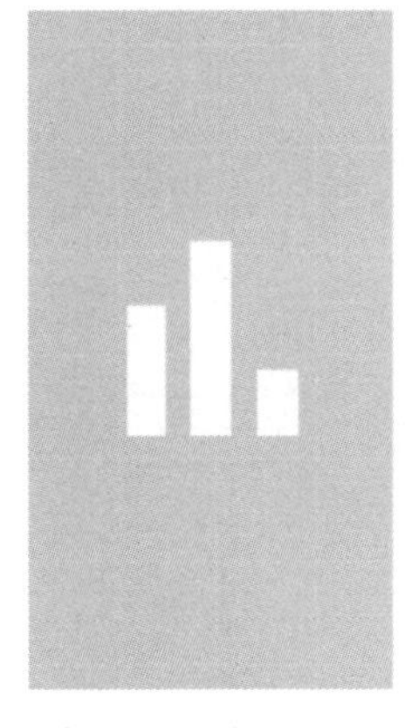

客观信息

交通流量
人流量
排队多长
天气情况

事件

节假日高峰
交通事故
临时的交通管制信息
旅游景点造成的道路问题

预测和建议

预测什么时候进入高峰状态
基于堵车概率制定的路线建议

心情

签到你被堵的地点
和周围同时被堵的人分享心情
预测什么时候进入高峰状态

图 5-34

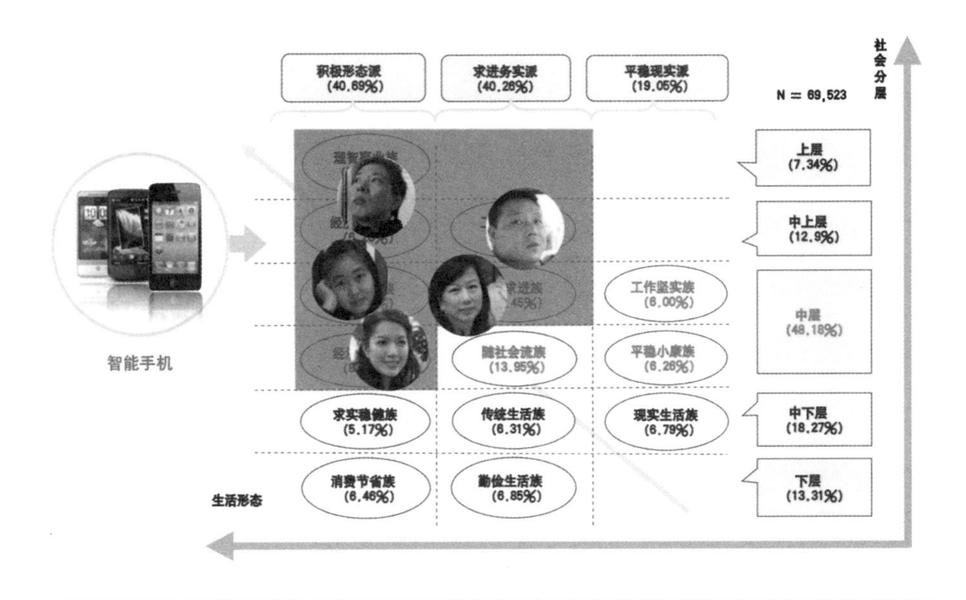
细分用户群体
积极形态派 (40.69%)
求进务实派 (40.26%)
平稳现实派 (19.05%)
N = 69,523
社会分层
上层 (7.34%)
中上层 (12.9%)
中层 (48.18%)
中下层 (18.27%)
下层 (13.31%)
工作坚实族 (6.00%)
随社会流族 (13.95%)
平稳小康族 (6.26%)
求实稳健族 (5.17%)
传统生活族 (6.31%)
现实生活族 (6.79%)
消费节省族 (6.46%)
勤俭生活族 (6.85%)
生活形态
智能手机

图 5-35

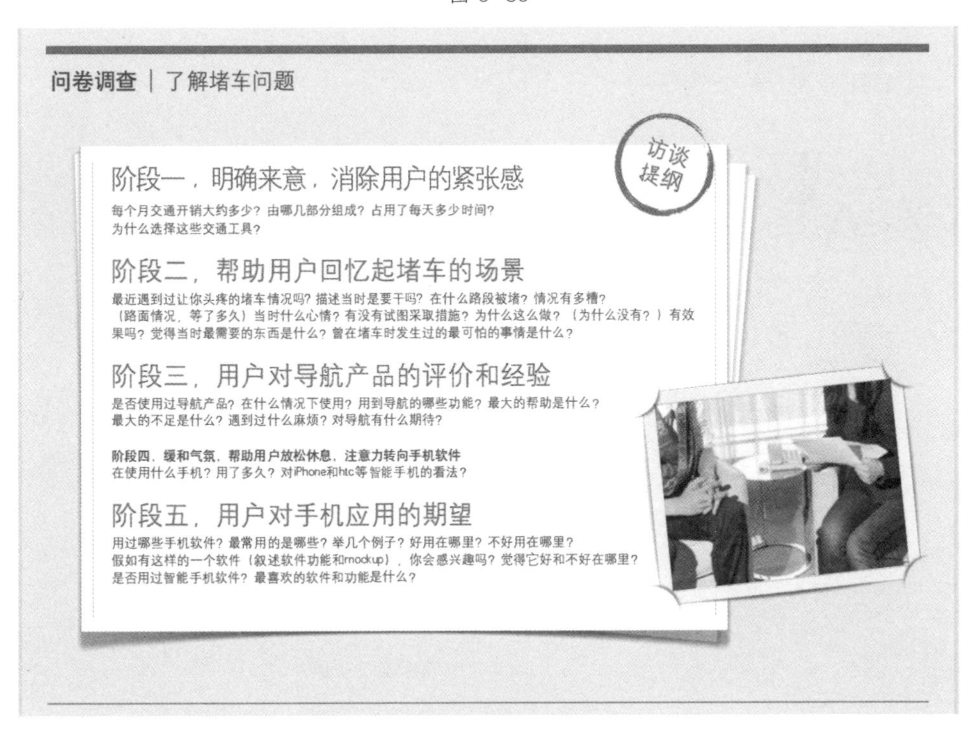
问卷调查 | 了解堵车问题
访谈提纲
阶段一，明确来意，消除用户的紧张感
每个月交通开销大约多少？由哪几部分组成？占用了每天多少时间？
为什么选择这些交通工具？
阶段二，帮助用户回忆起堵车的场景
最近遇到过让你头疼的堵车情况吗？描述当时是要干吗？在什么路段被堵？情况有多糟？（路面情况、等了多久）当时什么心情？有没有试图采取措施？为什么这么做？（为什么没有？）有效果吗？觉得当时最需要的东西是什么？曾在堵车时发生过的最可怕的事情是什么？
阶段三，用户对导航产品的评价和经验
是否使用过导航产品？在什么情况下使用？用到导航的哪些功能？最大的帮助是什么？
最大的不足是什么？遇到过什么麻烦？对导航有什么期待？
阶段四，缓和气氛，帮助用户放松休息，注意力转向手机软件
在使用什么手机？用了多久？对iPhone和htc等智能手机的看法？
阶段五，用户对手机应用的期望
用过哪些手机软件？最常用的是哪些？举几个例子？好用在哪里？不好用在哪里？
假如有这样的一个软件（叙述软件功能和mockup），你会感兴趣吗？觉得它好和不好在哪里？
是否用过智能手机软件？最喜欢的软件和功能是什么？

图 5-36

一对一采访 | 人群概览

*目标用户主要为上海地区普通居民，不包括儿童和高龄老人

调研对象					
性别	女	女	男	男	女
年龄	48	29	55	36	22
职业	医生	家庭主妇	餐饮店老板	高级白领	学生
驾龄	3	7	25	10	0
主要驾车/乘车出行活动	上下班，远足，去商业圈购物，日常事项	长途出行，去商业圈购物，美容健身等个人护理，日常事项	工作，长途出行	上下班，远足，日常事项	出游，社交赴约
使用导航的经历	一直使用车载导航	一直使用车载导航	从未使用	出差远足时会使用	从未使用
堵车的经历和解决方法	在日常生活圈内，曾经历公交车堵而误点的情况，之后选择驾车绕行。远行则完全依靠导航，没办法	由于车载导航不能显示路况，在路线熟悉的情况下凭感觉绕路，不熟悉时或乘坐公交时只能耐心等待	每天高峰时段，凭借经验选择高架或路面交通，尽量避开拥堵路段，但不一定准确，要看运气	曾经使用手机导航驾驶，但所选的地面交通路线拥堵不堪，于是大多只能凭感觉或选择公共交通	公共交通高峰时尽量不出门，尽可能乘坐地铁，出租车赶时间时会使用手机查看路况，但不完全准确

图 5-37

功能层面 | 用户遇到的问题

图 5-38

功能层面 | 用户遇到的问题

图 5-39

采访总结 | 现有解决方案的缺点

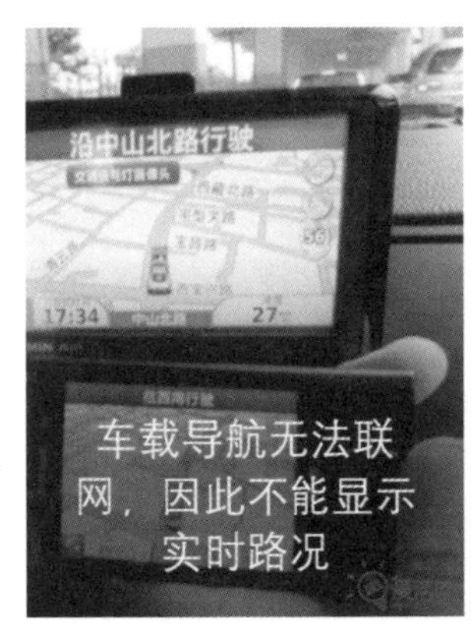

由于无法连接到互联网，车载导航和普通导航仪只能获得当前定位，再调用已有的数据库信息进行输出，因此无法显示路况信息，不能给依赖导航的用户关于路况的帮助

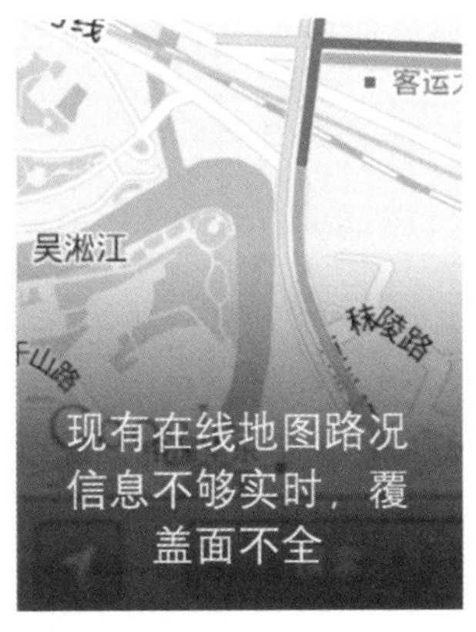

虽然录入谷歌地图这样的服务商已经提供路况信息服务（需要依靠手机GPRS获得数据），但是路况信息实时在改变，在大体准确的情况下却不能提供更实际的堵车情况，如某些路口拥堵却不能被显示，很可能延误了用户的行程，另外也不能显示堵的长度和等待时间

现有导航仪只能运算得出最短路线，只能识别出公路类型，却无法考虑到堵车、道路施工、小路、死路、管制道路等情况，虽然距离最短，实际上花费时间有时更多

图 5-40

问题总结

找路难 + 堵车烦

图 5-41

初步方案构思 | 渐进探索解决方案

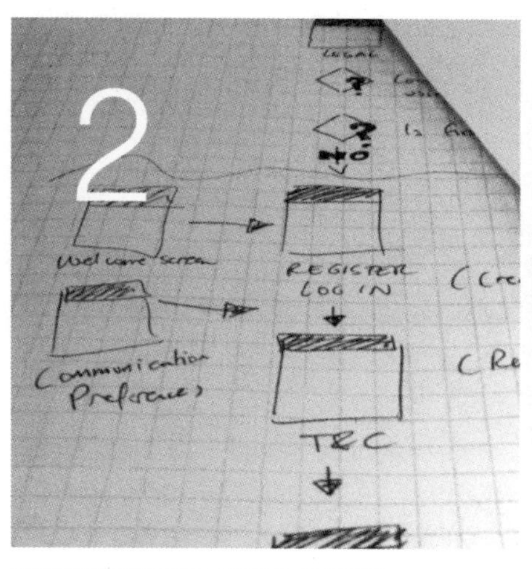

可交互的原型即可用于用户测试，收集反馈

图 5-42

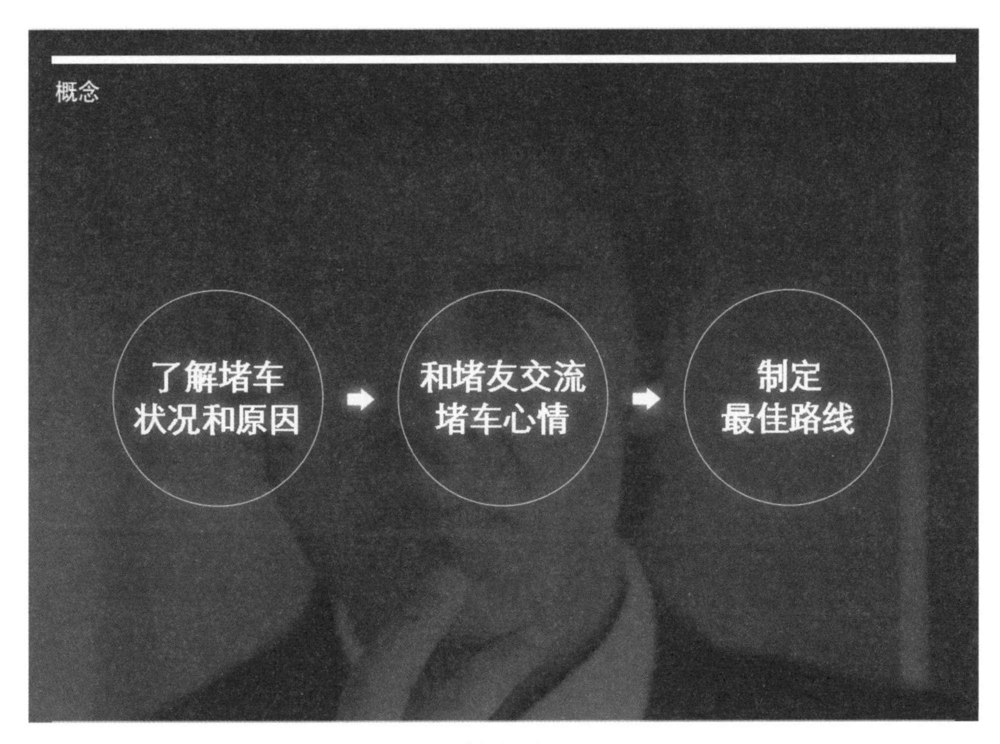
概念
了解堵车
状况和原因
和堵友交流
堵车心情
制定
最佳路线

图 5-43

解决方法思考
早高峰迟到
师傅，我赶时间，
那个走法太堵，换另一
条路线可以吗？
那我问问那个路口
的情况好了
TAXI
小伙子啊，
现在高峰期，哪里都堵
要是那边走也堵怎么办？
好！我知道
该这么走了

图 5-44

功能逻辑化 | 流程图

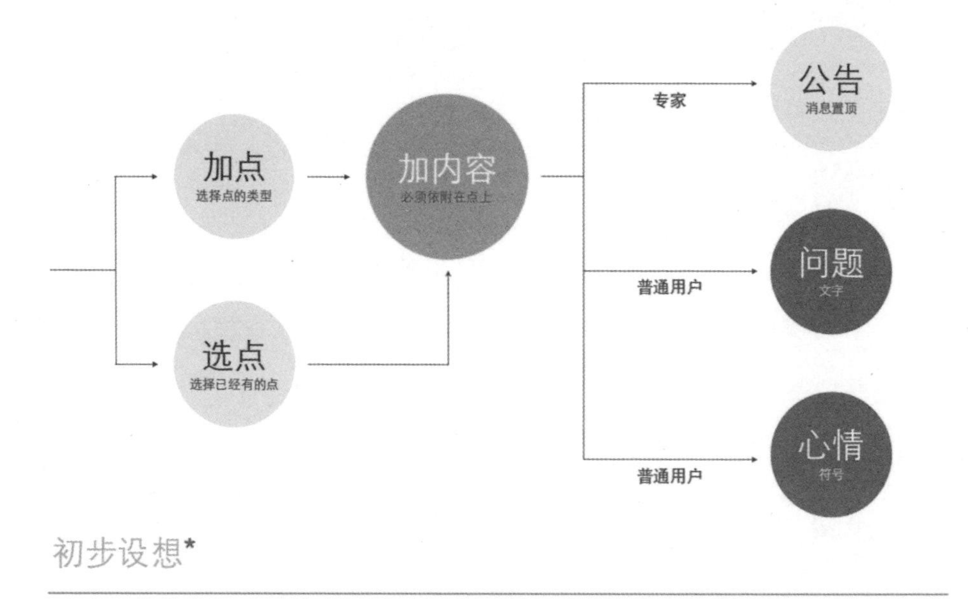

图 5-45

功能地图

网状化梳理产品的功能，帮助整理思路，补充遗漏掉的功能

图 5-46

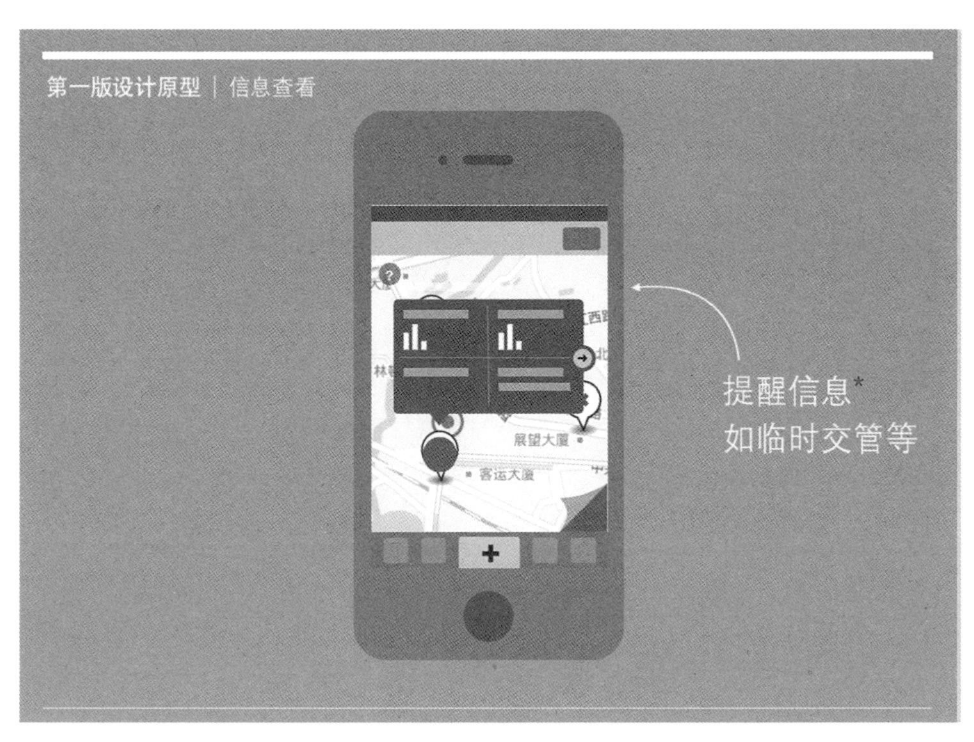
第一版设计原型 | 信息查看
展望大厦
客运大厦
提醒信息*
如临时交管等

图 5-47

第一版设计原型 | 智能巡路
基于路况*
的路线导航
林顿大厦
展望大厦
客运大厦
*遇到堵车
智能避开

图 5-48

演示

AXURE FOR MAC*
可交互
设计原型测试。
收集并分析用户使用体验

图 5-49

调研三 | 同类成功产品界面参考

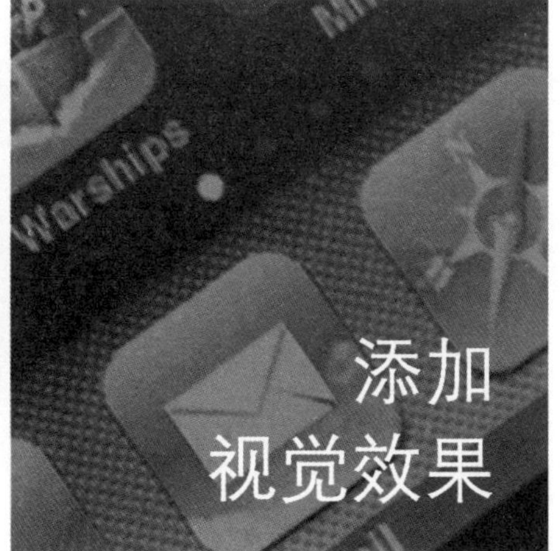

激发灵感，设定高度

图 5-50

情感层面 | 用户分类

特点：

依赖性强（导航仪需求程度高）
交互程度低（不会使用较复杂的软件功能）
接受能力高（愿意尝试新产品和新思路）
感性层面丰富（在堵车时自我调节动机强）

驾车经验丰富（对道路熟悉，多数情况无须导航）
主动性强（倾向于主动改善现状）
接受能力弱（对新产品的接受较为被动）
理性层面发达（关注解决问题本身，对方法和体验不敏感）

独立性强（充分使用自身的知识和判断）
主动性强（主动想办法改变现状，并且善于开发新事物和新方法）
理性和感性层面都相对发达（既关注解决方案，又关注情绪）
对信息产品黏着度高（日常通过手机和电脑获取各类信息）

图 5-51

产品情感定位

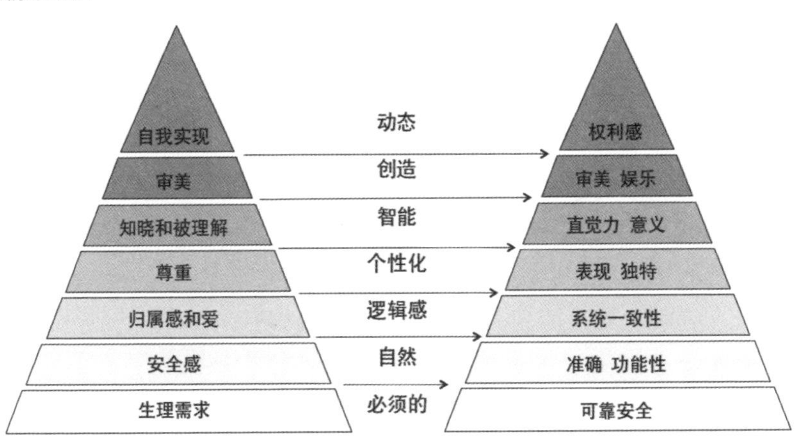

EMOTIONAL MAPPING 是用于定位产品形象的重要工具
我们通过连接产品特性和基于马斯洛心理需求理论这两个维度提取中性关键因素来分析比较产品形象的情感定位

图 5-52

产品情感定位

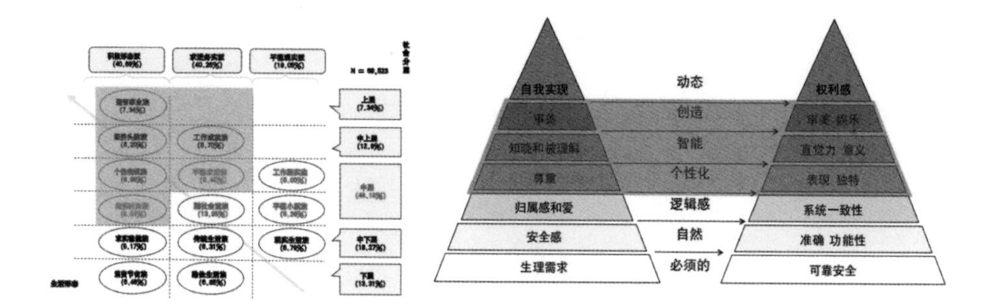

EMOTIONAL MAPPING 是用于定位产品形象的重要工具
我们通过连接产品特性和基于马斯洛心理需求理论这两个维度提取中性关键因素来分析比较产品形象的情感定位

图 5-53

关键词*

科技智能

·

扎实可靠

·

生动有趣

图 5-54

材质参考

科技 · 智能*

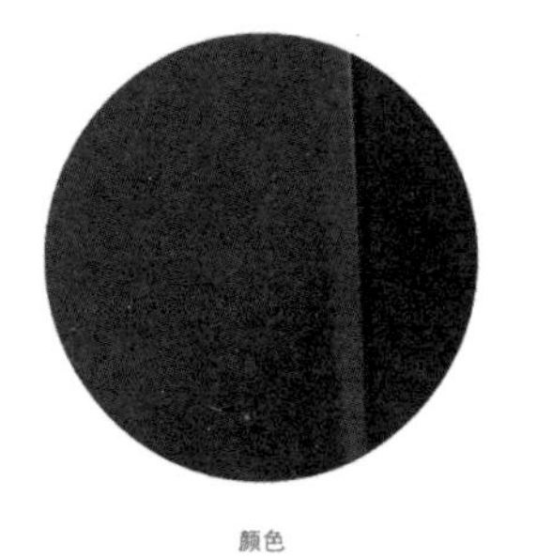

颜色

细节

材质

图 5-55

材质参考

扎实 · 可靠*

颜色

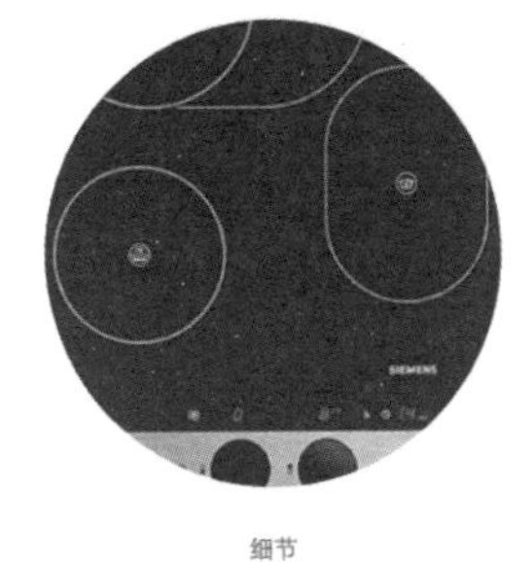

细节

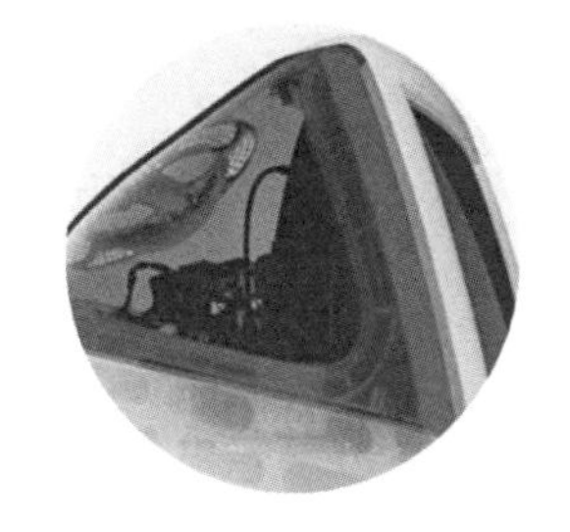

材质

图 5-56

材质参考

生动 · 有趣*

图 5-57

图 5-58

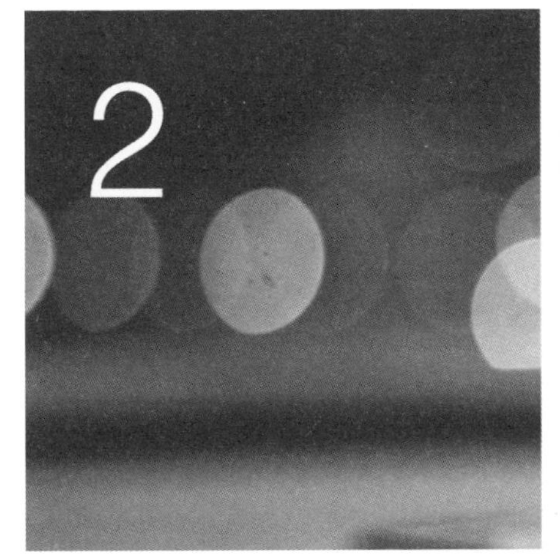

图 5-59

图 5-60

设计难题 | 解决方案

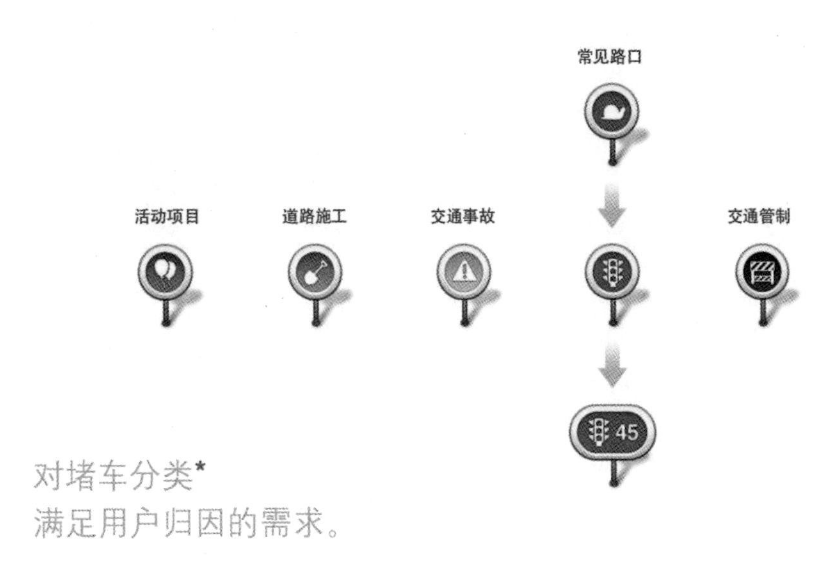

图 5-61

设计难题 | 解决方案

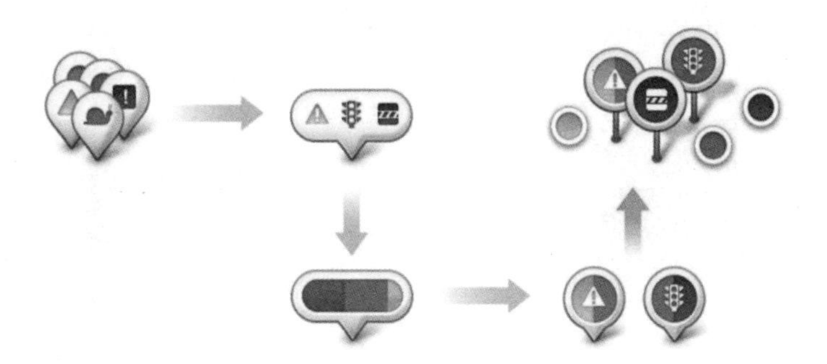

不同类型的点*
聚集在一堆，难以分辨

图 5-62

评论人数超过20人

图 5-63

图 5-64

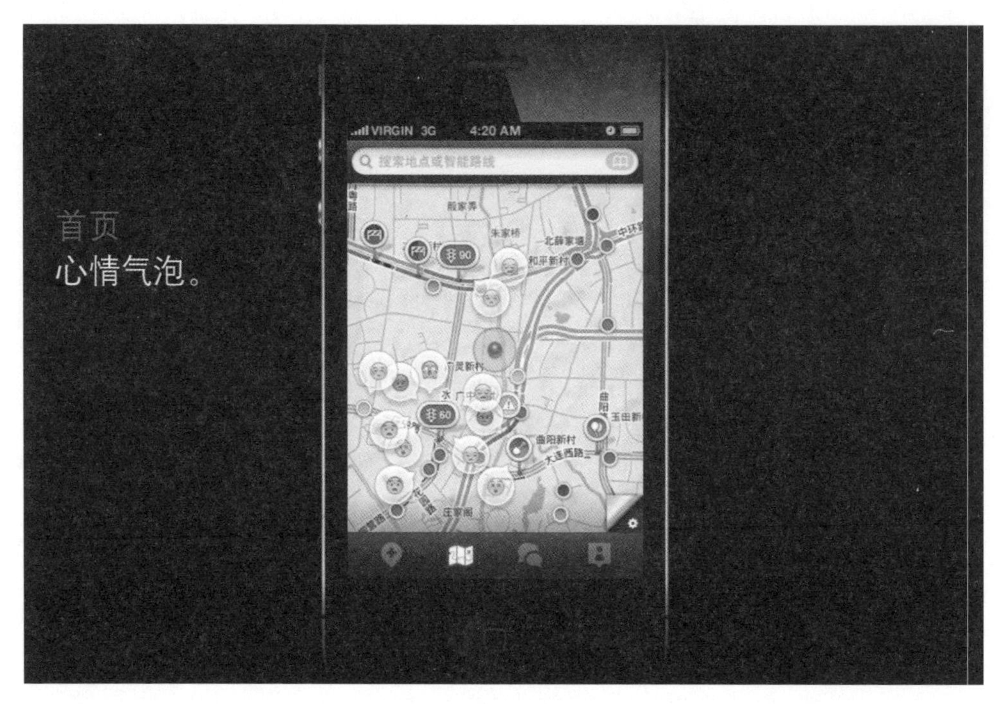

图 5-65

交互原型测试发现的问题

问题1

交互缺乏
新意

问题2

信息层次
感较弱

问题3

输入方式
不合理

图 5-66

PHASE 2. 70%

方案深入 | 突破瓶颈*

图 5-67

新的交互形式探索

探索新的交互体验：3D化交互方式

3D化的界面让我们在使用操作设备上更加接近现实：随着技术的发展，在虚拟的程序上，有足够的技术模拟现实中存在的物体，包含物体效果：拟物的好处是让用户、操作者对于程序本身的使用减少学习成本和拥有更熟悉良好的体验。3D化的设计并不只是单纯的视觉炫耀，它能让内容更加贴近生活。未来生活中，设备只是介质，它让内容、信息直接融入了生活。

图 5-68

技术文档

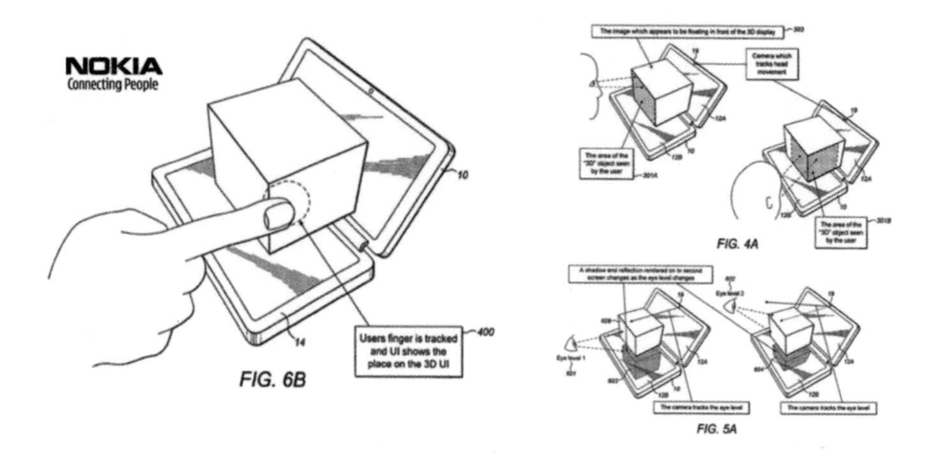

3D交互技术专利

来源：诺基亚2010年行为方式专利

图 5-69

游离态颗粒显像与传感技术

游离态颗粒显像技术是利用干涉和衍射原理记录并再现物体真实的三维图像的技术。其第一步是利用干涉原理记录物体光波信息，此即拍摄过程：被摄物体在激光辐照下形成漫射式的物光束；另一部分激光作为参考光束射到全息底片上，和物光束叠加产生干涉，把物体光波上各点的位相和振幅转换成在空间上变化的强度，从而利用干涉条纹间的反差和间隔将物体光波的全部信息记录下来。

图 5-70

导航设备使用观察

出行方式	驾驶员	出租车/副驾	公交车/地铁	步行	自行车/电动车
巡路方式	车载/外置/手机	手机	手机	手机	手机
可操作空间	双手操作方向盘 因此只能进行简单的 单手手指操作	双手长时间空闲	双手或单手 长时间空闲	双手空闲 但需要保持对道路 的观察	偶尔单手空闲 可以暂时停下双手空闲
使用频率	偶尔 只有当车停下时	长时间	长时间	间歇性长时间	偶尔
安全程度	▲	△	△	△	▲

图 5-71

Nuance™ 语音识别技术：对环境干扰有良好控制

Nuance Verifier提供声纹比对的功能，与Speech Recognition结合可提供更安全的语音商务服务
其所提供的声纹比对的精确度较使用指纹辨识验证还高。

图 5-72

成果视频展示

图 5-73

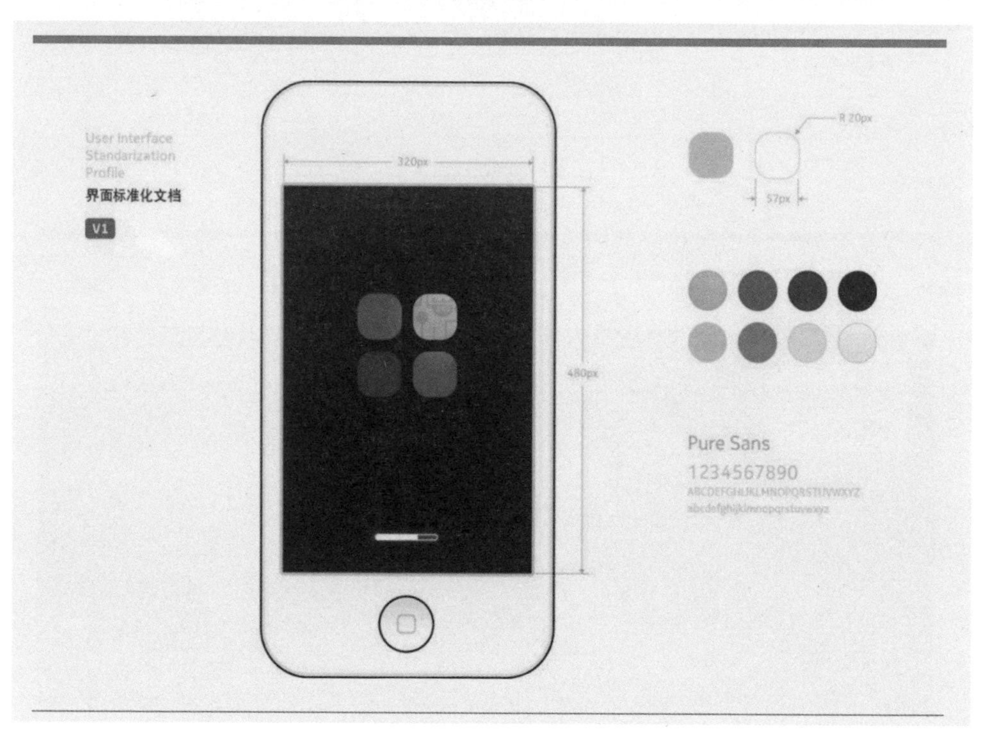
User Interface
Standarization
Profile
界面标准化文档
V1
320px
480px
R 20px
57px
Pure Sans
1234567890

图 5-74

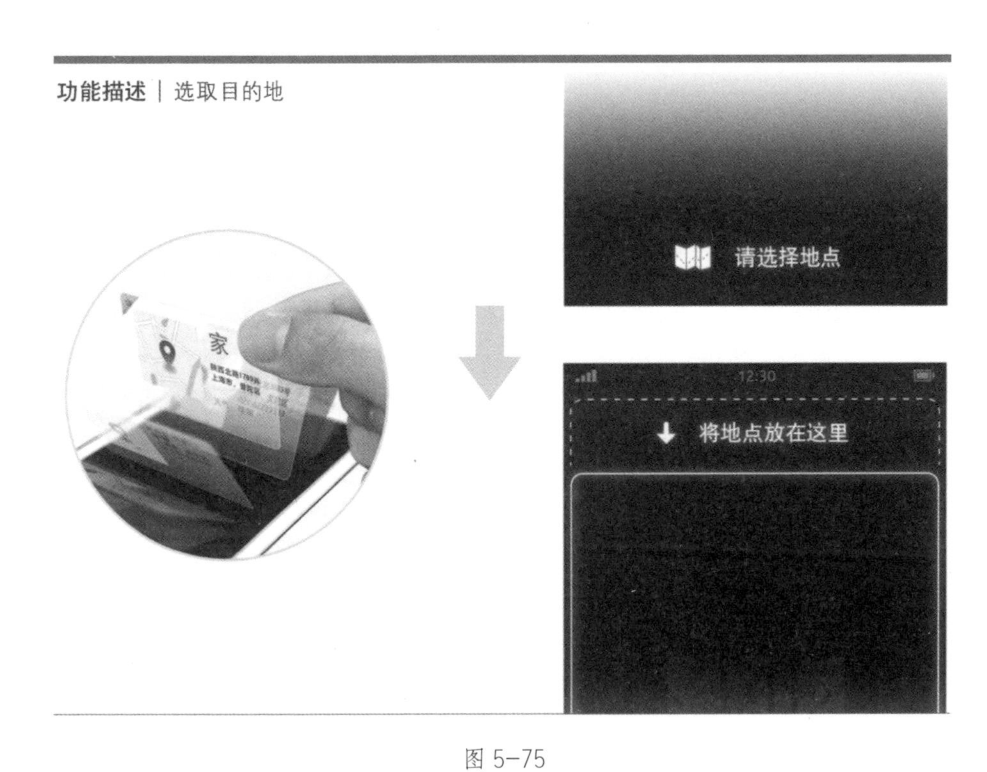
功能描述 | 选取目的地
家
请选择地点
12:30
将地点放在这里

图 5-75

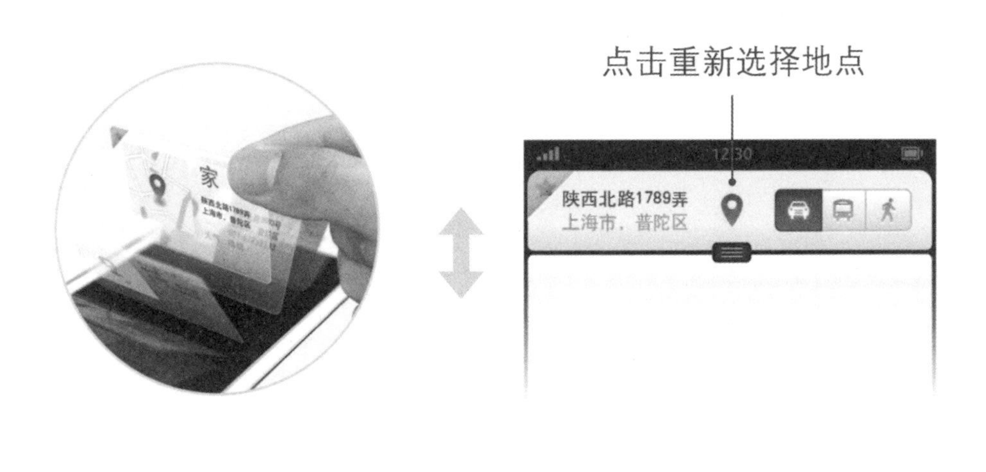
功能描述 | 选取目的地
点击重新选择地点
家
12:30
陕西北路1789弄
上海市，普陀区

图 5-76

地点卡

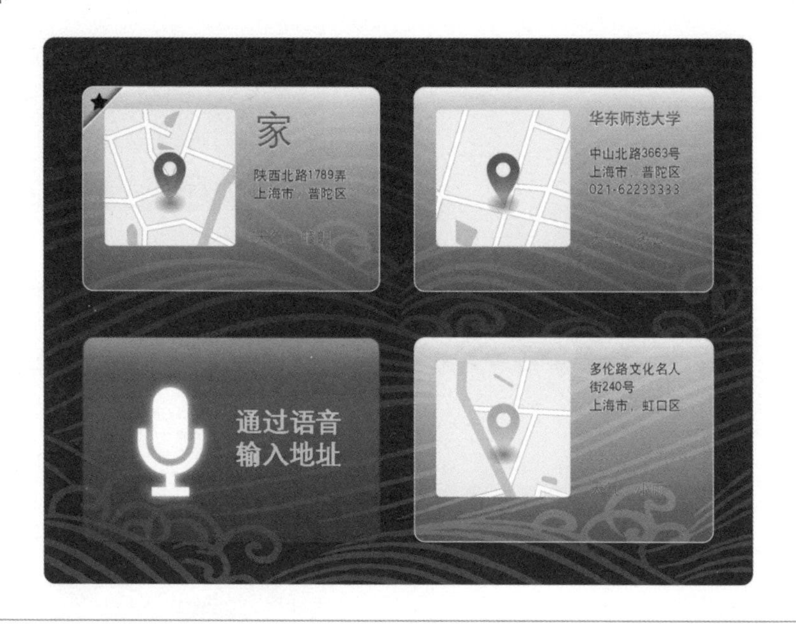

图 5-77

功能描述 | 查看不同类型的堵车点

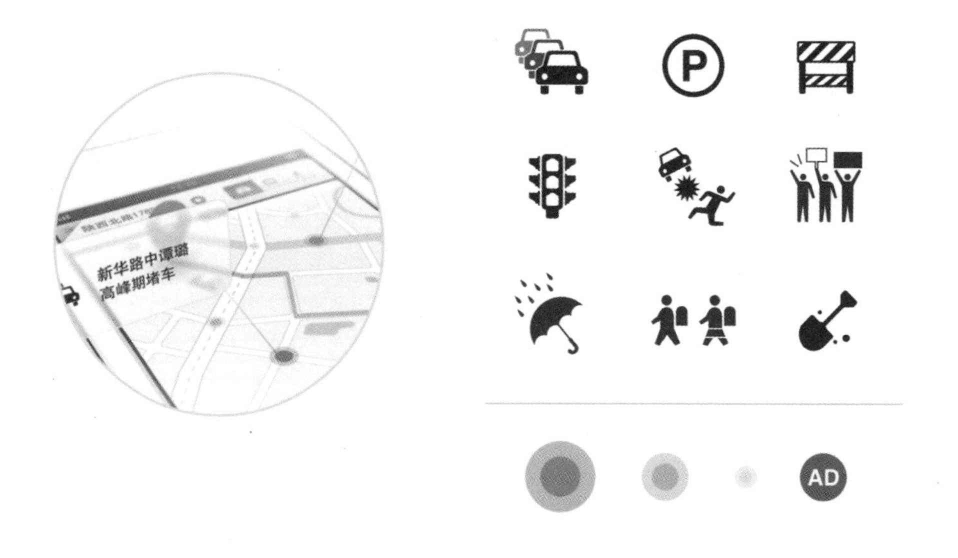

图 5-78

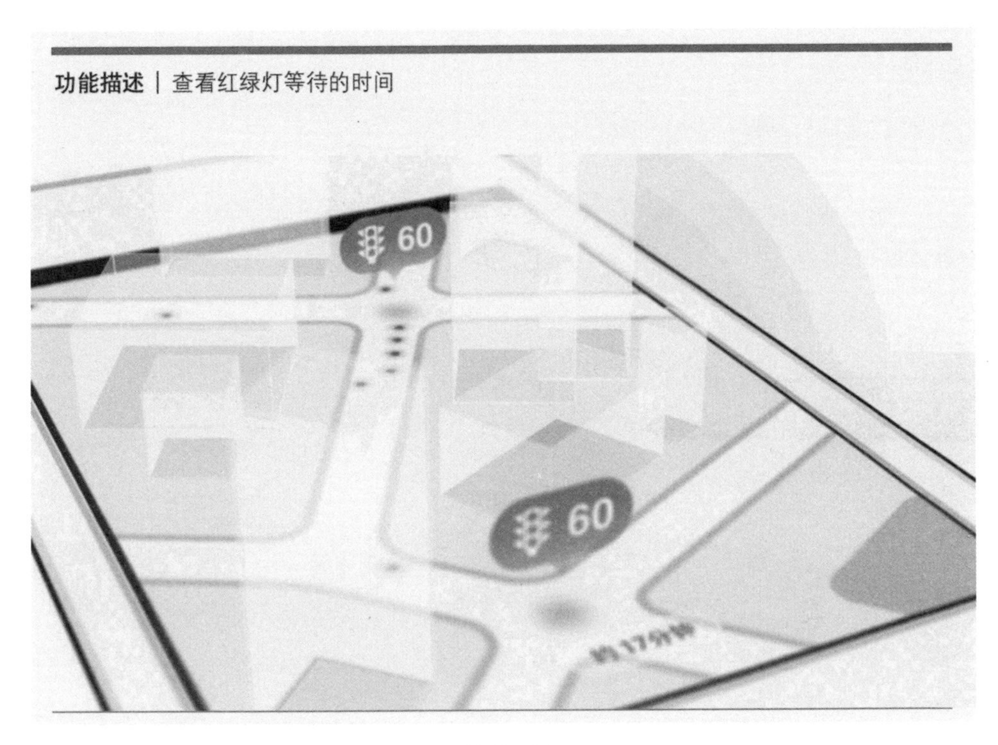

功能描述｜查看红绿灯等待的时间
60
60

图 5-79

功能描述｜查看其他用户的心情和体会
有没搞错啊龙之梦堵10分钟啊。。。龙儿子都快生出来了
支持
反对
长寿路段南北抢修，赶时间的千万别从这里走。
大大米：
同问楼上，看到楼主在欢乐地“播报”现场！
大大米：
同问楼上，看到楼主在欢乐地“播报”现场！
有没搞错啊龙之梦堵10分钟啊。。。龙儿子都快生出来了

图 5-80

图 5-81

图 5-82

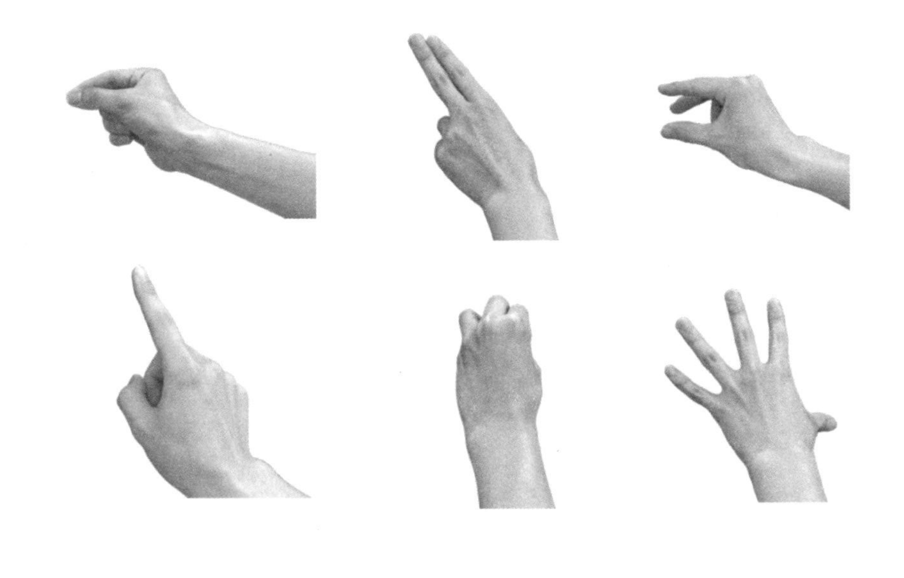
3D手势 | 丰富操作方式，真实的操作体验

图 5-83

Q&A TIME
谢谢您的耐心观看
同济大学 07级工业设计
070475 陈肯
指导老师 朱钟炎
毕业设计方案报告
iOS 应用程序交互设计——日常出行助手
Thank you for watching.

图 5-84

5.1.2 hp 相机概念设计

现代生活离不开照相。随着智能手机的普及，摄影已从摄影师的专业行为，变成人人唾手可得的行为（摄影水平除外），但是否还有更方便简约的摄影手段与硬件呢？事物发展与进化是无限的，而创意是打开发展进化之门的钥匙。创意思维训练的硬核就是与设计实践结合进行。作为摄影器材主要手段的照相机，其使用的传统方法，就是按快门，从人与照相机交互的手段考虑，如何跳出传统按键的模式，这是交互设计的关键点。

设计：曹辰刚

图 5-85

图 5-86

市场需求高技术可行	市场稍有困难技术可行	有市场需求但价格高	有市场需求技术待议	有市场需求技术有困难	有市场需求安全待议	市场需求有问题
可判断婴儿排泄物的变色尿布	尿布集成感应器，指示灯提示信息	具有电加热功能的水管	探测婴儿卫生状况的婴儿床	电刺激（生物电）头箍帮助盲人及聋哑人判断环境	利用水管中水的动能进行发电的发电机以及电池	可向大脑发出电波干扰形成影像的头箍
按摩头箍（解决现代人压力大导致的头痛问题）	可以调整刀身厚度和切割距离的自动菜刀	可用扫描或定位的方式帮助搜物的标签式信号发射装置	电加热水龙头	可根据食材进行不同形状切割的自动刀具	餐桌洗碗机	GPS相机，打印时自动将当地名胜印在照片背面
盲人电话、盲人电脑、盲人电视	电子邮件自动打印机	每天检测身体状况并提供营养食谱的电子营养师	3D立体影像电话	纸样显示器，可修改显示内容以及和纸同样的成本	太阳能发电外套，内集成插座可为各类数码产品充电	电子墨水，可借由相关机器任意改变一张纸上的内容
随身照相机，利用手的姿势驱动	电子/电磁理疗衣随时随地对身体进行理疗	能提供建议菜谱并且能探测煤气泄露的电子灶台	色彩辨识寻物器，通过镜头扫描寻找特定颜色物品	根据眼球运动确定拍照时机的相机	根据环境光亮自动调光的台灯	碎了也可恢复的自动塑形容器
可以感知和预测天气的窗玻璃，搭配电子显示的窗帘	厨房用电子称，可以根据食材提取作料的分量	能探测当地的天气环境并显示在对方的通信设备	可传递嗅觉、触觉等的感官电话	自动药剂师，根据人的营养状况调配营养药片/冲剂	夜光衣/帽，发光量可调	具有身份识别功能的手电筒
能够设定不同大小和颜色钉子的订书机	可以指路的手电筒（将地图投影到地面）	对纸张的一侧进行烧结的激光订书机	墙壁显示屏，带有视频通话功能	快速使用的固定式订书机	可辨识人脸的自动补光灯	可变形容器

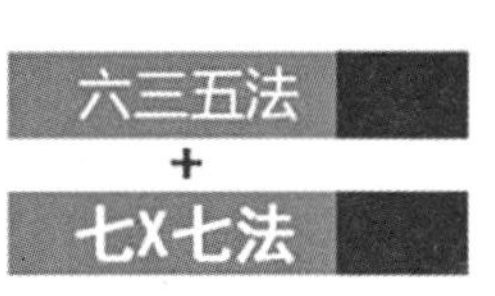

图 5-87

手势三维照相机

目前市面上的数码相机主要分为一般的数码卡片相机和单反相机。卡片机虽然小巧，但是依然占了一定的体积，而且有时功能也复杂得令人捉摸不透。而单反相机就更加不用提了，黑色笨拙的外壳和炮筒一般的镜头。

但是不是所有人都喜爱这种复杂的设置和拍摄方式，有相当大的一部人拍照时原因只有一个：我只是想拍一张。我不要什么精妙的构图，不要对焦不要景深。我只是要一张普普通通的照片。或者，对于未来，我要一张普普通通的三维照片。

图 5-88

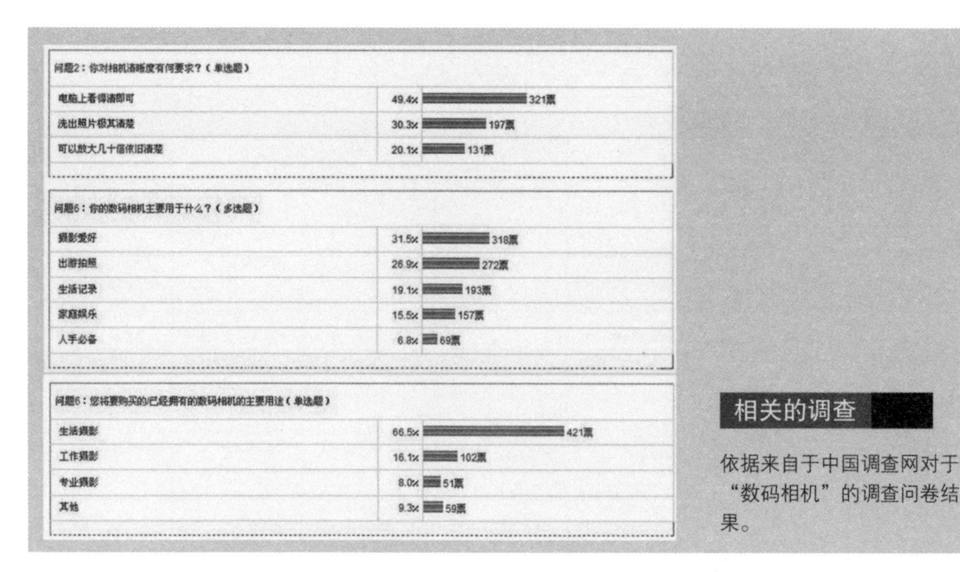

问题2：你对相机清晰度有何要求？（单选题）		
电脑上看得清即可	49.4%	321票
洗出照片极其清楚	30.3%	197票
可以放大几十倍依旧清楚	20.1%	131票

问题6：你的数码相机主要用于什么？（多选题）		
摄影爱好	31.5%	318票
出游拍照	26.9%	272票
生活记录	19.1%	193票
家庭娱乐	15.5%	157票
人手必备	6.8%	69票

问题6：您将要购买的/已经拥有的数码相机的主要用途（单选题）		
生活摄影	66.5%	421票
工作摄影	16.1%	102票
专业摄影	8.0%	51票
其他	9.3%	59票

图 5-89

相關的調查

普通数码相机的主镜头(也称客观镜头)直接把所有拍摄的图像聚焦在该相机的图像传感器上面，传感器则记录相应图像。与普通数码相机不同，三维相机的主镜头却负责聚焦在图像传感器排列上部40微米处的图像。如此一来，所拍摄图片的任何一点将至少被四个小型相机拍摄，从而产生出重叠影像，每个影像都来自不同视角，就像人的左眼与右眼所视物体角度存在差异一样。

如此便会产生出详细的深度图像，虽然从照片本身看不出来，但我们可以通过电子储存的方式来保存它们。也就是说，它们是一种景物虚拟模式，仅可以通过计算设备进行处理。菲弗说：“利用三维相机，我们可以获得二维相机无法拍摄的东西。比如说，我只想看看这个距离下的特定物体，这样我们就可把它单独调出来，然后把其他不相关的东西从画面上抹去。”

从成像原理上讲，如果一部相机中放置了两个镜头(或使用单独放置的两部相机)，就可以拍摄出栩栩如生的三维图像。如果我们在一部数码相机中放置了数以千计的微型镜头，所拍摄出来的图像将更为精彩：我们不仅可以拍摄二维图像，而且可借此获得更具价值的“深度电子图像”，即它可体现出从照相机到被拍摄实物之间的距离，也就是所谓的超级三维图像。

图 5-90

现有的产品

现在的相机大部分都将拍摄乐趣作为主要卖点，但是就目前的拍摄模式而言，那些乐趣无非都是那一下咔嚓的快门和迅速成像系统。即使买得K-x别出心裁地换了个颜色，巧妙地掩饰了机械的生硬感，但还是无法将拍摄的乐趣真正地带入摄影。

图 5-91

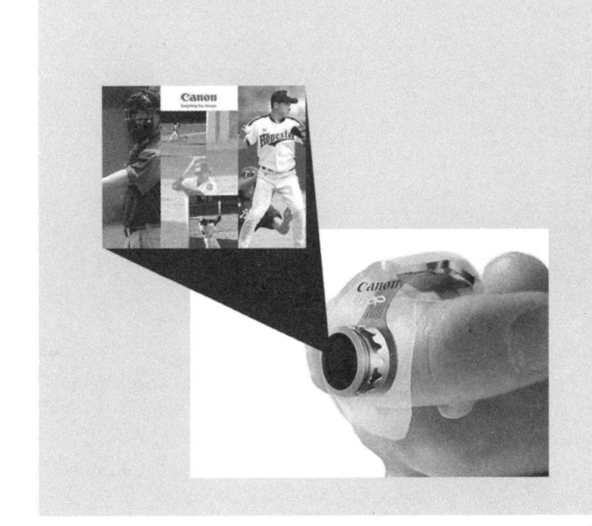

現有的產品

从佳能的Snap指环相机上我们看到了数码相机正在朝着越来越小型化的方向发展，甚至小到套在手指上使用的超级迷你型相机。机身采用较硬的硅胶制成，呈弯曲状，和手指的弧度非常吻合，因此它可以套在手指上使用，这也是它被叫作手指相机的由来。

从图片中我们不难看出Canon Snap的设计非常简单，最为显眼的是那个凸出的镜头，其次是位于镜头上方、在食指和拇指之间的快门按钮。这个快门按钮也是整个相机唯一一个控制按钮，只要轻轻地按下它，就可以轻松地拍下一张照片了。

图 5-92

3D FUJIFILM
3D
A whole new approach to photography
CLAM
现有的产品

图 5-93

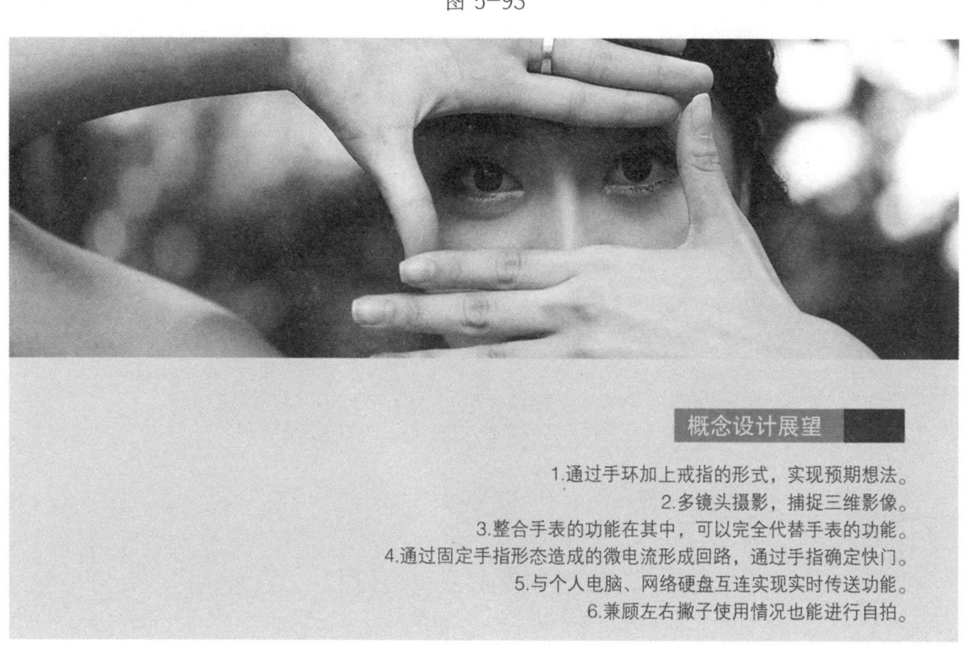
概念设计展望
1.通过手环加上戒指的形式，实现预期想法。
2.多镜头摄影，捕捉三维影像。
3.整合手表的功能在其中，可以完全代替手表的功能。
4.通过固定手指形态造成的微电流形成回路，通过手指确定快门。
5.与个人电脑、网络硬盘互连实现实时传送功能。
6.兼顾左右撇子使用情况也能进行自拍。

图 5-94

图 5-95

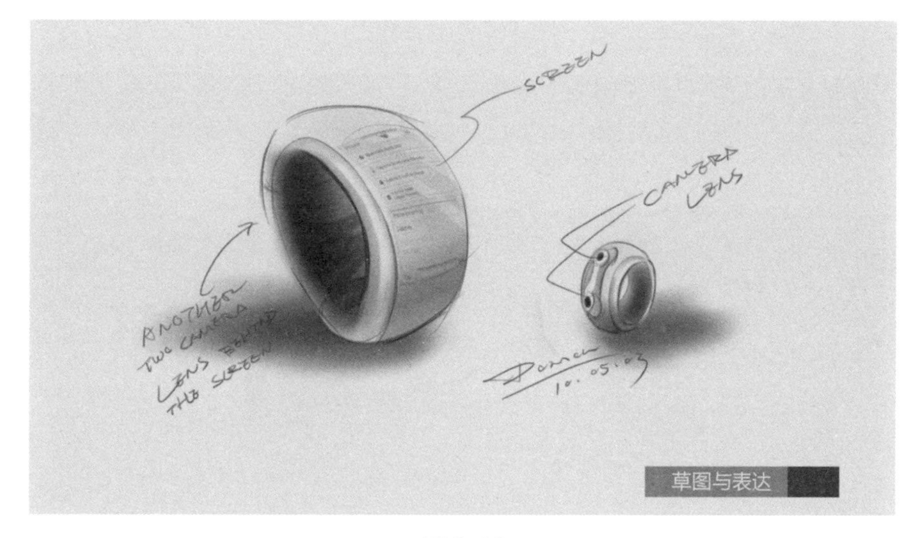

图 5-96

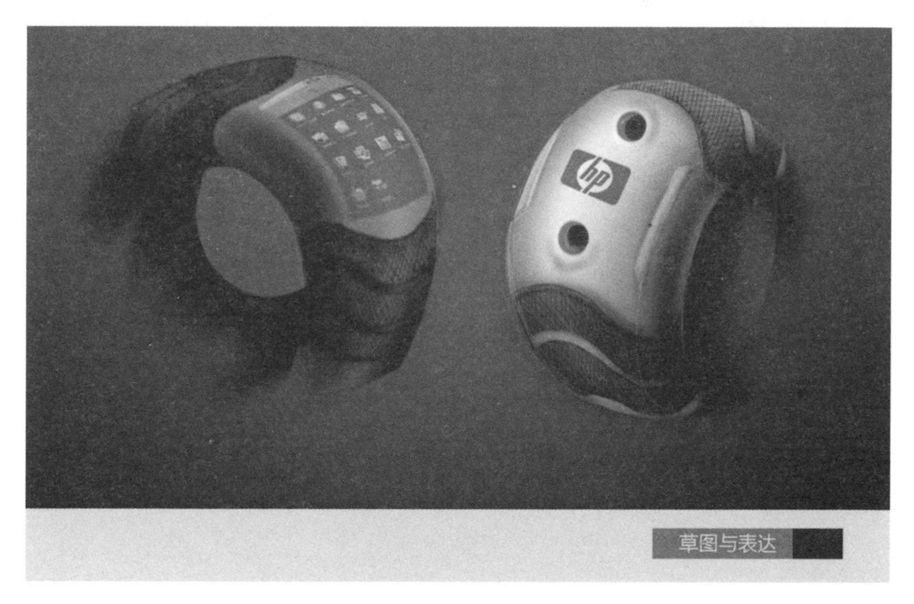

图 5-97

图 5-98

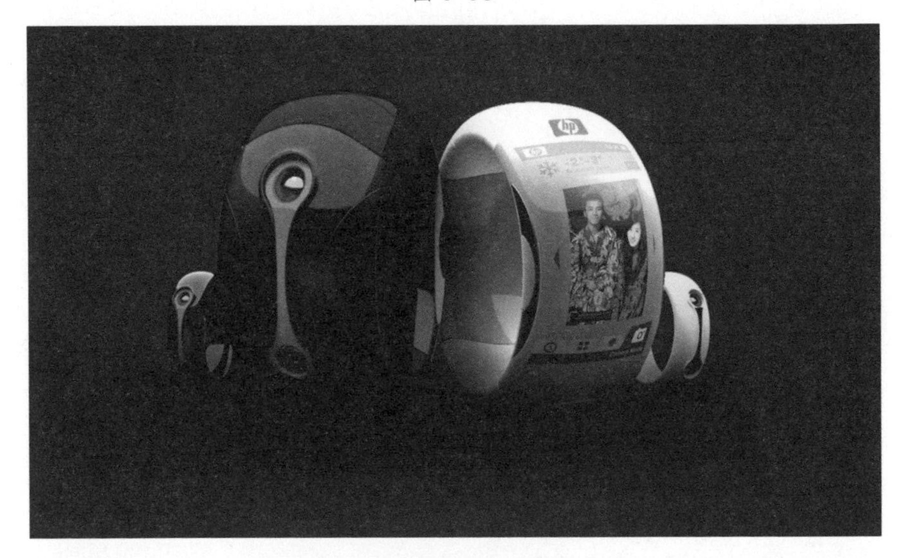

图 5-99

产品设计细节

双头水滴状的外沿设计将两个镜头联系了起来，形成了统一感；轻盈的流线将原本比较保守的环状形态打破；突出于表面的外沿设计能防止在运动的过程中镜头表面和其他物体发生碰擦，导致镜头损伤，影响拍摄的质量。

图 5-100

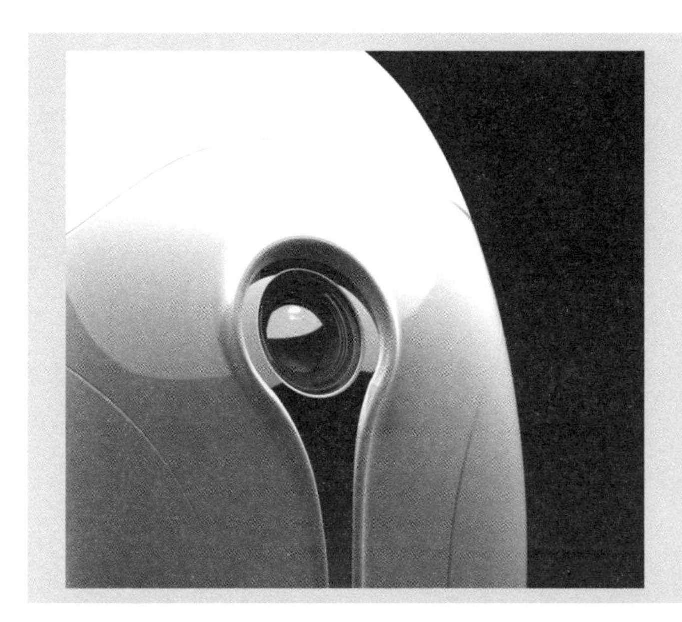

产品设计细节

四个镜头都能独立成像，分别从四个不同的角度拍摄物体，与人眼感知立体的方式相同。通过这种拍摄加上叠片效果，相机会生成出合成完毕的三维影像显示在相机正面的屏幕上。

图 5-101

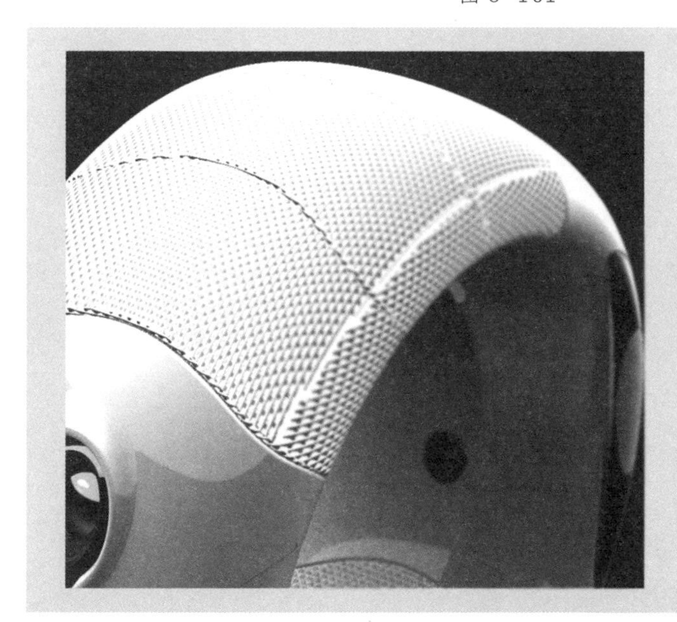

产品设计细节

相机的外壳是由附有透明太阳能电池的可回收塑料外壳制成，可以直接通过外壳汲取太阳能。提供部分工作电量。（日本Kyosemi Corporation在东京光伏博览会上已经发表，但不是全透明）

中间的连接带部分由富有弹性的蛋白纤维组成，能按照手腕的粗细自动调节形状大小，稳固机身和显示面的位置。

图 5-102

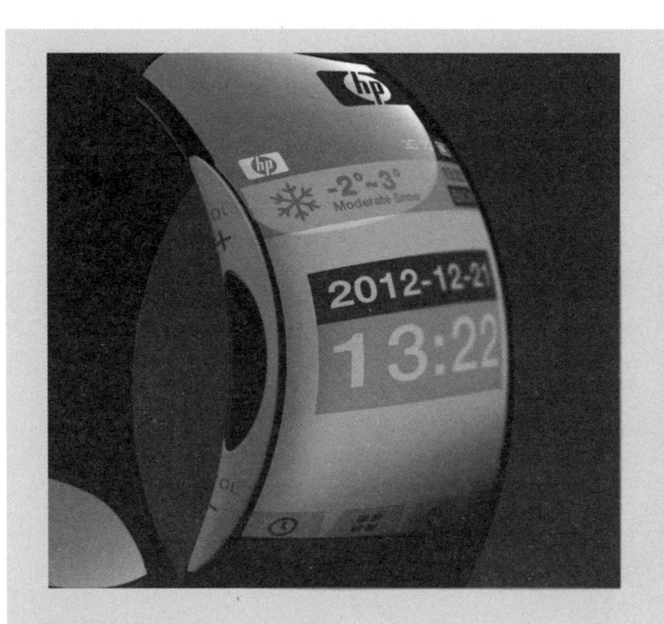

产品设计细节

在屏幕的两侧各有两个按键，左侧的两个可以放大缩小图片，右侧的两个可以控制音量的加减，这样的位置设置方式更加人机，符合左右撇子的操作习惯。中间的黑色部分为持握处，在操作时利于握持。屏幕由于不大，所以为单点触屏，通过手指的点击操作可以完成一系列的拍摄任务。

图 5-103

产品设计细节

屏幕背后的两个点为人体微电流感知点，佩戴时会向手上释放微量电流。当人做出拍照姿势的时候，与戒指上的微电流感知器接通，形成回路向相机做出拍照指令。

图 5-104

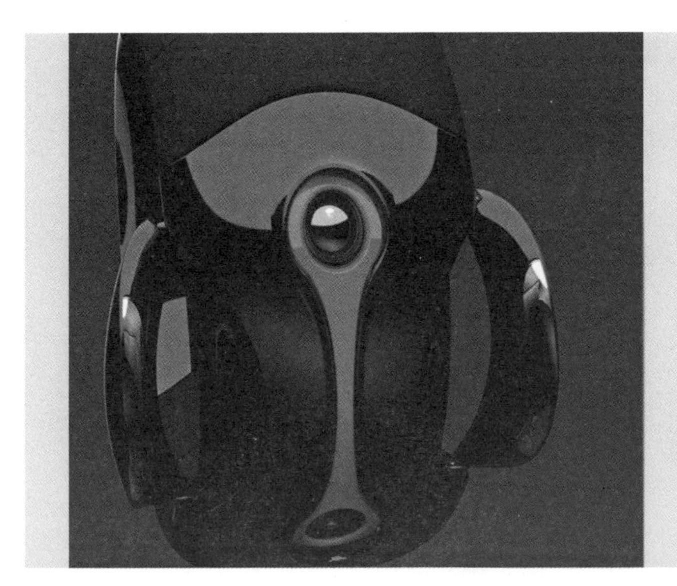

产品设计细节

位于摄像头两侧的闪光灯为内置设计，在操作系统内选择闪光灯选项就会自动弹出，收起时手动按上即可。打开时的形态类似于眼镜蛇被激怒时的凸张形态。CAMERA, MINI, SNAKE这些词的组成，这也是名称CAMINIC的由来。

图 5-105

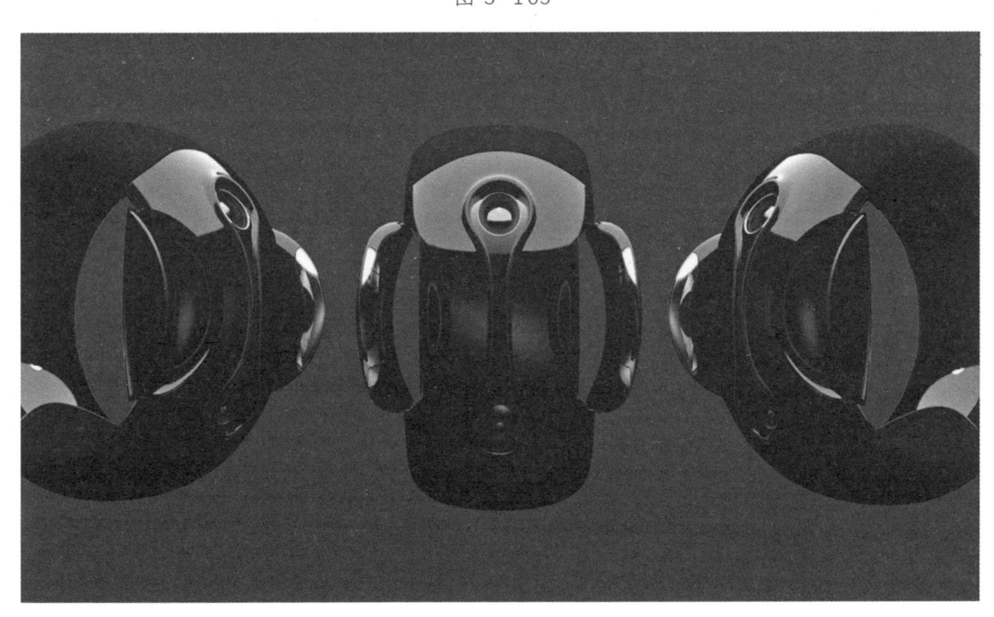

图 5-106

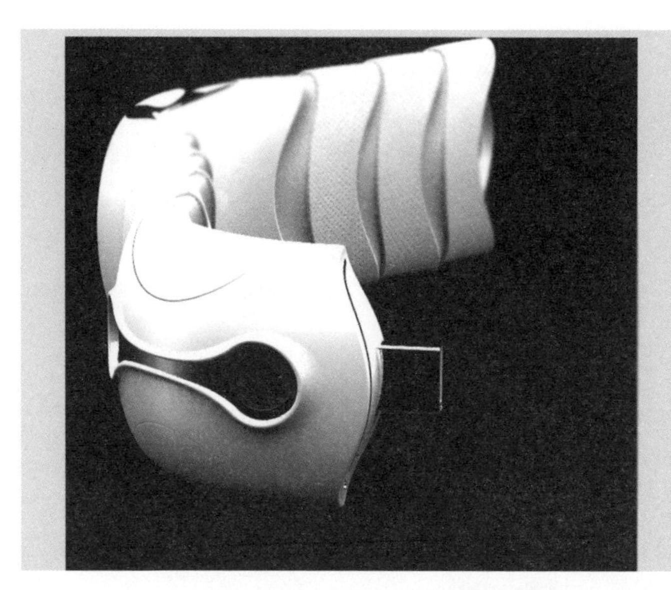

产品设计细节

相机可以像手表一样进行拆卸，接合处除了金属扣件以外还有USB插口，通过插口可以与电脑连接，进行文件的传输，并能作为相机的另一个电能来源。

图 5-107

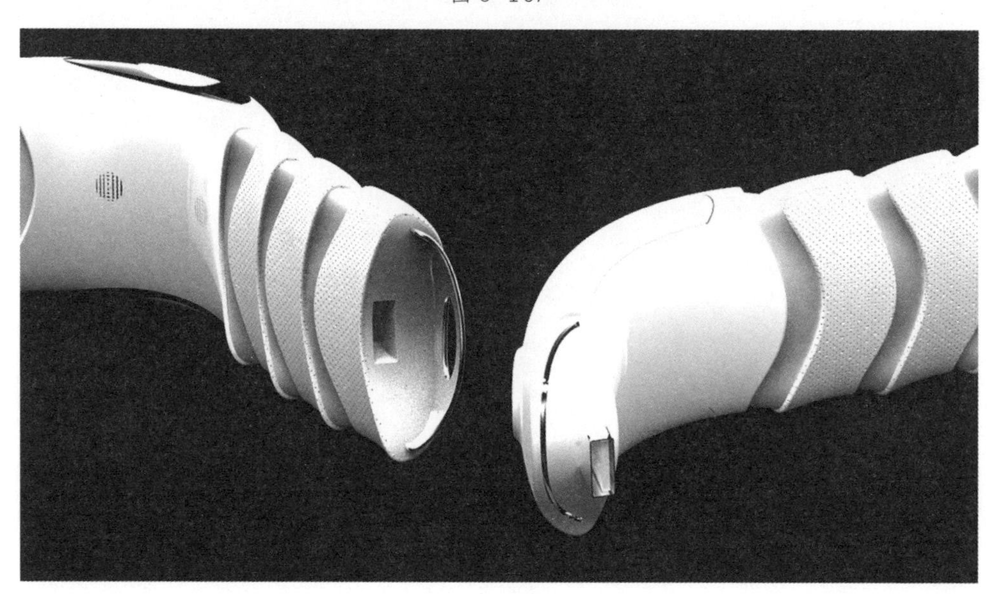

图 5-108

产品设计细节

戒指的设计与手环的元素保持一致，上方也有两个镜头拍摄不同角度的影像。同时内部设有微电流感应装置感应手环主体发出的电流信号，并传回信号形成回路触动快门。

图 5-109

图 5-110

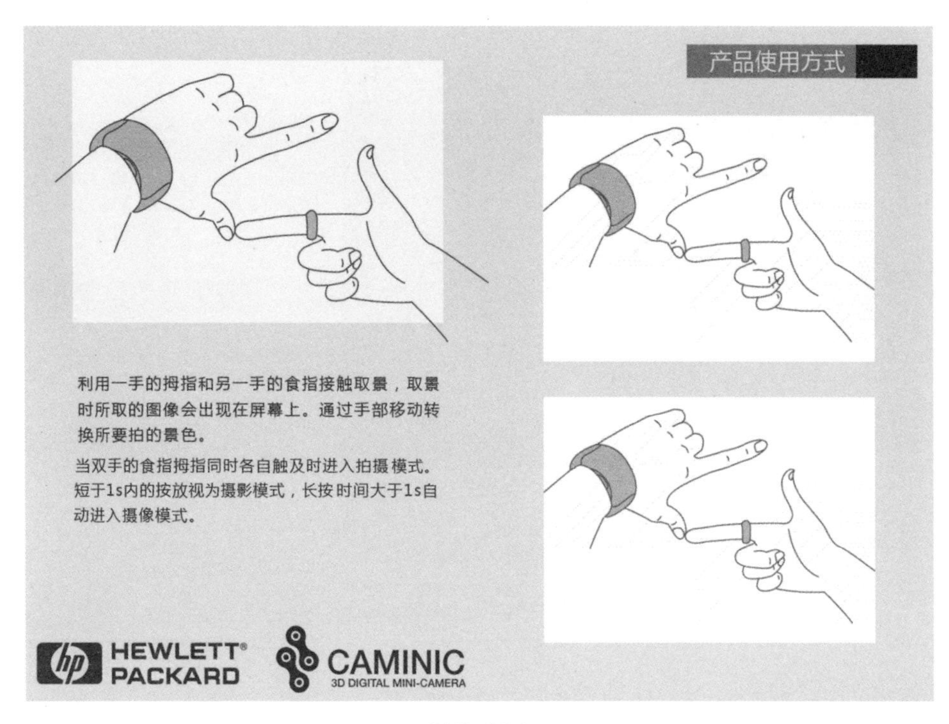
产品使用方式
利用一手的拇指和另一手的食指接触取景，取景时所取的图像会出现在屏幕上。通过手部移动转换所要拍的景色。
当双手的食指拇指同时各自触及时进入拍摄模式。短于1s内的按放视为摄影模式，长按时间大于1s自动进入摄像模式。
HEWLETT PACKARD
CAMINIC
3D DIGITAL MINI-CAMERA
图 5-111

HEWLETT PACKARD
CAMINIC
3D DIGITAL MINI-CAMERA
图 5-112

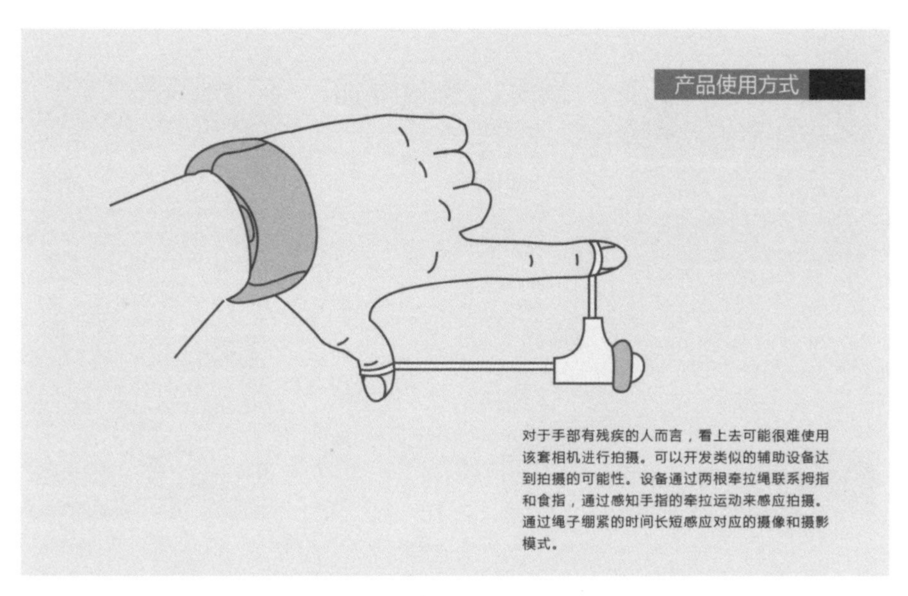

图 5-113

图 5-114

图 5-115

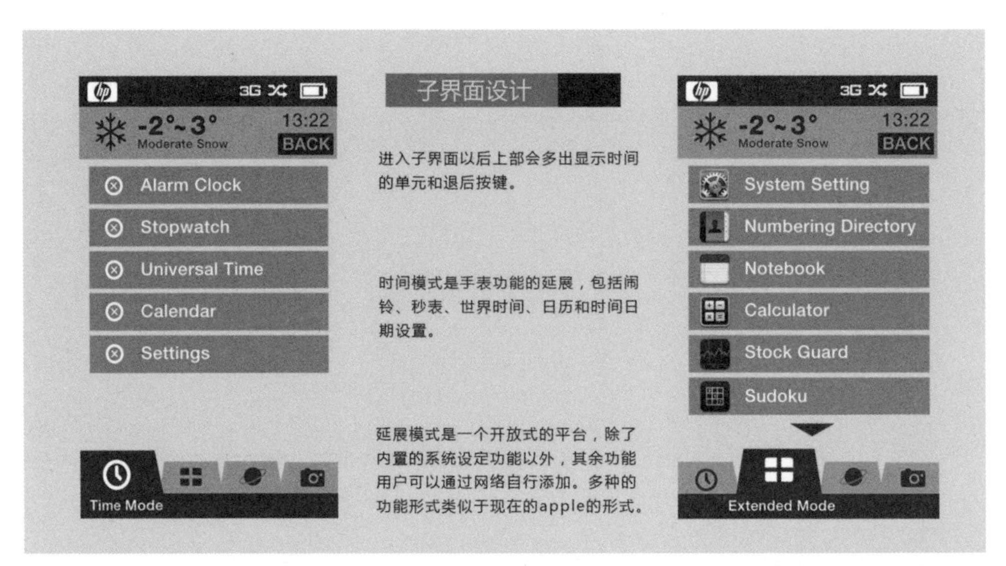
3G
-2°~3°
Moderate Snow
13:22
BACK
Alarm Clock
Stopwatch
Universal Time
Calendar
Settings
Time Mode
子界面设计
进入子界面以后上部会多出显示时间的单元和退后按键。
时间模式是手表功能的延展，包括闹铃、秒表、世界时间、日历和时间日期设置。
延展模式是一个开放式的平台，除了内置的系统设定功能以外，其余功能用户可以通过网络自行添加。多种的功能形式类似于现在的apple的形式。
System Setting
Numbering Directory
Notebook
Calculator
Stock Guard
Sudoku
Extended Mode

图 5-116

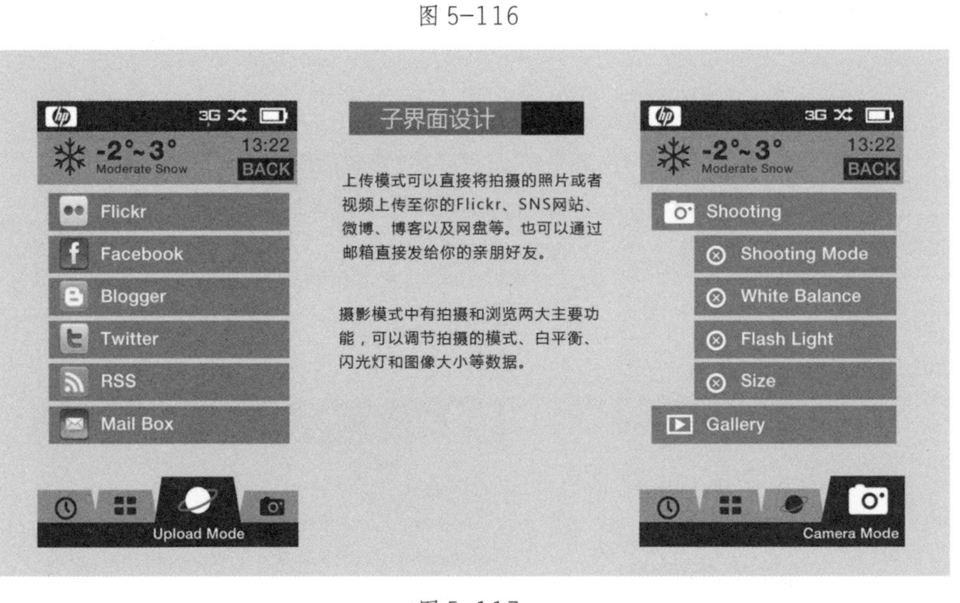
3G
-2°~3°
Moderate Snow
13:22
BACK
Flickr
Facebook
Blogger
Twitter
RSS
Mail Box
Upload Mode
子界面设计
上传模式可以直接将拍摄的照片或者视频上传至你的Flickr、SNS网站、微博、博客以及网盘等。也可以通过邮箱直接发给你的亲朋好友。
摄影模式中有拍摄和浏览两大主要功能，可以调节拍摄的模式、白平衡、闪光灯和图像大小等数据。
Shooting
Shooting Mode
White Balance
Flash Light
Size
Gallery
Camera Mode

图 5-117

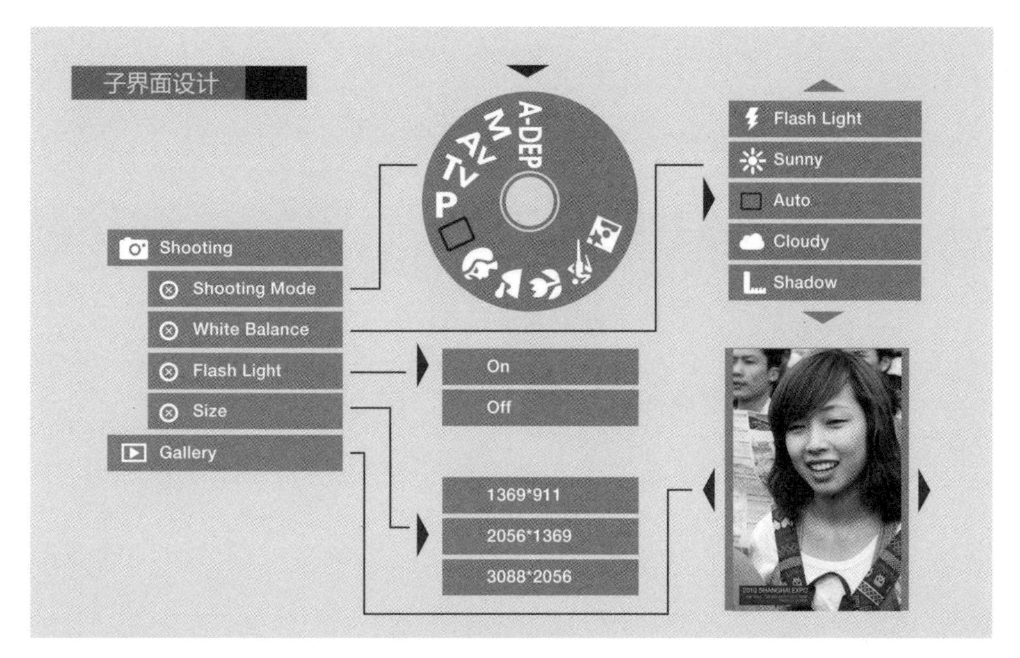
子界面设计
A-DEP
M
Av
Tv
P
Shooting
Shooting Mode
White Balance
Flash Light
Size
Gallery
Flash Light
Sunny
Auto
Cloudy
Shadow
On
Off
1369*911
2056*1369
3088*2056
2010 SHANGHAI EXPO

图 5-118

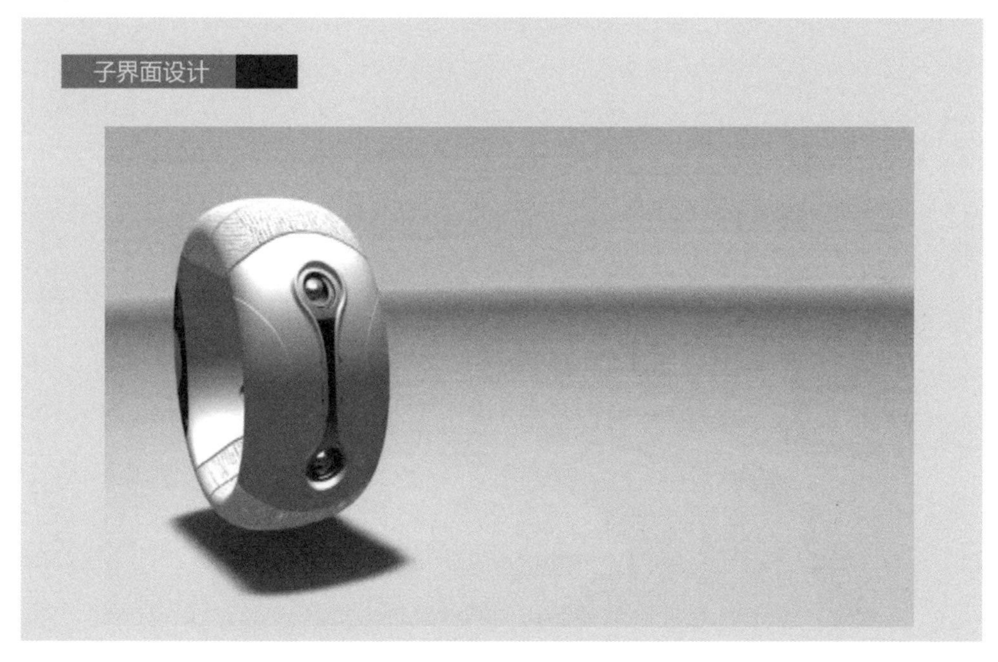
子界面设计

图 5-119

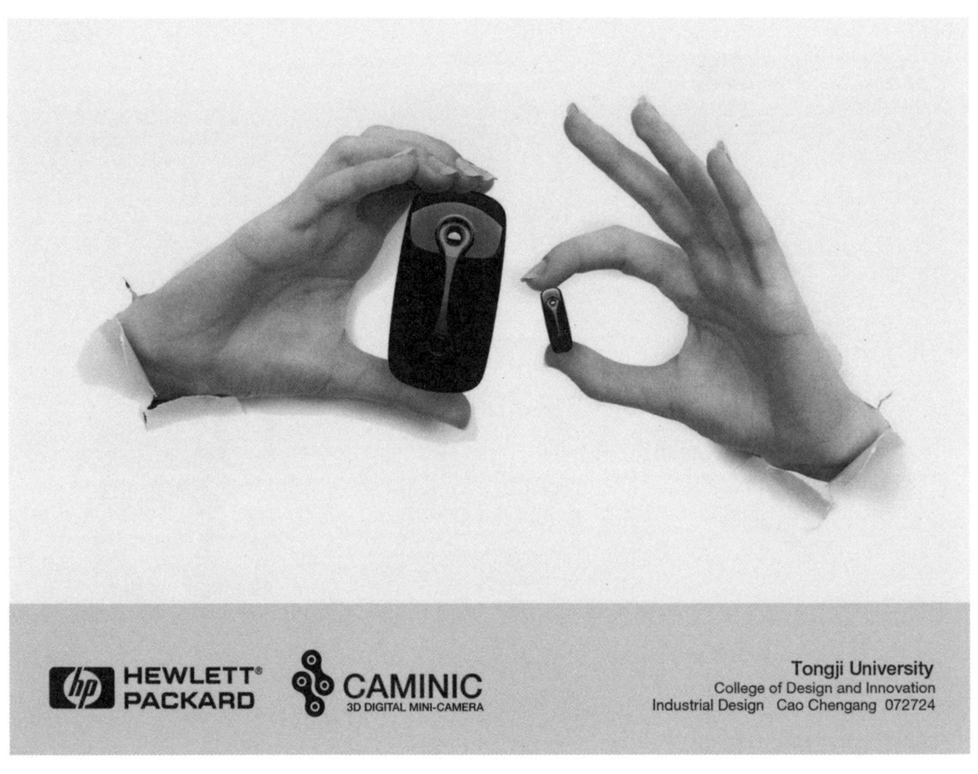

图 5-120

5.2 医疗产品设计

作为与人具有密切接触关系的医疗产品设计，其创意切入点顺理成章地考虑交互设计。而不同的医疗产品的使用方式和场景，即交互的方式也是不同的，所以必须进行系统的调研分析。调查研究细分为市场（医疗机构）、使用者、被使用者、使用状态（使用场合、使用时间段、使用方式）、制造商、携带移动方式等。在此系统的调研前提下，考虑最佳的设计概念，其设计创意在细致全面的调研梳理下应运而生。

5.2.1 便携式点滴仪

设计：刘硙

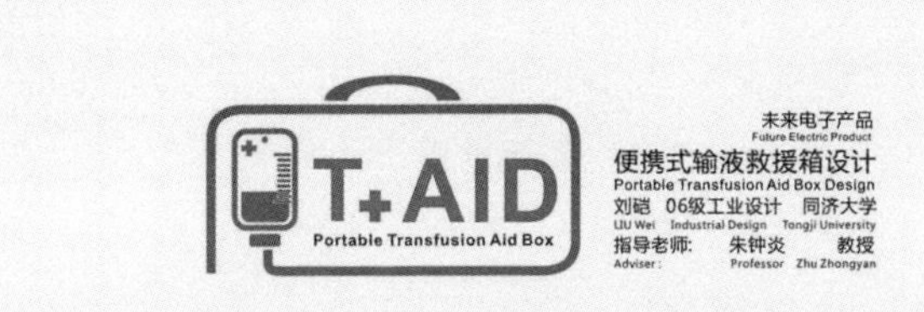

图 5-121

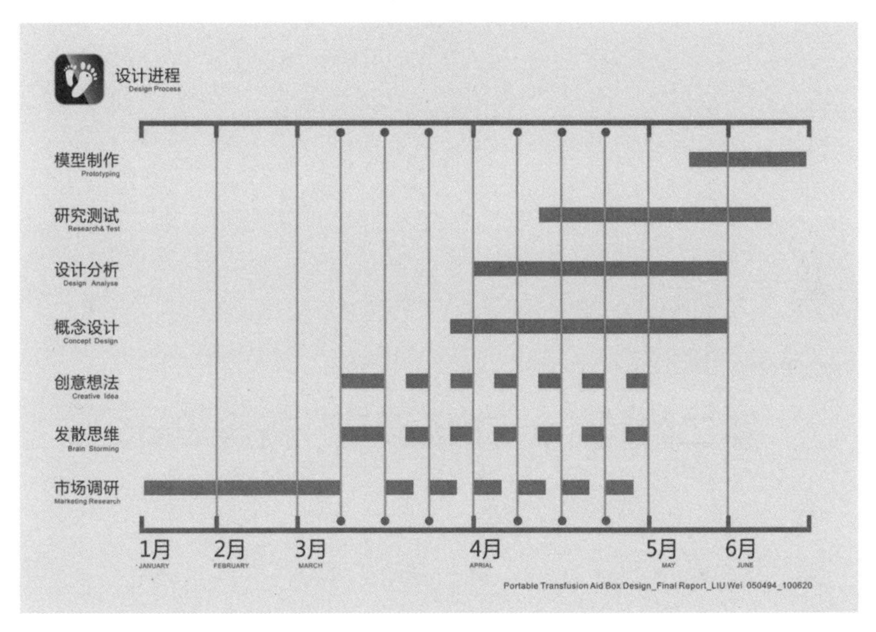

图 5-122

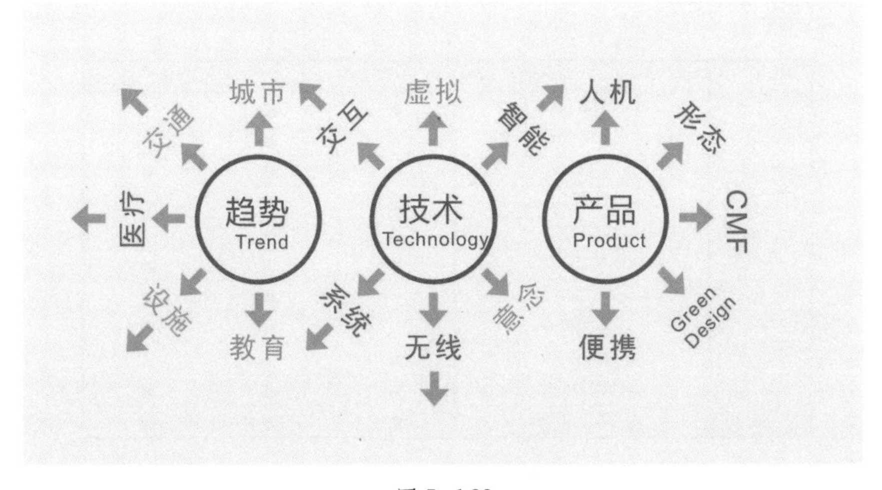

图 5-123

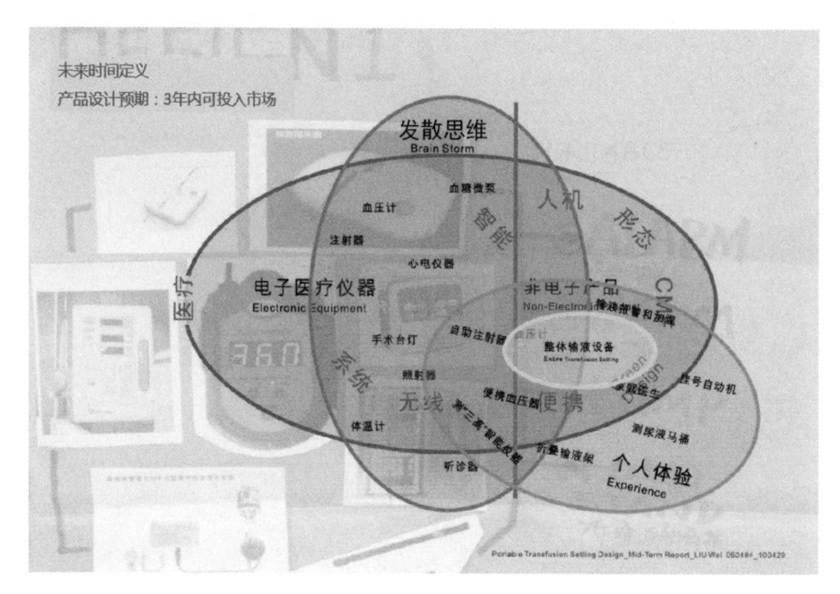

图 5-124

第二阶段 Phase 2　市场调研　概念设计

图 5-125

编号 Number	主要调研地点 Main Research Places	观察 Observation	访问 Interview	讨论 Disussion
1	同济大学校园 Tongji University Campus	■	■	
2	同济大学校医院 Tongji University Hospital	■	■	
3	同济医院 Tongji Hospital	■	■	■
4	超市、卖场若干 Super Markets & Shopping malls	■		
5	街道、社区若干 Street & Community	■	■	
6	上海蓝德医疗器械有限公司 Shanghai LADE Medical Equipment Company	■	■	■
7	上海冰石户外旅行俱乐部 Shanghai BINSHI Outdoor Travel Club		■	
8	上海虹桥机场 Shanghai HongQiao Airport		■	
9	上海市五金批发市场 Shanghai Metal Market	■		
10	上海市摄影器材批发市场 Shanghai photographer apparatus	■	■	■
11	上海市杨浦区花鸟鱼虫市场 Shanghai Yangpu Fishing Market	■	■	■

图 5-126

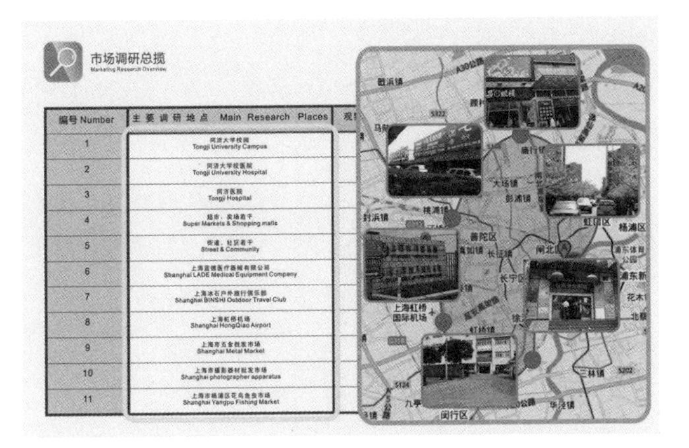

市场调研总揽
Marketing Research Overview

编号 Number	主要调研地点 Main Research Places
1	同济大学校园 Tongji University Campus
2	同济大学校医院 Tongji University Hospital
3	同济医院 Tongji Hospital
4	超市，卖场若干 Super Markets & Shopping malls
5	街道，社区若干 Street & Community
6	上海蓝德医疗器械有限公司 Shanghai LADE Medical Equipment Company
7	上海冰石户外旅行俱乐部 Shanghai BINSHI Outdoor Travel Club
8	上海虹桥机场 Shanghai HongQiao Airport
9	上海市五金批发市场 Shanghai Metal Market
10	上海市摄影器材批发市场 Shanghai photographer apparatus
11	上海市杨浦区花鸟鱼虫市场 Shanghai Yangpu Fishing Market

图 5-127

市场调研总揽
Marketing Research Overview

访问人群 Interviewee	病人 Patient	医生护士 Doctor&Nurse	一般人群 Normal People	特殊职业 Specialist	外国人 Foreigner
简介 Brief					

图 5-128

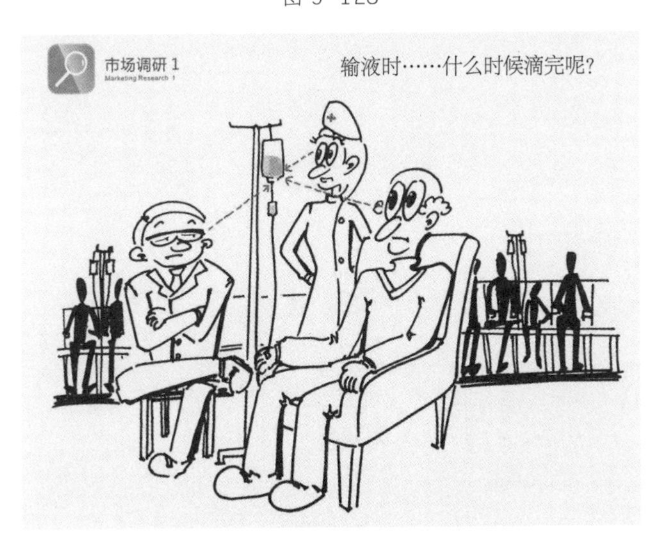

图 5-129

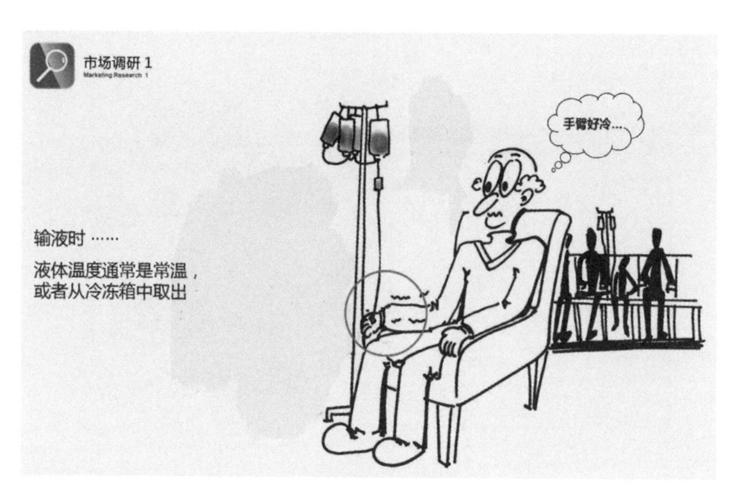

图 5-130

图 5-131

发散思维：

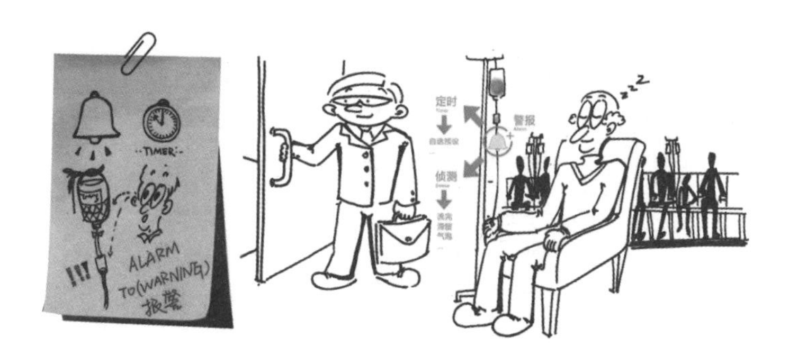

图 5-132

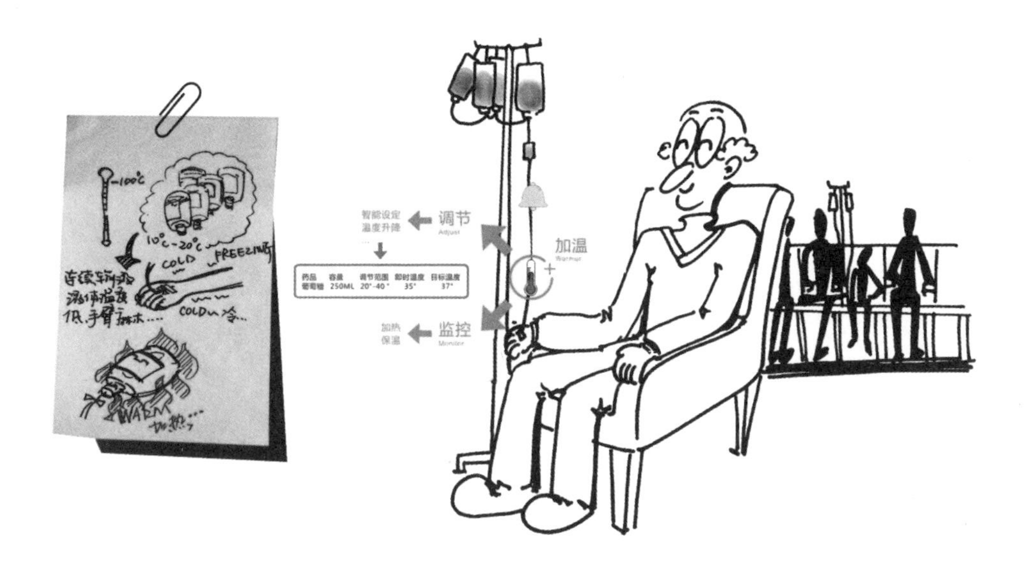

图 5-133

市场调查 2：

病人 Patient	一般人群 Normal People	外国人 Foreigner

那么大家是否觉得报警器、加温器很重要呢？

对于报警器的回答是：

100%！

对于加热器的回答是：

集中在老年人，女性 **90%！**

采访录像
Interview Video

图 5-134

图 5-135

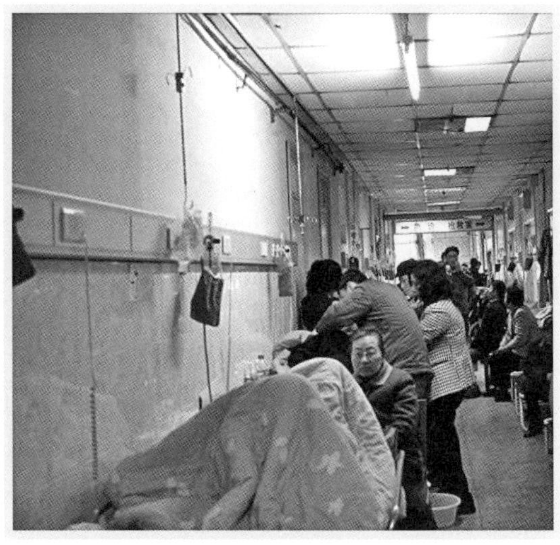

图 5-136

报警器会减轻工作负担，十分有用，有时候疾人很多，叫喊的时候听不到，人很多，护士顾不上巡视，病人自己不注意，发生倒流、气泡的现象，会发生生命危险。

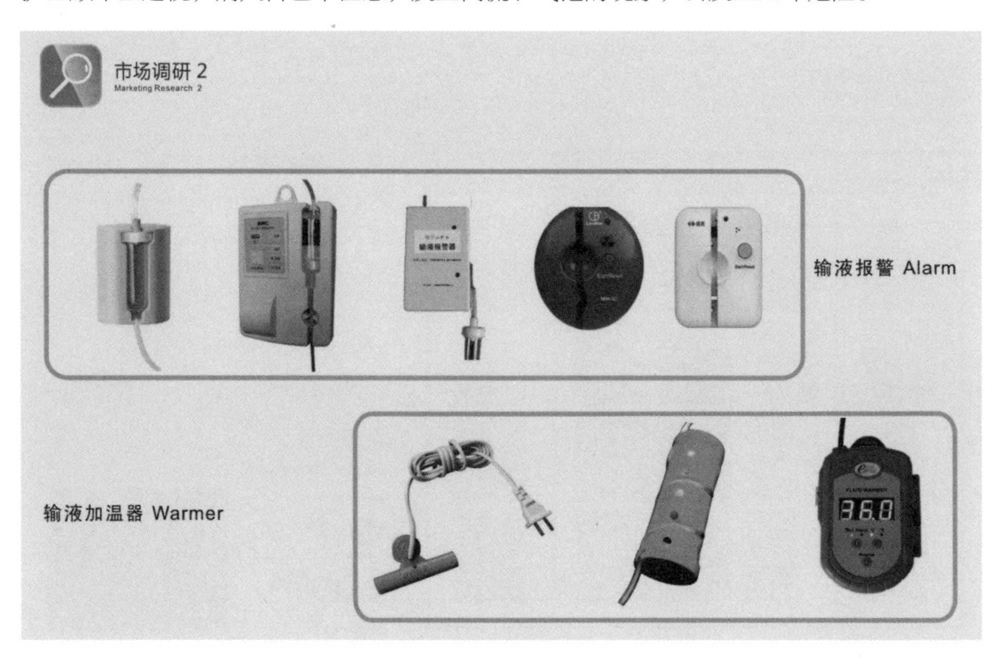

图 5-137

当前技术: 夹在滴液管两侧,利用光电感应液面变化,进而报警

调查发现:
1. 大部分产品只进行及时侦测结果,无人性化交互界面屏幕和智能设置,进行精确调整报警
2. 大部分产品是直接夹在液管上,重力承载在液管上,存在安全隐患

输液报警 Alarm

输液加温器 Warmer

当前技术: 包裹或缠绕液管,利用发热元件进行加热

调查发现:
1. 大部分产品只能加热固定温度,出现可调节温度产品,但无智能设置和医疗安全绑定。
2. 大部分产品是直接夹在液管上,重力承载在液管上,存在安全隐患。

图 5-138

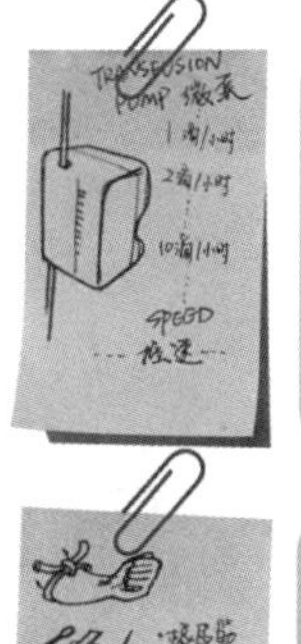

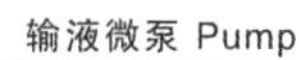

输液用品 Relatives

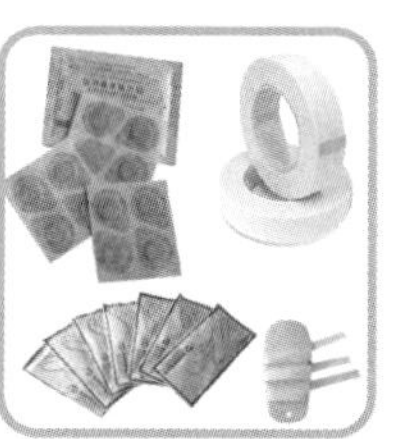

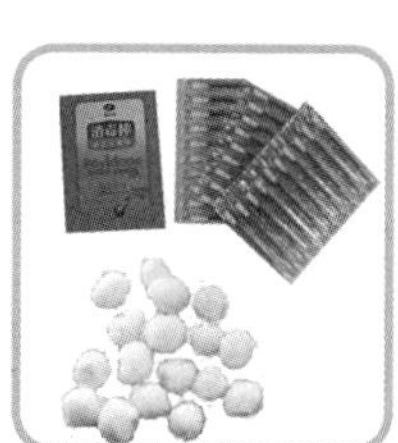

图 5-139

市场调研 2
Marketing Research 2

医疗器械公司
经理
Medical Equipment Company Manager

夏经理
蓝德医疗器械有限公司

Manager Xia
LADE Medical Equipment Company

医疗器械技术
工程师
Medical Equipment Engineer

针跃军
蓝德医疗器械有限公司

Mr Zhen Yuejun
LADE Medical Equipment Company

输液微泵 Pump

上海蓝德医疗器械有限公司

微泵功能
The Functions of Pump

1. 智能精确控制液体流速
2. 输液瓶/袋可以低于注射点，区别于莫菲氏点滴原理
3. 对气泡 、输液完毕等异常情况进行报警

图 5-140

市场调研 2
Marketing Research 2

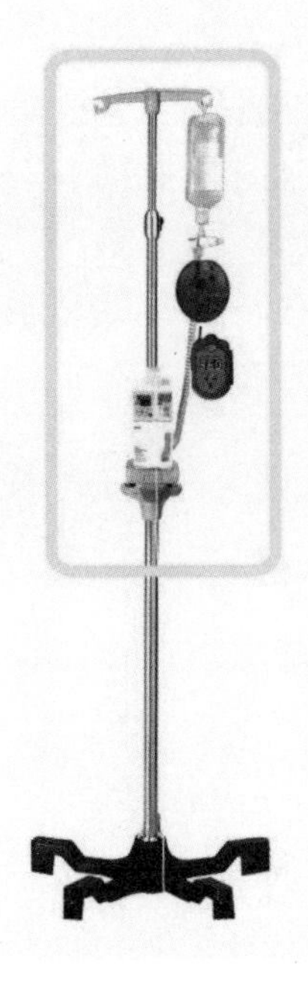

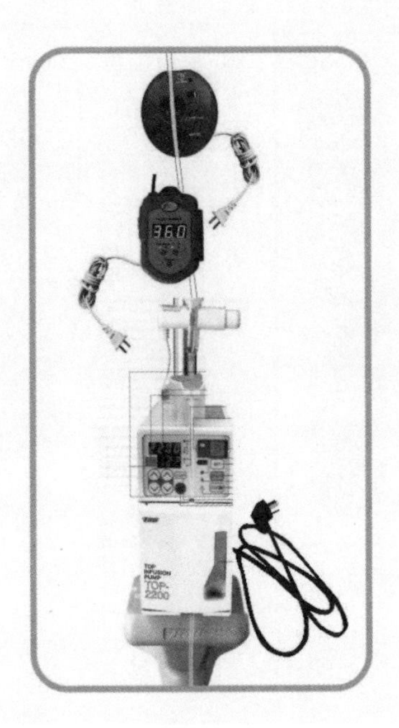

图 5-141

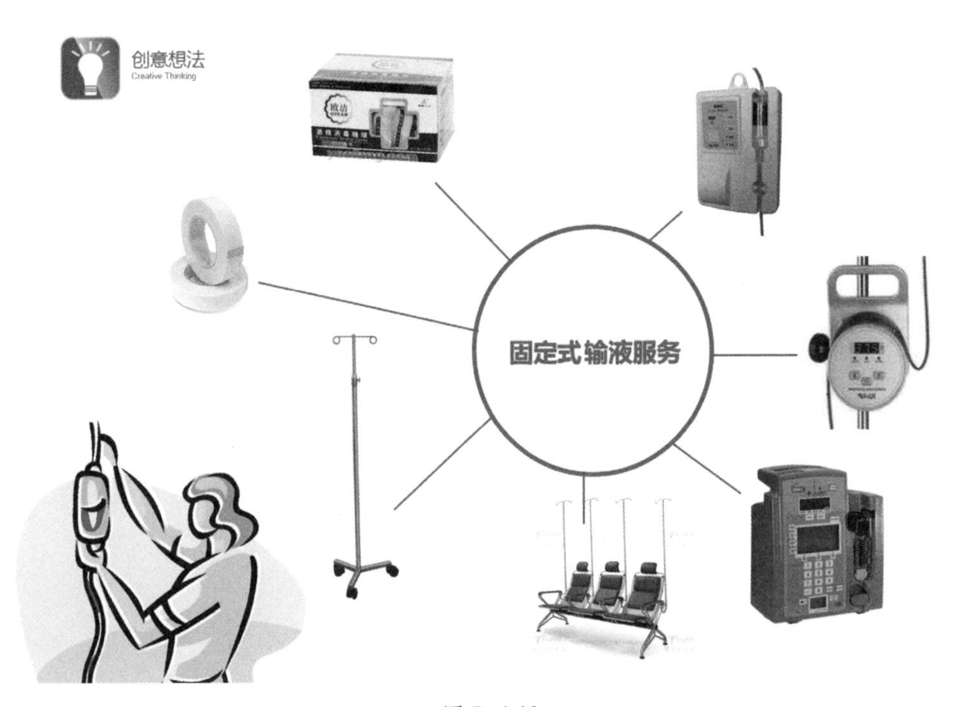
创意想法
Creative Thinking
固定式输液服务

图 5-142

创意想法
Creative Thinking
?!
移动式输液服务

图 5-143

急诊室 Emergency Room

图 5-144

图 5-145

发散思维 2：

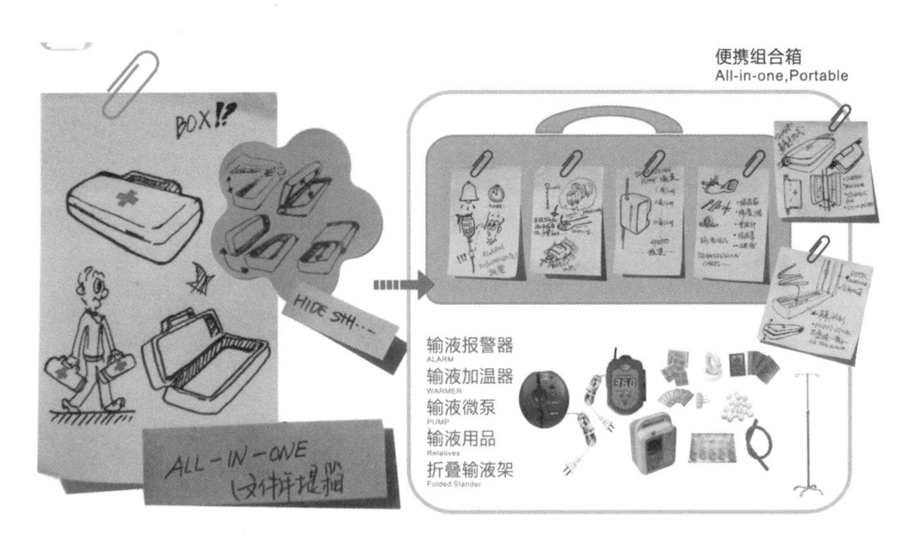

图 5-146

图 5-147

第三阶段 Phase 3 概念设计 分析测试

图 5-148

合作伙伴
Partner

医疗器械
技术工程师
Medical Equipment
Engineer

针跃军
输液微泵领域
从业5年
蓝德医疗器械有限公司

Mr Zhen Yuejun
Expert at Pump
5 years experience
LADE Medical Equipment
Company

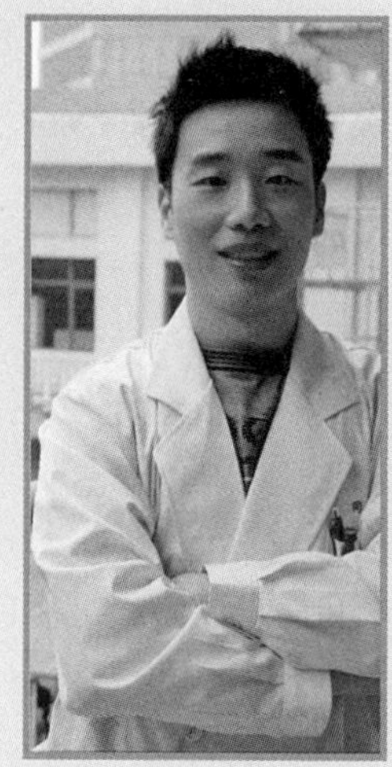

见习医生
Apprentice,Doctor

姜升立
24岁
见习医师 同济医院
七年临床医学 五年级
同济大学医学院

Jiang Shenli
24 Years Old
Apprentice at Tongji Hospital
Student at Medical Study
Tongji University

图 5-149

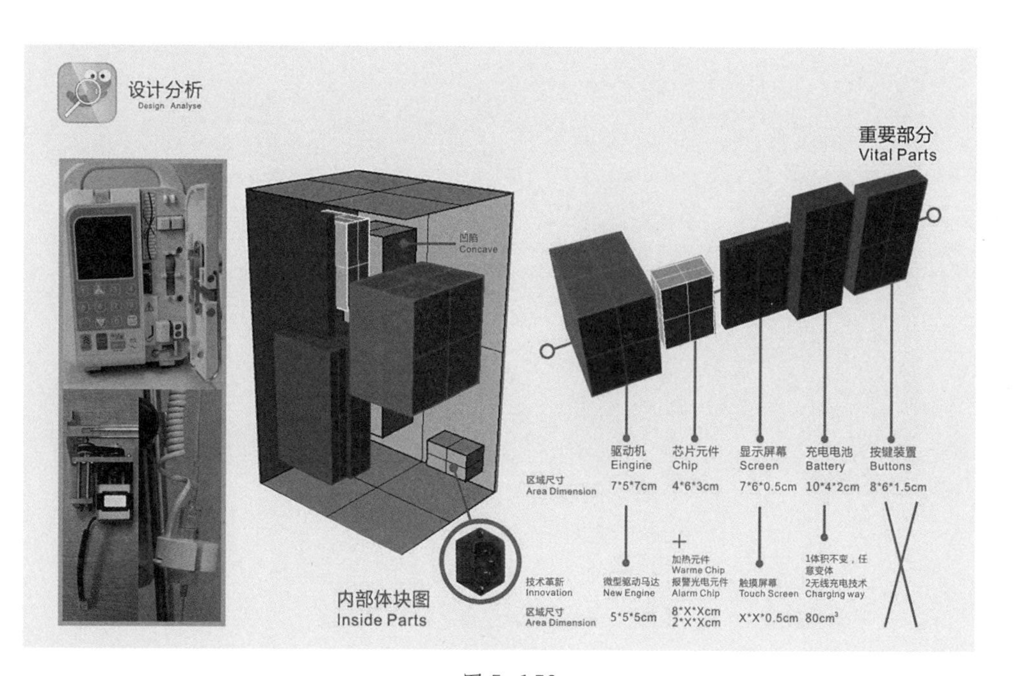

图 5-150

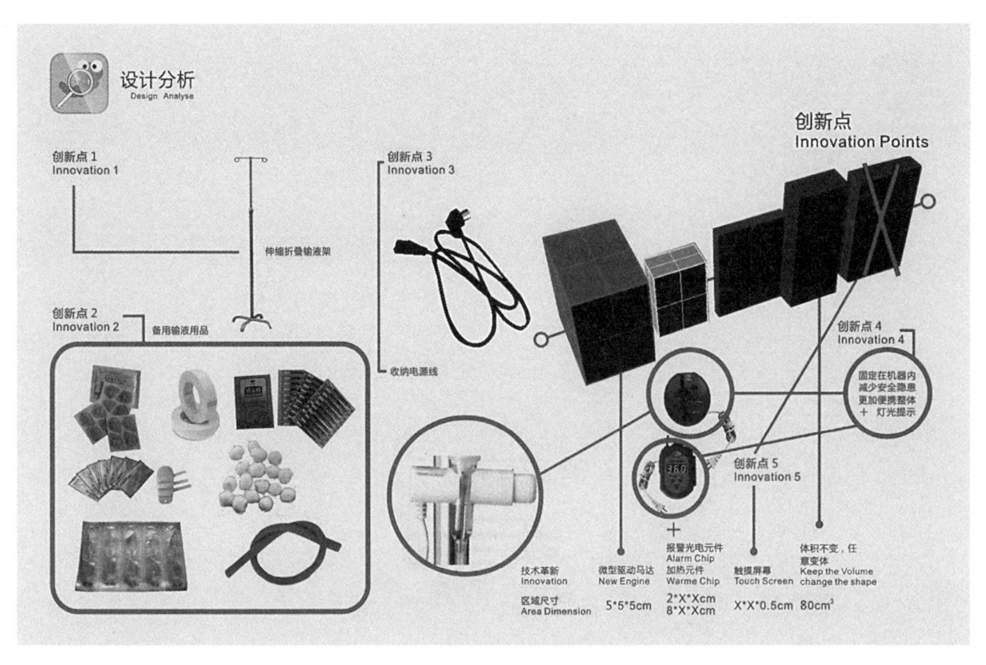
设计分析
Design Analyse
创新点
Innovation Points
创新点 1
Innovation 1
伸缩折叠输液架
创新点 2
Innovation 2
备用输液用品
创新点 3
Innovation 3
收纳电源线
创新点 4
Innovation 4
固定在机器内
减少安全隐患
更加便携整体
+ 灯光提示
创新点 5
Innovation 5
技术革新
Innovation
区域尺寸
Area Dimension
微型驱动马达
New Engine
5*5*5cm
报警光电元件
Alarm Chip
加热元件
Warme Chip
2*X*Xcm
8*X*Xcm
触摸屏幕
Touch Screen
X*X*0.5cm
体积不变，任
意变体
Keep the Volume
change the shape
80cm³

图 5-151

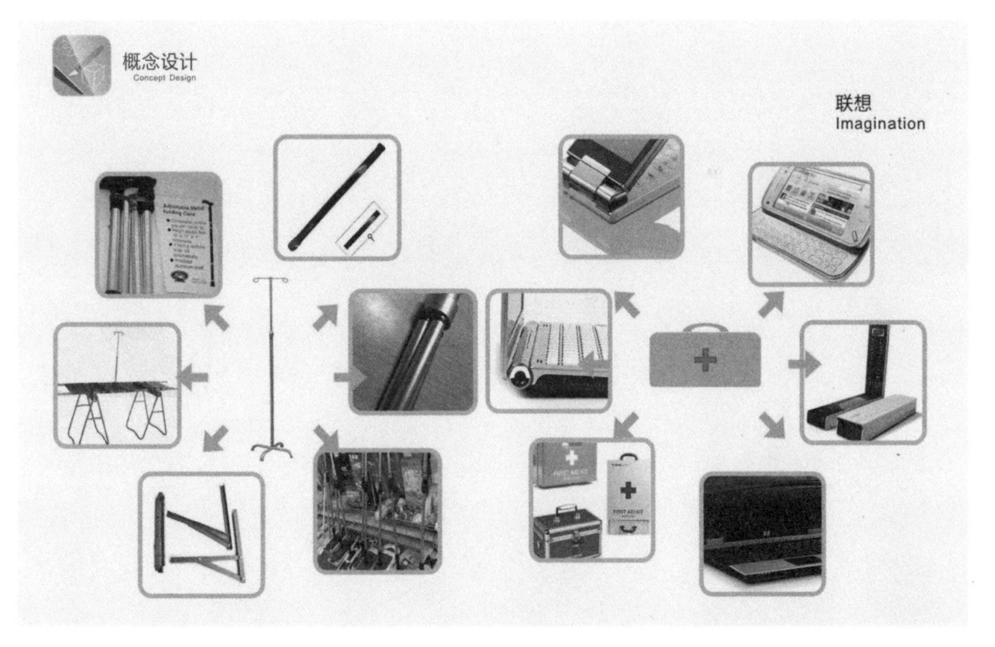
概念设计
Concept Design
联想
Imagination

图 5-152

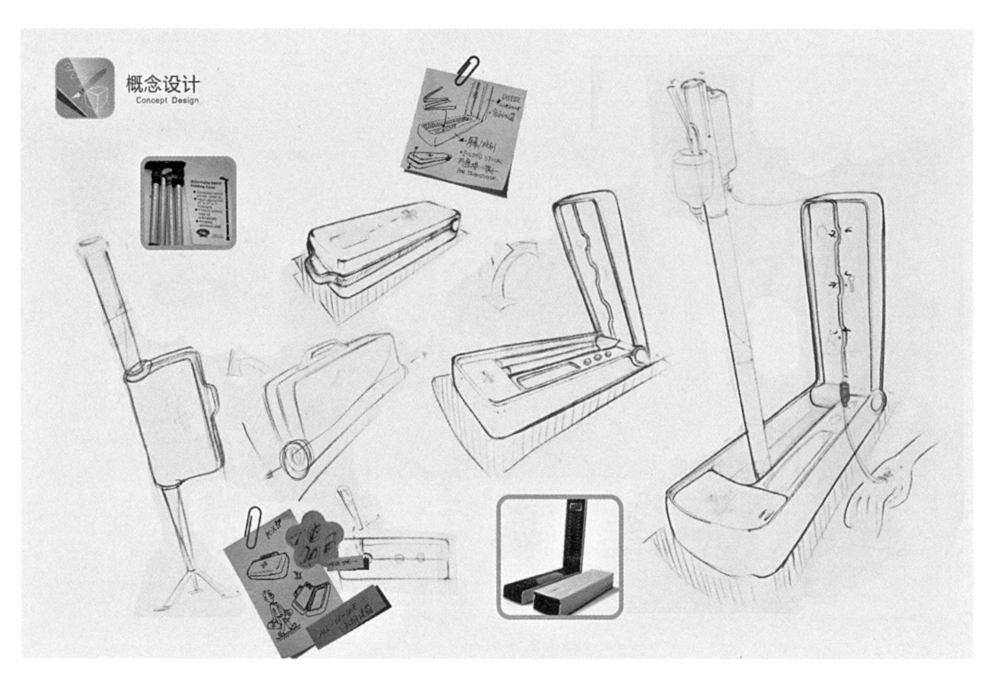

图 5-153

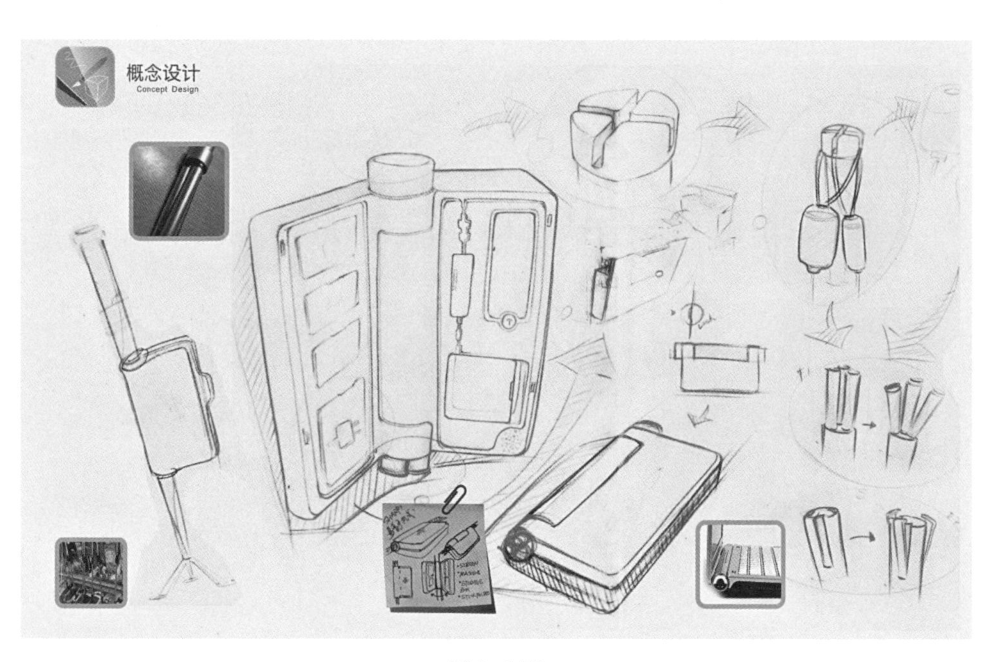

图 5-154

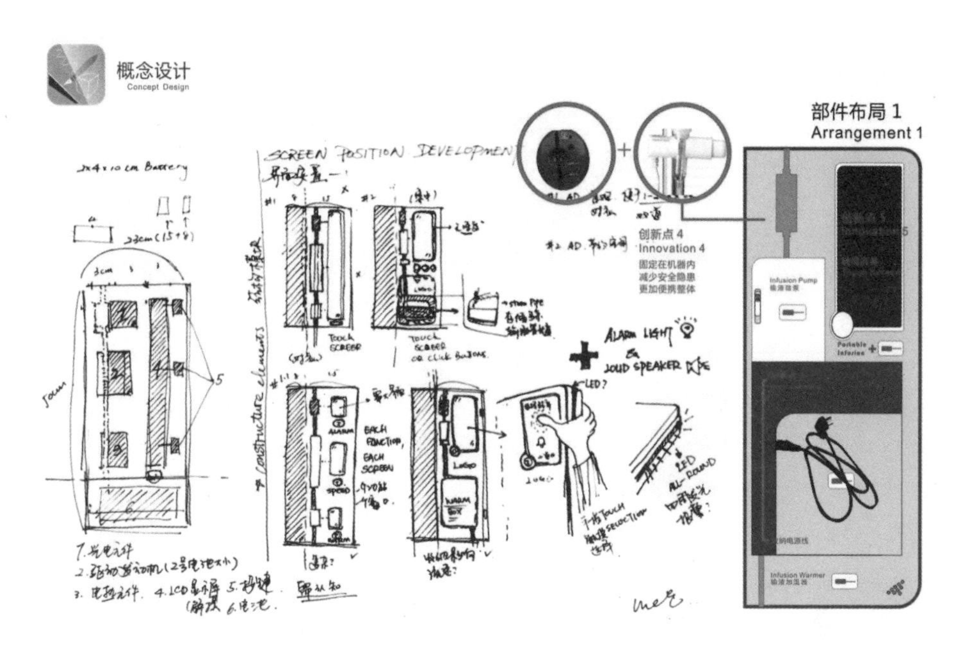
概念设计
Concept Design
部件布局 1
Arrangement 1
创新点 4
Innovation 4
固定在机器内
减少安全隐患
更加便携整体
SCREEN POSITION DEVELOPMENT
ALARM LIGHT
LOUD SPEAKER
LED
ALL-ROUND
Infusion Pump
Infusion Warmer

图 5-155

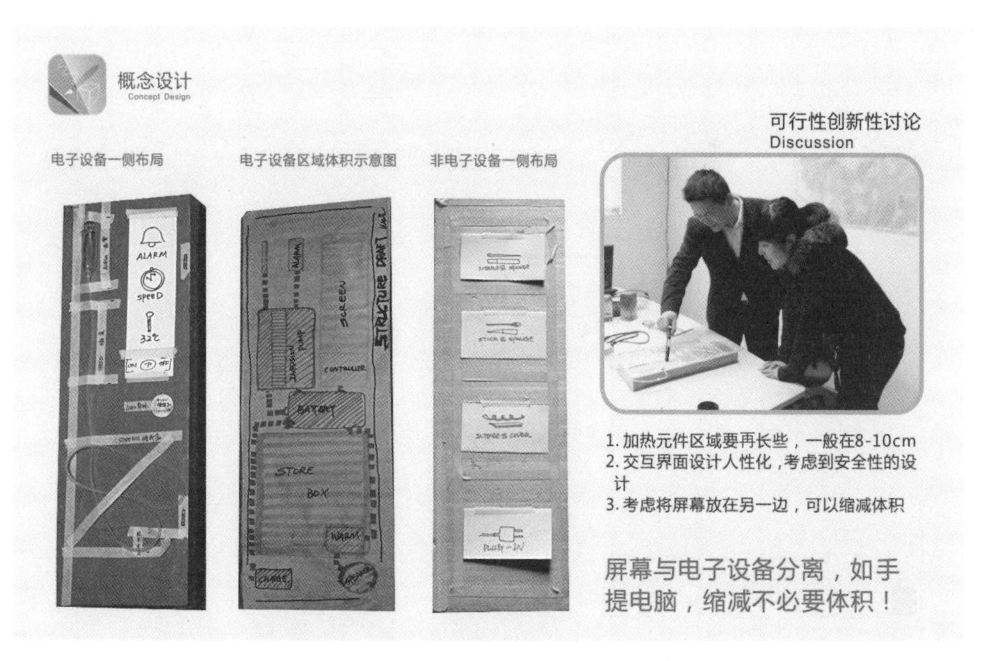
概念设计
Concept Design
电子设备一侧布局
电子设备区域体积示意图
非电子设备一侧布局
可行性创新性讨论
Discussion
ALARM
SPEED
STRUCTURE DRAFT
SCREEN
BATERY
STORE
BOX
WARM
PLUG-IN
1. 加热元件区域要再长些，一般在8-10cm
2. 交互界面设计人性化，考虑到安全性的设计
3. 考虑将屏幕放在另一边，可以缩减体积
屏幕与电子设备分离，如手提电脑，缩减不必要体积！

图 5-156

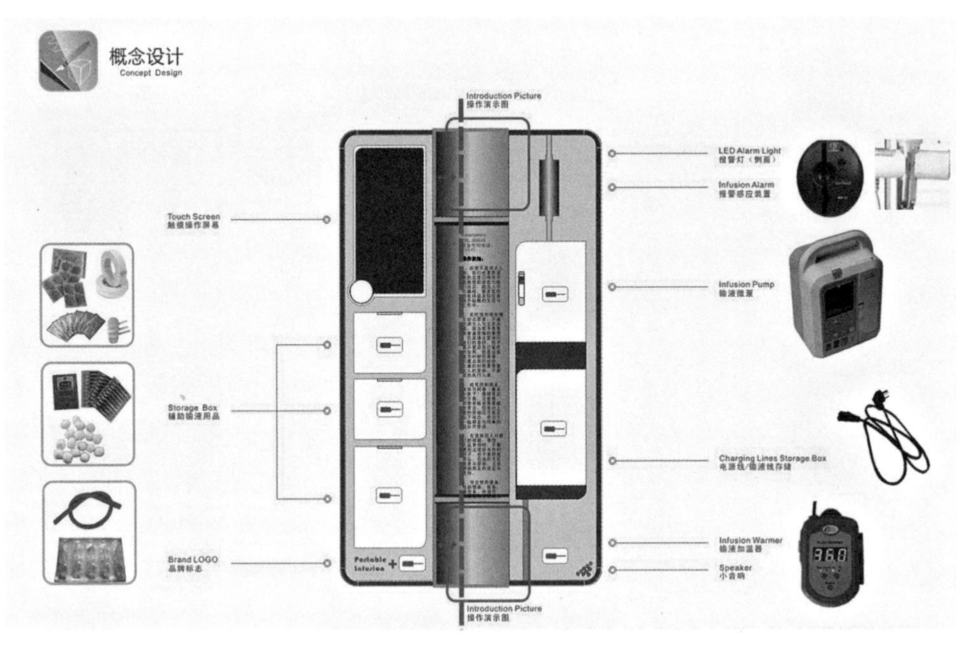
概念设计
Concept Design
Introduction Picture
操作演示图
LED Alarm Light
报警灯（侧面）
Infusion Alarm
报警感应装置
Touch Screen
触摸操作屏幕
Infusion Pump
输液微泵
Storage Box
辅助输液用品
Charging Lines Storage Box
电源线/输液线存储
Infusion Warmer
输液加温器
Brand LOGO
品牌标志
Speaker
小音响
Portable Infusion
Introduction Picture
操作演示图

图 5-157

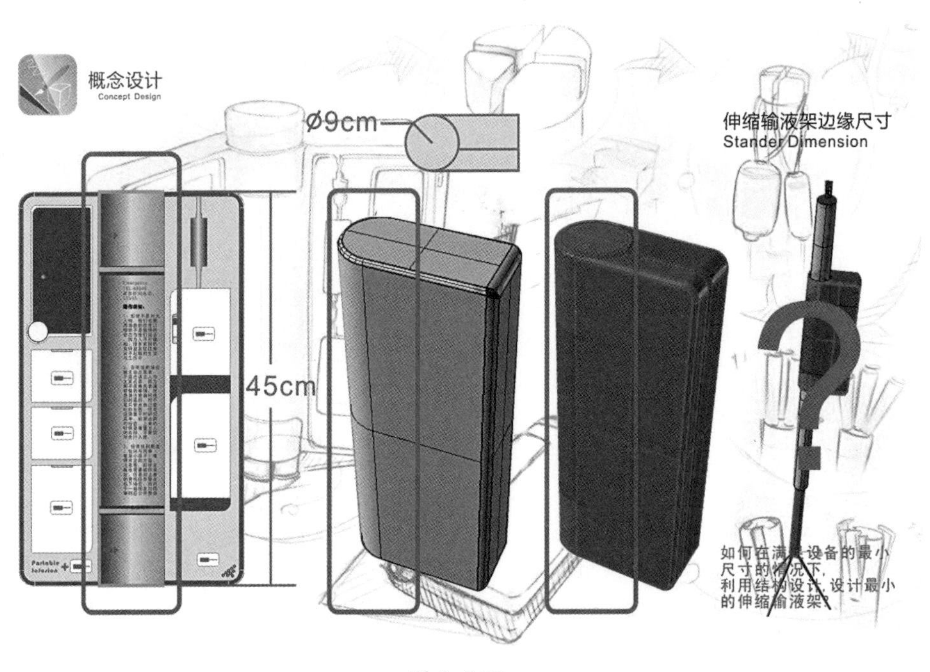
概念设计
Concept Design
Ø9cm
45cm
伸缩输液架边缘尺寸
Stander Dimension
如何在满足设备的最小
尺寸的情况下，
利用结构设计，设计最小
的伸缩输液架？

图 5-158

市场调查 3:

伸缩方式调查
Fold Way Research

图 5-159

伸缩固定方式
Fix Way Research

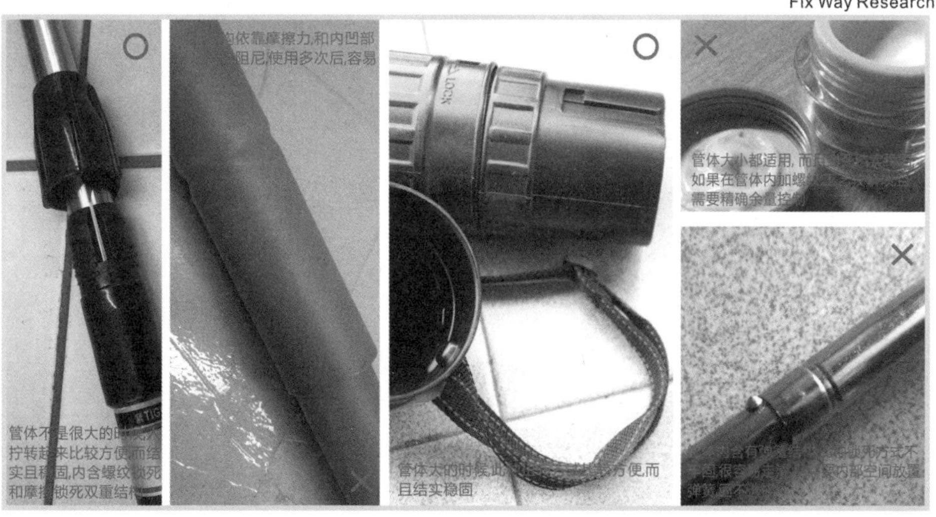

图 5-160

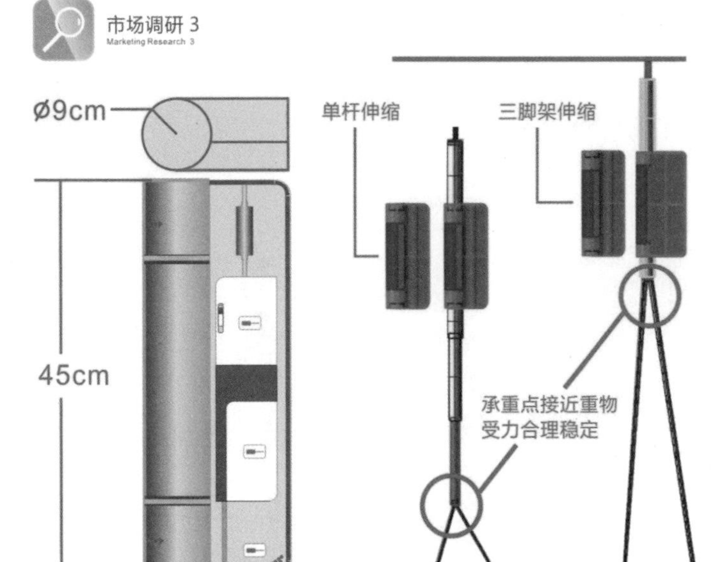
市场调研 3
Marketing Research 3
Ø9cm
45cm
单杆伸缩
三脚架伸缩
单杆伸缩VS三脚架伸缩
Comparation
承重点接近重物
受力合理稳定
在最小尺寸的限定下
比较:
1. 受力方式
2. 整体展开稳固性
3. 连接方式(影响尺寸)
4. 伸缩高度
5. 可调节范围

图 5-161

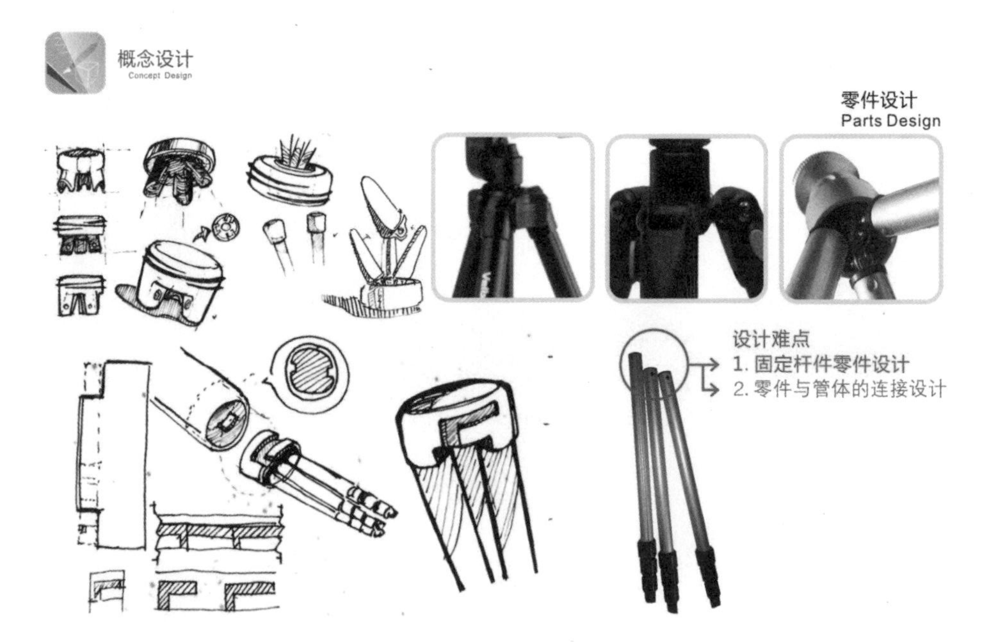
概念设计
Concept Design
零件设计
Parts Design
设计难点
1. 固定杆件零件设计
2. 零件与管体的连接设计

图 5-162

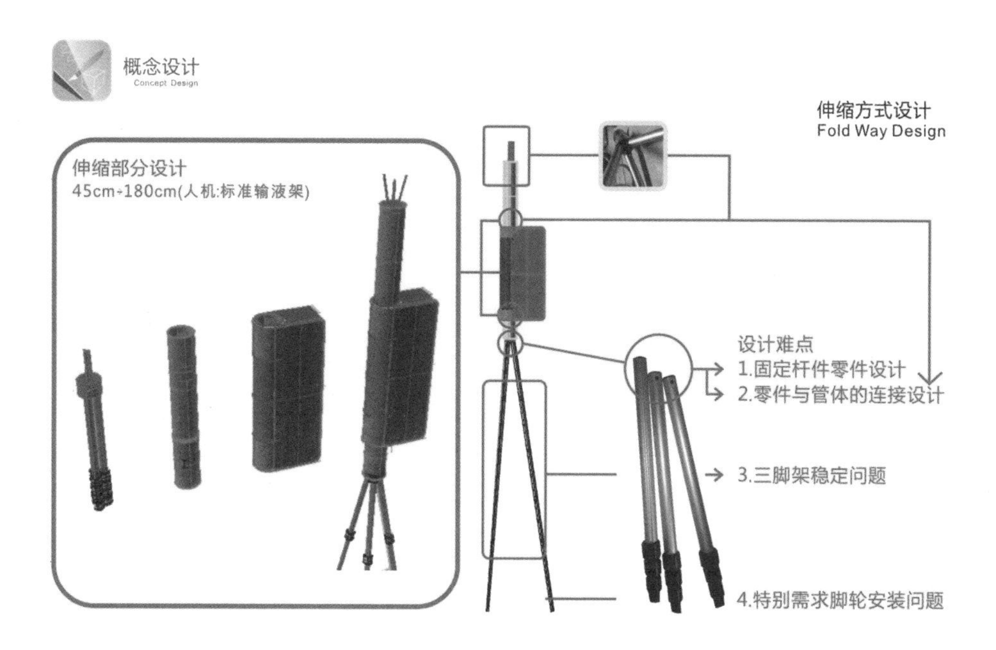
概念设计
Concept Design
伸缩方式设计
Fold Way Design
伸缩部分设计
45cm÷180cm(人机:标准输液架)
设计难点
1.固定杆件零件设计
2.零件与管体的连接设计
3.三脚架稳定问题
4.特别需求脚轮安装问题

图 5-163

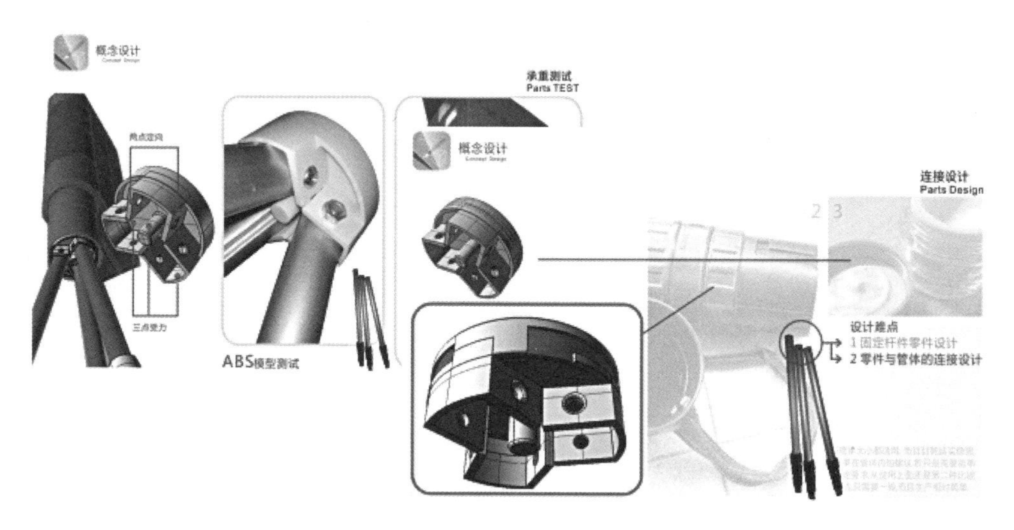
概念设计
三点受力
ABS模型测试
承重测试
Parts TEST
概念设计
连接设计
Parts Design
2
3
设计难点
1 固定杆件零件设计
2 零件与管体的连接设计

图 5-164

结构力学
讲师

朱金龙 老师
力学实验中心
航空航天与力学学院
同济大学

Mr Zhu Jinlong
Teacher for Mechanics
Tongji University

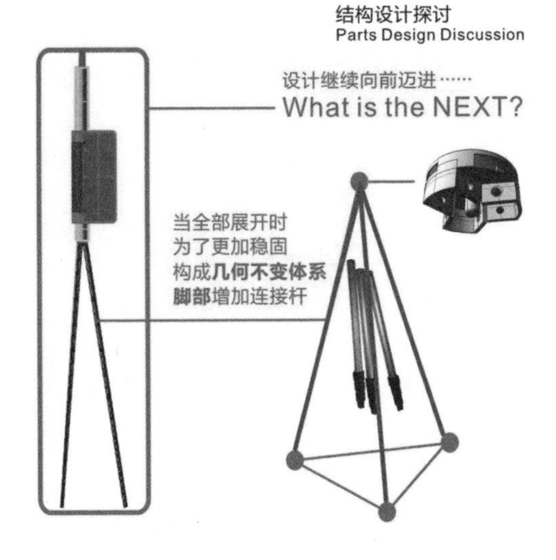

图 5-165

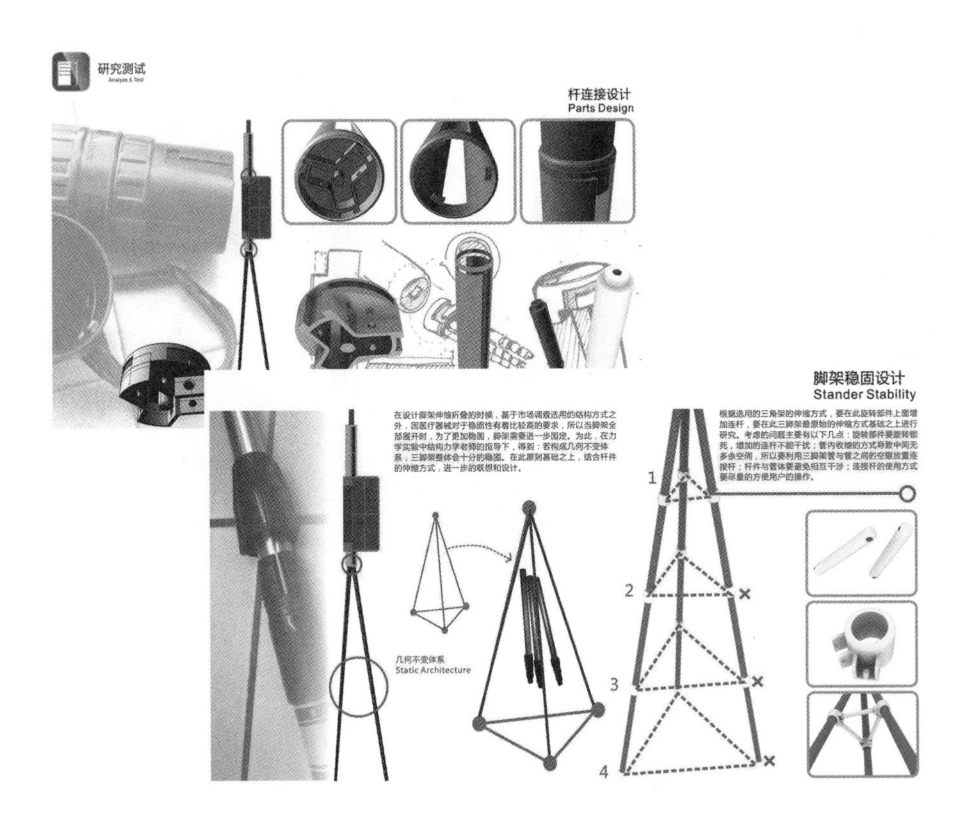

图 5-166

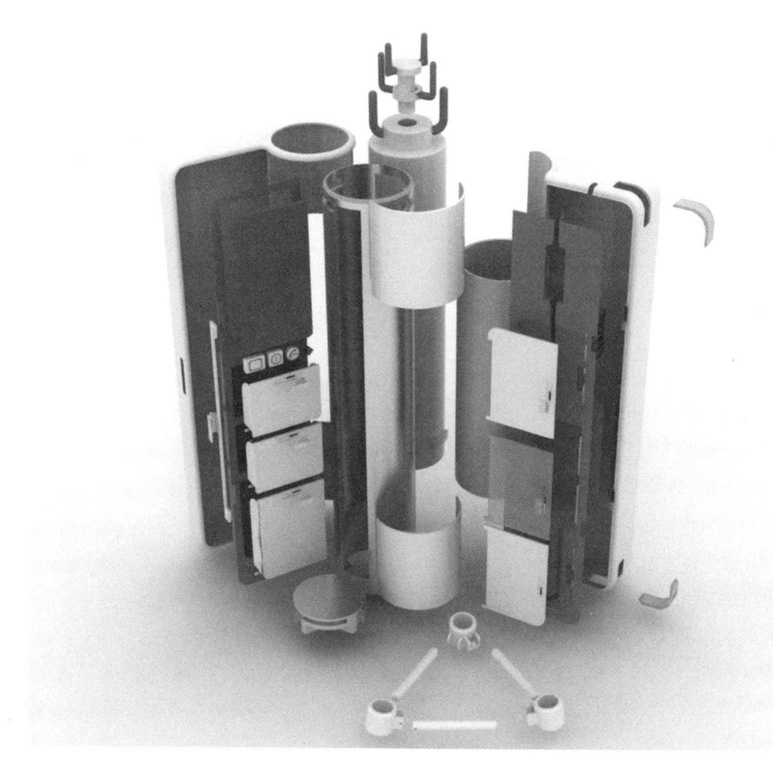

图 5-167

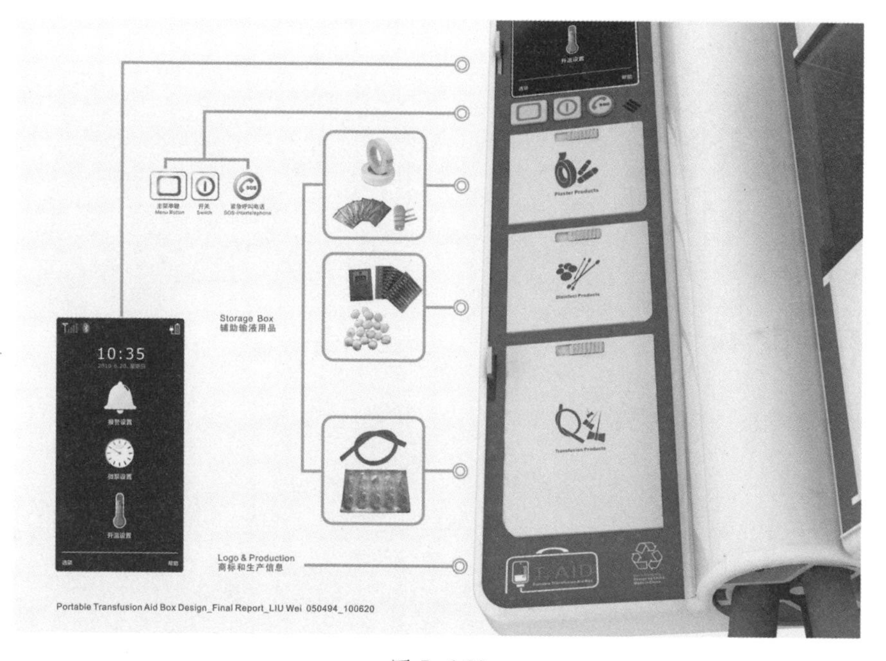
开关
Switch
10:35
Storage Box
辅助输液用品
Logo & Production
商标和生产信息
Portable Transfusion Aid Box Design_Final Report_LIU Wei 050494_100620

图 5-168

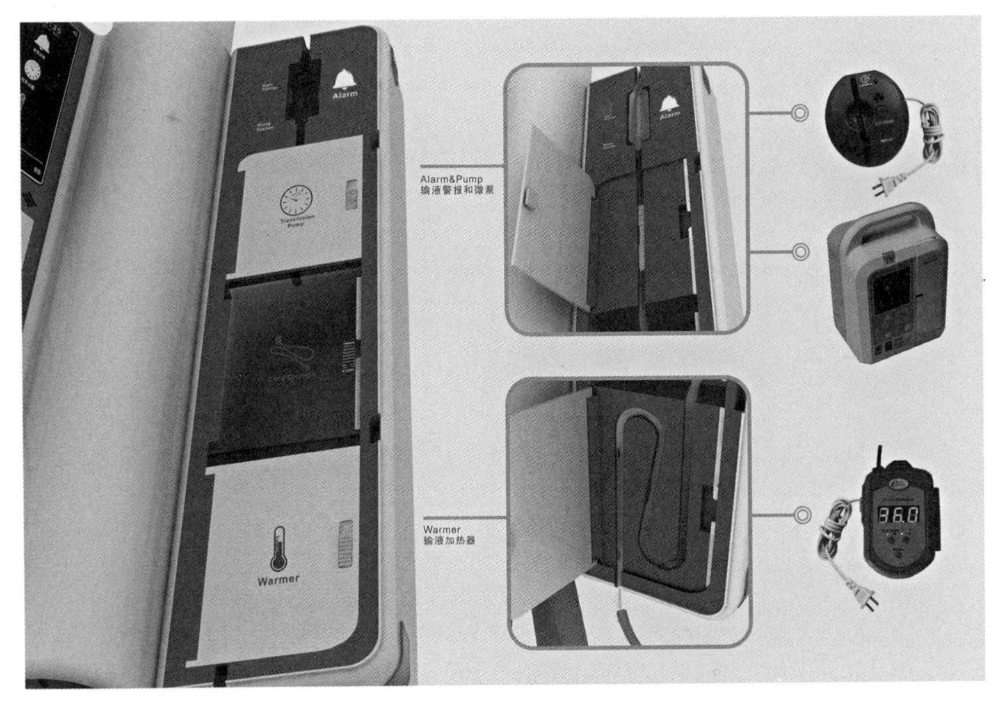
Alarm
Transfusion Pump
Warmer
Alarm&Pump
输液警报和微泵
Warmer
输液加热器
36.0

图 5-169

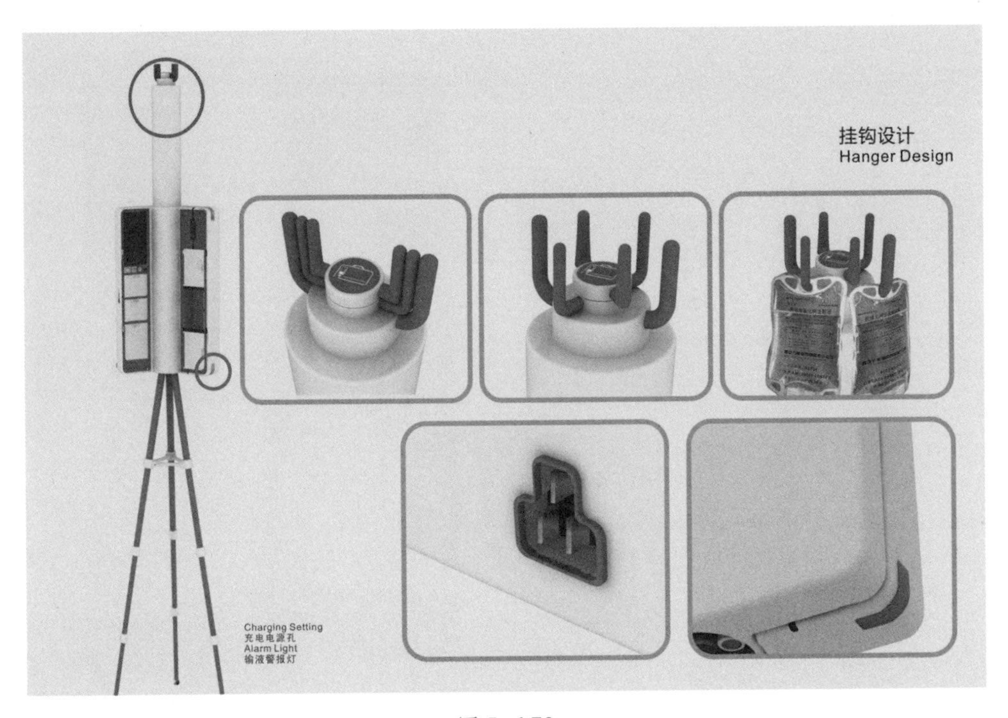
挂钩设计
Hanger Design
Charging Setting
充电电源孔
Alarm Light
输液警报灯

图 5-170

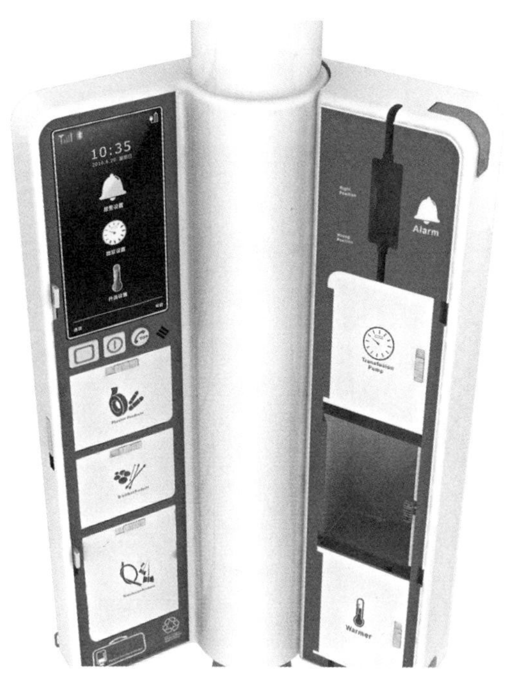
10:35
Alarm
Warmer
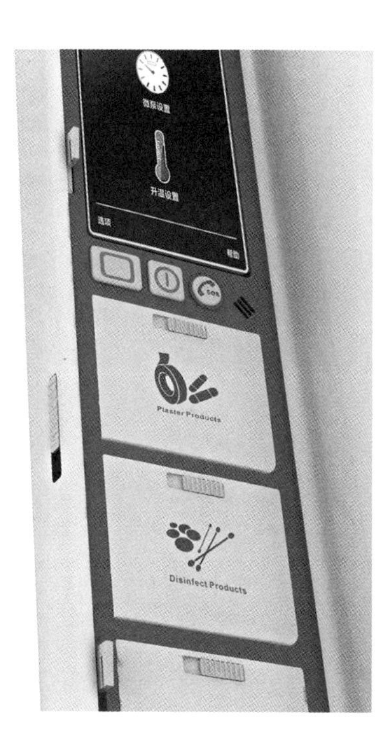
微泵设置
升温设置
Plaster Products
Disinfect Products

图 5-171

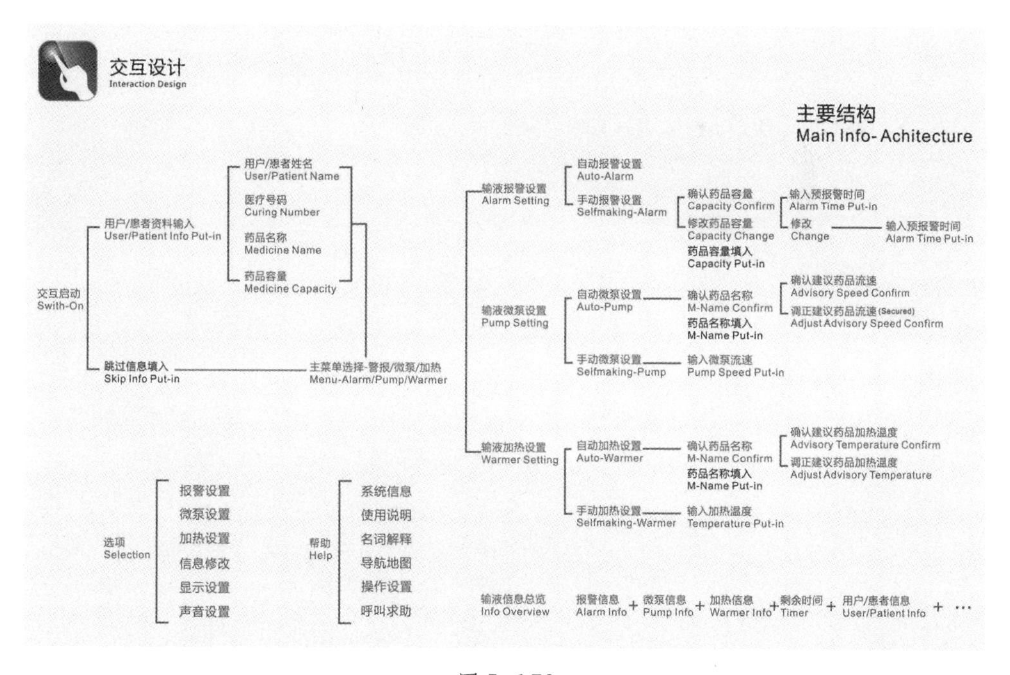
交互设计
Interaction Design
主要结构
Main Info- Achitecture
交互启动
Swith-On
用户/患者资料输入
User/Patient Info Put-in
用户/患者姓名
User/Patient Name
医疗号码
Curing Number
药品名称
Medicine Name
药品容量
Medicine Capacity
跳过信息填入
Skip Info Put-in
主菜单选择-警报/微泵/加热
Menu-Alarm/Pump/Warmer
输液报警设置
Alarm Setting
自动报警设置
Auto-Alarm
手动报警设置
Selfmaking-Alarm
确认药品容量
Capacity Confirm
修改药品容量
Capacity Change
药品容量填入
Capacity Put-in
输入预报警时间
Alarm Time Put-in
修改
Change
输入预报警时间
Alarm Time Put-in
输液微泵设置
Pump Setting
自动微泵设置
Auto-Pump
确认药品名称
M-Name Confirm
药品名称填入
M-Name Put-in
确认建议药品流速
Advisory Speed Confirm
调正建议药品流速 (Secured)
Adjust Advisory Speed Confirm
手动微泵设置
Selfmaking-Pump
输入微泵流速
Pump Speed Put-in
输液加热设置
Warmer Setting
自动加热设置
Auto-Warmer
确认药品名称
M-Name Confirm
药品名称填入
M-Name Put-in
确认建议药品加热温度
Advisory Temperature Confirm
调正建议药品加热温度
Adjust Advisory Temperature
手动加热设置
Selfmaking-Warmer
输入加热温度
Temperature Put-in
选项
Selection
报警设置
微泵设置
加热设置
信息修改
显示设置
声音设置
帮助
Help
系统信息
使用说明
名词解释
导航地图
操作设置
呼叫求助
输液信息总览
Info Overview
报警信息 Alarm Info + 微泵信息 Pump Info + 加热信息 Warmer Info + 剩余时间 Timer + 用户/患者信息 User/Patient Info + …

图 5-172

界面设计
Interface Design

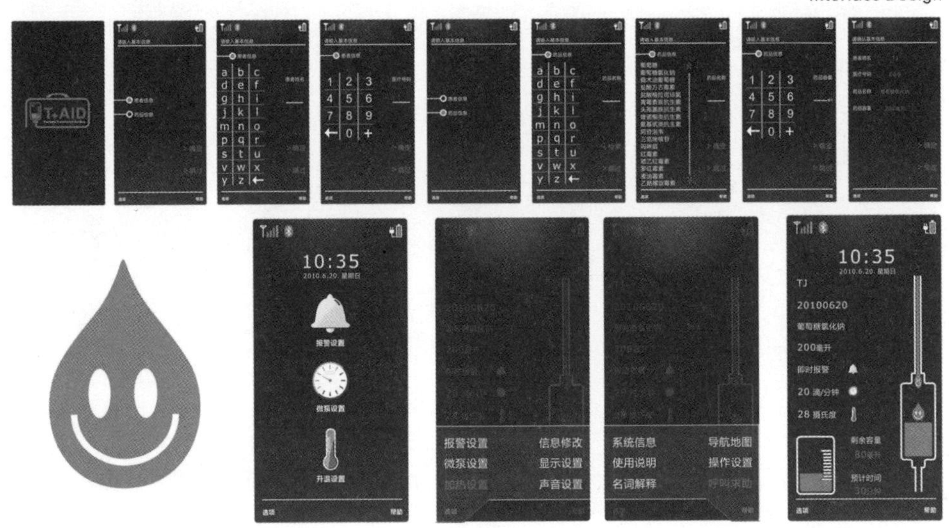

图 5-173

图 5-174

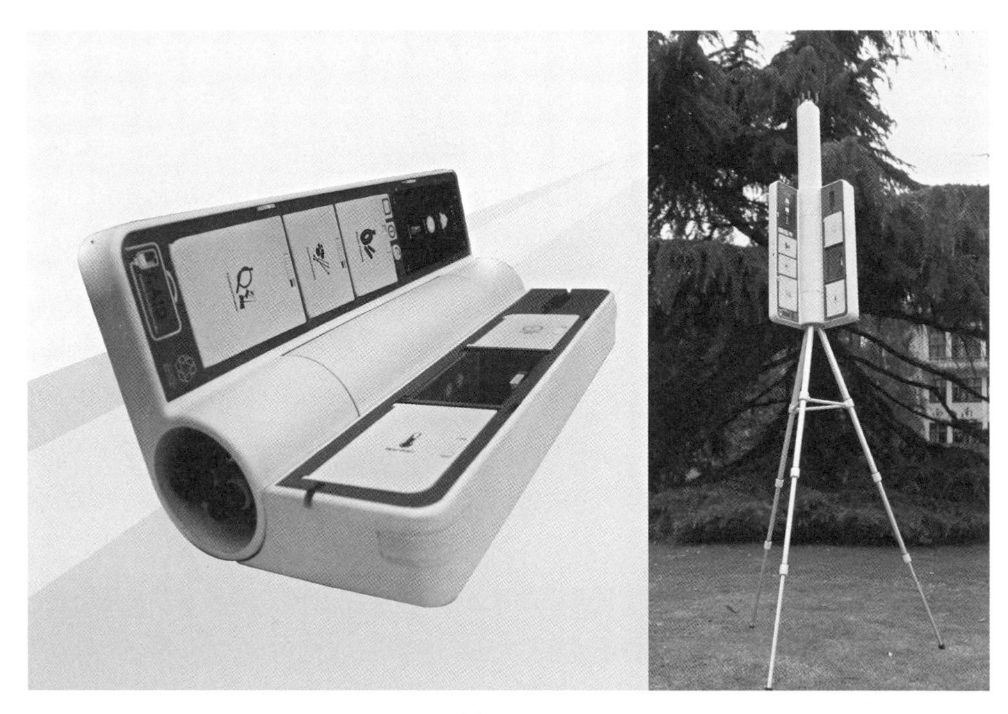

图 5-175

图 5-176

结　语

设计教学思考

通过综合性的设计课程及训练，理解设计必须从实践出发进行全面的系统设计思维，设计的定位，明确设计的目的，即为什么设计？为谁设计？设计是解决什么问题，还是为满足何种需求？考虑在什么时间段、什么场合下使用？运用什么手段和方法？使用什么技术合适？此外，对于现代设计观念来说，还必须从设计伦理学、节能环保等方面进行考虑，考虑安全性，考虑产品未来善终处理对环境的影响等，产品的一生所有关联的要素，都需要在设计阶段系统地进行考虑。

现代的工业设计（产品设计）需要学科的交叉，在设计过程中，需要多学科知识的介入，涵盖社会学、管理学、信息系统科学、工程技术学科、材料科学、市场学、心理学、智能自动化等学科知识，因此未来的设计学科课程知识面的设置是全方位的。当然，学科知识的交叉，并非弱化设计自身的专业知识，因为其他学科都各有自身的专业，只是需要强调扩展知识面。当你知道通过走路、骑自行车可以从甲地到乙地，如果距离远的话，为了效率，还有什么方法？可以乘坐汽车、火车或飞机等，当然这是由你的知识面决定了你选择什么措施。条条大路通罗马，为了解决问题，选用什么途径，选用什么方法，你的知识面往往会制约你的创意思维。设计作为动词是解决问题的过程，作为名词是解决问题的结果，可以是硬件也可以是软件，而解决问题使用的手段就动用了你所具有的知识储备，如何使用好这些知识就是制约你在进行设计创意时能否取得理想结果的条件之一。

参考文献

1. 朱钟炎，丁毅 . 设计创意发想法（第二版）[M]. 上海：同济大学出版社，2014.

2. 丁毅，朱钟炎 . 现代设计教育特点与趋势，（2016 年全国工业设计教育研讨会暨国际工业设计高峰论坛论文集）[M] . 天津：天津市设计学学会，2016.

3. 朱钟炎，丁毅 . 创意思维方法 [M] . 北京：北京大学出版社，2022，1.

4. 丁毅，朱钟炎 . 智慧城市中的城市家具发展趋势（中国城市家具标准化国际论坛论文集：中国城市家具标准化研究）[M] . 北京：中国建筑工业出版社，2019.

5. 中华人民共和国国家标准 GB/T15237.1-2000.